머 리 말

씨쓰리 실전 커트는 헤어디자이너를 꿈꾸는 미용학과 학생들과 이제 막 미용을 접한 초보 미용인, 현장에서 근무하는 헤어디자이너들을 위하여 커트의 교본이 될 수 있도록 집필한 지침서입니다. 커트의 자세부터 시작하여 응용까지 짧은 시간 내에 습득할 수 있도록 하였으며 고객의 헤어스타일을 이 한 권의 교재만으로도 길이의 변화와 층의 변화를 반복해서 시술해보면 쉽고, 빠르고, 정확하게 모델에게 시술이 가능 하도록 구성 하였습니다.

똑같은 길이의 유니폼 레이어 커트를 시술한다 하더라도 두상의 조건에 따라서 헤어스타일이 다르게 표현이 되므로 헤어스타일을 표현해주는 두상의 조건과 선을 만드는 방법, 드라이 한 것 처럼 커트가 표현이 되는 질감 컷, 커트의 자세는 폼생폼사가 되어야 고객의 신뢰를 얻을 수 있게됩니다. 그러므로 커트 도구의 자세, 샤기를 표현하는 방법들을 이론으로 설명 한 후에 테크닉을 시연하여 이해하기 쉽도록 하였습니다.

지난 몇 년 동안 전력을 다해 씨쓰리 커트, 씨쓰리 퍼머넨트, 씨쓰리 업스타일, 씨쓰리 응용커트, 씨쓰리 헤어드라이, 씨쓰리 컬러 디자인, 씨스리 남성커트 출간에 이어 씨쓰리 실전 커트를 출간하게 되었습니다.

그간 여러분들께서 베풀어 주신 분에 넘치는 각별한 사랑과 성원에 감사드리며 앞으로도 최선의 노력을 기울여 관련 분야의 교재를 시리즈로 엮어 나갈 예정입니다.

부디 이 한 권의 책이 기술 경쟁력을 갖춘 미용인이 되는데 조금이나마 도움이 되었으면 하는 기대를 가져보며 끊임없는 노력과 항상 최선을 다하는 미용인이 될 것을 약속 드립니나.

본 교재의 완성을 위해 여러번의 원고 수정을 통하여 현장감있는 내용과 최고의 테크닉을 구사한다고 노력을 하였으나 정리를 끝내고 나니 아직도 미흡힌 부분이 많음을 절감합니다.

이런 미흡한 부분에 대해서는 앞으로 계속 다듬고 수정하여 지속적으로 보완할 것을 약속드리면서 여러분의 따뜻한 애정과 관심을 기대합니다.

끝으로 이 책의 완성을 위해 물심양면으로 지원을 아끼지 않으신 청구문화사 이상태 사장님과 임직원 여러분, 그리고 사진촬영을 위해 수고하신 문기종 선생님께 진심으로 깊은 감사를 드립니다.

2009년 2월
저자일동

목 차 contents

1장 … 두상의 주소

학습 목표 두상의 위치에 따라 커트의 방법이 달라짐을 알 수 있게 한다.

예쁜 스타일을 만들려면 두상의 주소를 알고 왼손의 자를 정확히 댈 줄 알아야 한다.

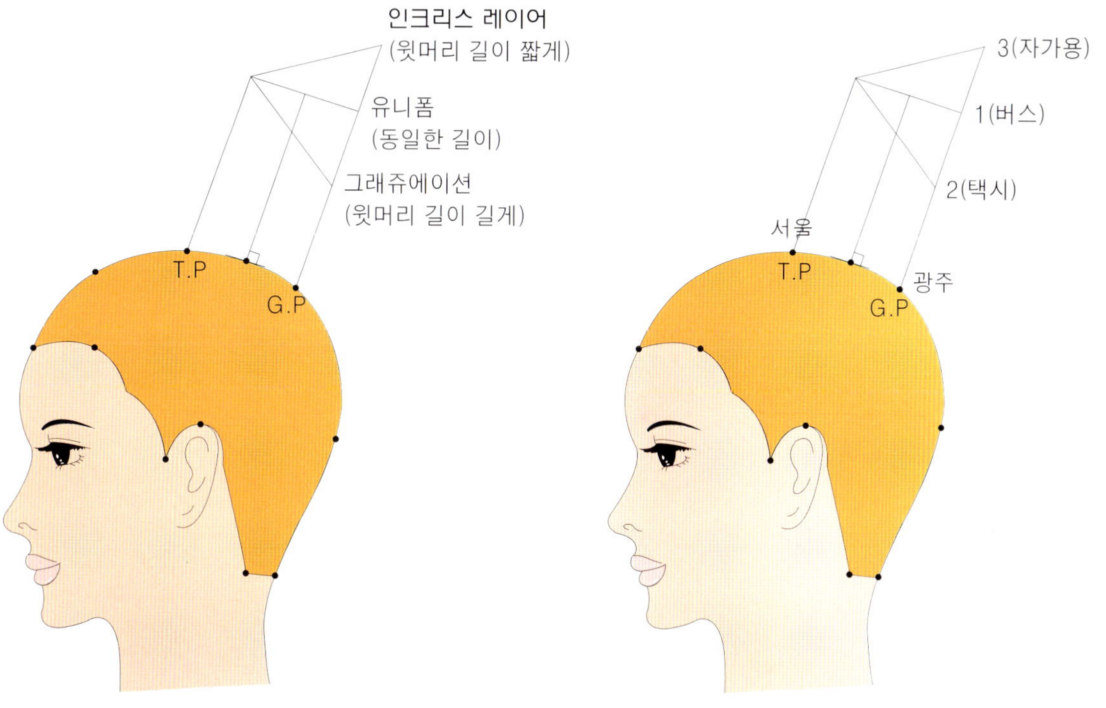

[A] 왼손을 어떻게 하느냐에 따라 길이 가이드가 달리진다.

[B] 어떤 교통수단을 이용하느냐에 따라 목적지에 도착하는 시간이 달라진다.

1) 커트는 길이의 변화와 시술각의 변화를 이용하여 예쁜 스타일을 만든다(예쁜 스타일을 만들려면 두상의 주소를 알아야 한다).

누구나 커트 스타일을 쉽게 연출할 수 있는 것은 아니다. 하지만 한 손은 자가 정확하게, 그리고 다른 손은 도구가 익숙해 지도록 연습하다보면 경력과 상관없이 멋진 스타일을 만들 수 있다. 예를 들어, 서울 시청을 찾아가기 위해서는 서울의 주소를 모르면 찾아가기가 어렵다. 물론 어느 쪽에서 택시를 타야할지, 전철은 몇 번을 타야할지 알아야 하지만 주소를 모른다면 아무 소용이 없는 일이다. 따라서 헤어디자이너라면 두상의 주소를 정확히 알고 있어야 디자인하고자 하는 스타일을 쉽고 빠르게 만들 수 있다.

① 집을 찾으려면 주소를 알아야 되듯이 예쁜 헤어스타일을 찾으려면 두상의 주소를 알아야 한다. 일단 주소를 알고 찾아갈 때에는 어떤 교통수단을 이용하느냐에 따라 시간이 달라진다. 두상의 주소에 어떻게 가느냐에 따라 머리의 길이가이드가 달라지고, 왼손의 당김새도 달라지게 된다(1, 2, 3 선택).

② 섹션 분할로 예쁜 스타일을 찾는다(골격분할이므로 절대불변).

G.P ~ T.P 두상의 주소를 가정하여 집주소를 알게되면 택시를 타는것과 버스를 타는것, 자가용을 타느냐에 따라 소요되는 시간이 달라진다. 따라서 헤어디자이너가 두상의 주소를 선택해서 시술각을 어떻게 하느냐에 따라 길이가이드가 달라진다. 오른손은 도구가 익숙하게 하면서 왼손으로는 당김새와 시술각의 느낌을 알고 정확하게 자를 댄다면 쉽게 커트를 할 수 있을 것이다. 헤어디자이너는 가위를 드는 순간 도해도가 그려져야 되며, 틴닝이나 레쟈의 도구를 드는 순간에 어떻게 질감처리를 할 것인지를 결정해야 원하는 스타일을 찾아낼 수 있다.

2) 두상의 포인트 = 예쁜 스타일을 만들려면 두상의 주소를 알아야 한다.

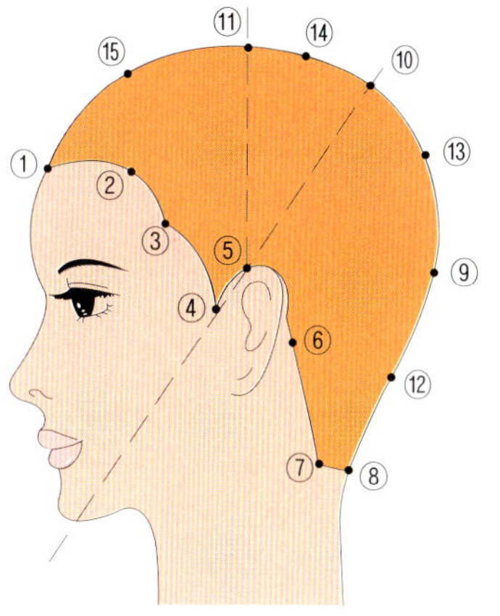

번호	명칭	포인트 설명
1	C.P	센터 포인트(Center Point) 두상의 수평선과 측중선이 교차하는 점
2	F.S.P	프론트 사이드 포인트(Front Side Point) 양쪽 이마의 움푹 들어간 부분
3	S.P	사이드 포인트(Side Point) 얼굴 옆면에 위치한 훼이스 라인상의 점
4	S.C.P	사이드 코너 포인트(Side Coner Point) 얼굴 옆면에 위치한 구석에 있는 훼이스 라인상의 점
5	E.P	이어 포인트(Ear Point) 두상의 수평선과 측중선이 교차하는 점
6	E.B.P	이어 백 포인트(Ear Back Point) 귀바퀴의 뒤쪽에서 가장 높은 점
7	N.S.P	네이프 사이드 포인트(Nape Side Point) 목선에서 옆에 위치한 점
8	N.P	네이프 포인트(Nape Point) 뒷 정중선에서 목 뒤의 가운데 점
9	B.P	백 포인트(Back Point) E.P의 수평선과 뒷 정중선이 교차하는 점
10	G.P	골든 포인트(Golden Point) 턱과 E.P를 사선으로 연장한 뒷 정중상의 점
11	T.P	톱 포인트(Top Point) 정중선과 측중선이 교차하는 점
12	B.N.M.P	백 네이프 미디움 포인트(Back Nape Medium Point)
13	G.B.M.P	골든 백 미디움 포인트(Golden Back Medium Point)
14	T.G.M.P	톱 골든 미디움 포인트(Top Golden Medium Point)
15	C.T.M.P	센터 톱 미디움 포인트(Center Top Medium Point)

3) 두상의 영역 나누기

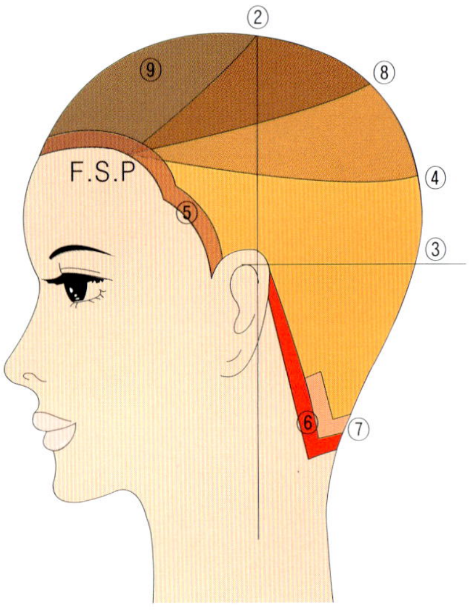

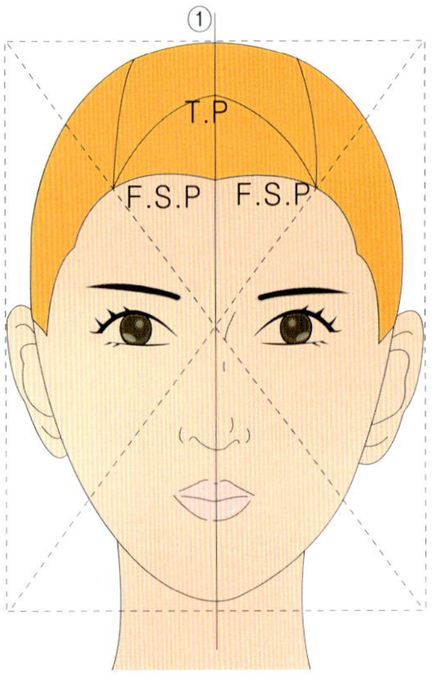

번 호	명 칭	라인설명
1	정중선 앞 수직선 센터 라인 (Center Line)	코를 중심으로 두상의 좌 · 우를 수직으로 이등분한 선. C.P에서 T.P와 B.P를 지나 N.P까지. T.P를 중심으로 앞 정중선과 뒷 정중선으로 나눈다.
2	측중선 옆 수직선 이어 투 이어 라인 (Ear To Ear Line) (Ear To Ear Part)	E.P에서 T.P를 지나 E.P까지 수직으로 연결한 선. 얼굴 측면에서의 중앙선.
3	수평선	E.P에서 B.P를 지나 E.P까지 수평으로 연결한 선.
4	리세션 섹션 (Recession Section)	리세션 에어리어에서 두상의 넓은 부위를 연결한 선 F.S.P~G.B.M.P~F.S.P
5	얼굴선 페이스 라인 (Face Line)	S.C.P~C.P~S.C.P까지 연결하는 전면부의 선. 얼굴과 머리가 맞닿는 선
6	목 뒤선 네이프 백 라인 (Nape Back Line)	N.S.P에서 N.S.P를 연결하는 선
7	햄 라인(Hem Line)	네이프 라인에서 모발이 나 있는 부분과의 경계선. E.B.P에서 N.P를 지나 E.B.P까지.
8	U라인 영역	F.S.P~G.P~F.S.P 연결하는 선
9	앞머리 영역	F.S.P~T.P~F.S.P 연결하는 곳

4) 5개의 영역으로 분할한다.

헤어스타일을 만들어서 표현하는 곳은 두상이다. 두상의 골격과 각 특성을 잘 이해하여 쉽고 빠르게 헤어스타일을 연출하기 위해서는 두상을 골격대로 나누어서 표현하는 것이 좋다.

두상을 5영역으로 나누어서 커트하면 디자인이 쉽게 표현된다.

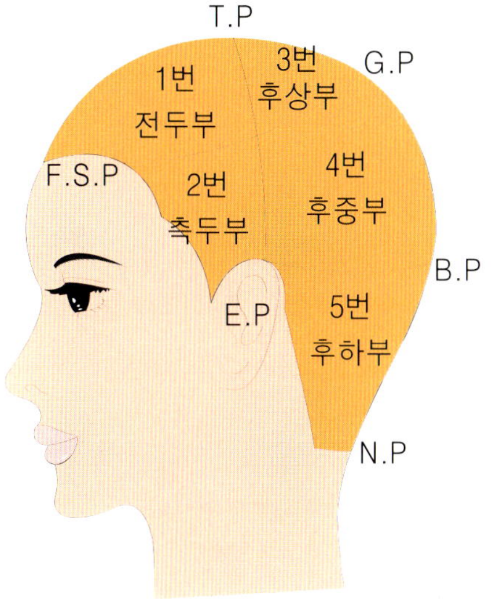

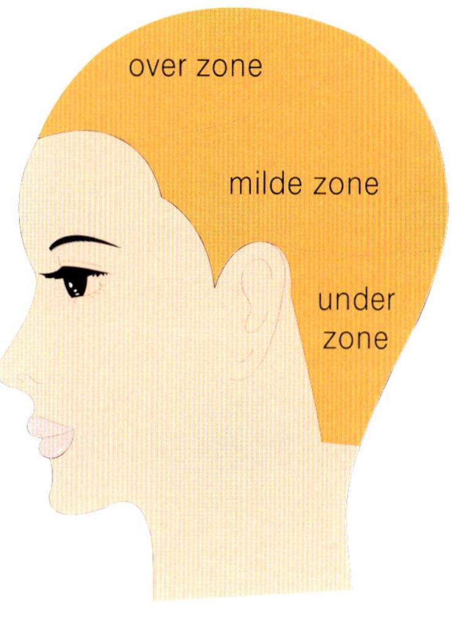

곡면을 분할하여 예쁜 스타일 만드는 방법

1번 영역	전두부	앞머리 표정만들기 영역. 얼굴주의의 밀접한 관계로 얼굴의 전체적 균형에 많은 영향을 준다.
2번 영역	측두부	옆선만들기 영역. 옆선의 이미지를 연출되는 곳으로 사이드나 아웃라인의 모양, 질감을 형성하는 곳이다. 짧은모발은 이곳에서 얼굴형의 이미지가 결정된다.
3번 영역	후상부	두상에서 가장 높은 곳에 위치하는 영역. 헤어스타일에 높이를 만들어 볼륨감을 주는 곳이다.
4번 영역	후중부	두상의 가장 넓은 영역이고, 외부로 돌출된 부분이기 때문에 헤어스타일의 전체적 질감이나 움직임에 관여한다. 따라서 헤어스타일의 형태를 좌우하는 곳이다.
5번 영역	후하부	커트의 형태를 결정짓는 영역. 두상에서 가장 낮은 곳에 위치하는 영역으로 두상의 뒷모습의 아웃라인이나 길이를 결정하는 곳이다.

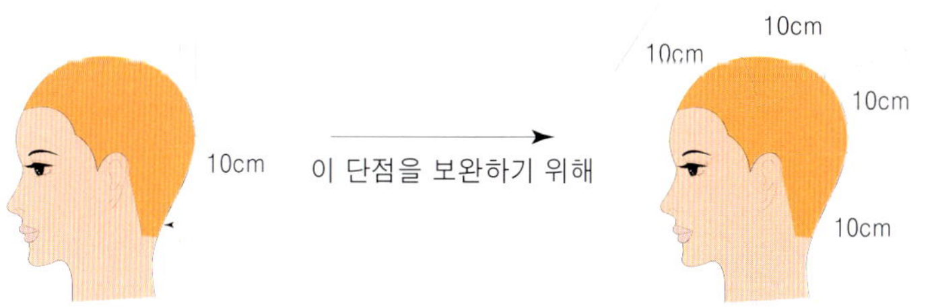

두상을 분할하지 않으면 두상이 곡면이기에 튀어나온 부분은 10cm가 커트되지만 함몰된 부분은 들어간 만큼 모발이 길게 커트된다.

두상을 분할하여 10cm를 커트하게 되면 시술자가 원하는 동일한 길이가 시술된다.

5) 두상곡면을 세로 방향으로 분할하여 5영역으로 나눈다.

모발이 떨어지는 형태에서 스타일을 결정되므로 모발이 떨어지는 세로존을 나누어서 커트하게 되면 원하는 스타일이 쉽게 표현된다. 때에 따라서는 두상을 연장하는 U라인을 시술할때 사용된다.

손가락이나 빗의 기울기에 따라 선이 완만하거나 경사지게 표현이 된다.

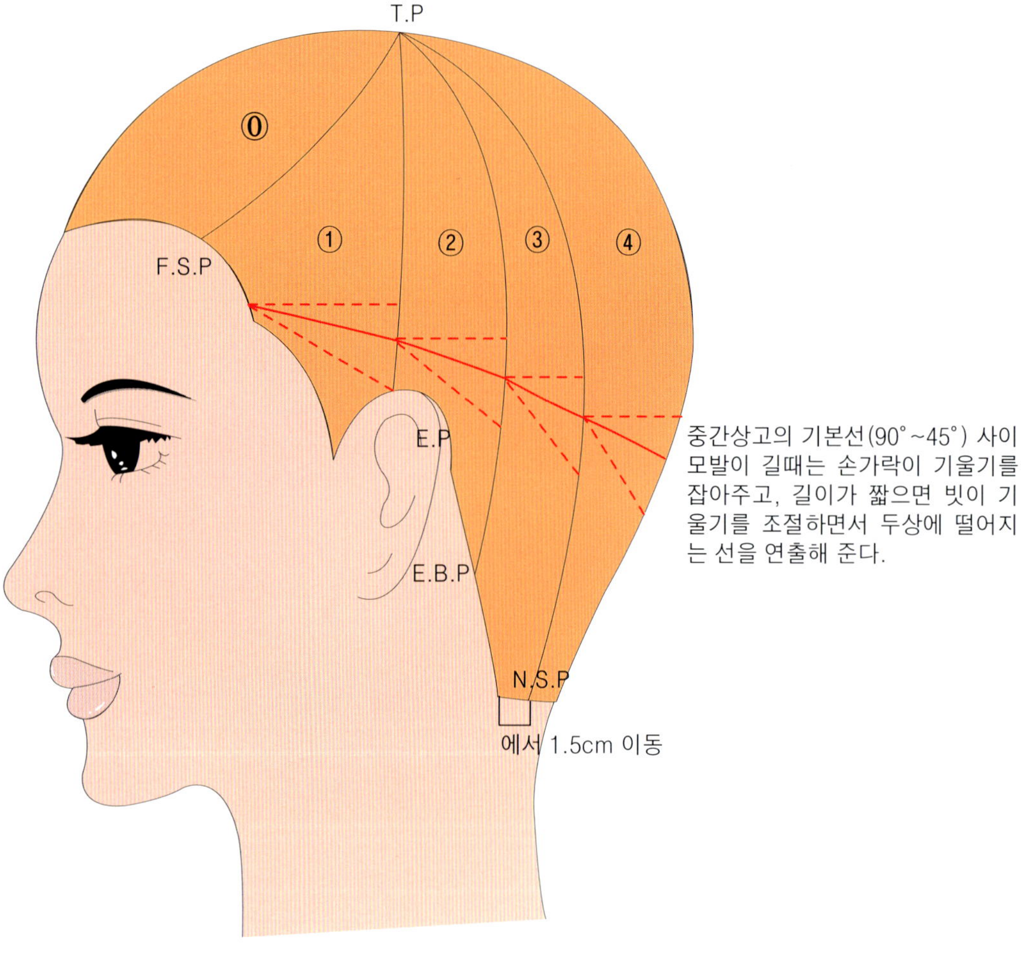

모발이 떨어지는 세로존 나누기

⓪번	앞머리 표정 만들기	앞머리 영역은 별도의 영역이기에 0번이라 칭한다.
①번	옆선 만들기	비스듬히 모발이 앞을 향하는 존.
②번	커트에서 제일 크레임이 생기기 쉬운 존	앞에서 볼 때 폼, 아웃라인을 형성한다.
③번	선이 결정되는 영역	T.P에서 N.P까지 모발의 겹침을 이용해 볼륨감과 입체감을 낼 수 있는 곳이다.
④번	커트의 중심을 잡아주는 존	두상 속에서 가장 면적이 크고 커트 시술시 중심을 잡아주는 곳이다.

2장 … 커트의 도구와 자세

학습 목표

1. 커트에 필요한 도구와 용어에 대해서 알아본다.
2. 가위의 명칭과 도구 사용법을 익힌다.
3. 레자의 사용법을 알아본다.
4. 스트록 커트의 종류와 테크닉을 알아본다.

1. 가위(Scissors)

역학적으로 지레의 원리를 응용하며 두개의 날이 교차되어 모발을 자른다.

1) 가위의 종류

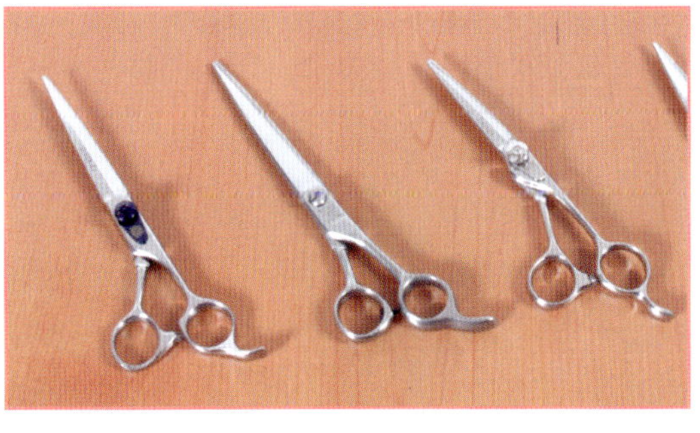

(1) 블런트 가위(Blunt, 커트용 가위)

정확한 작업을 진행하기 쉽다. 자기손의 연장선이라고 생각하는 개념에 따라 정확한 작업을 진행하기 쉽다.

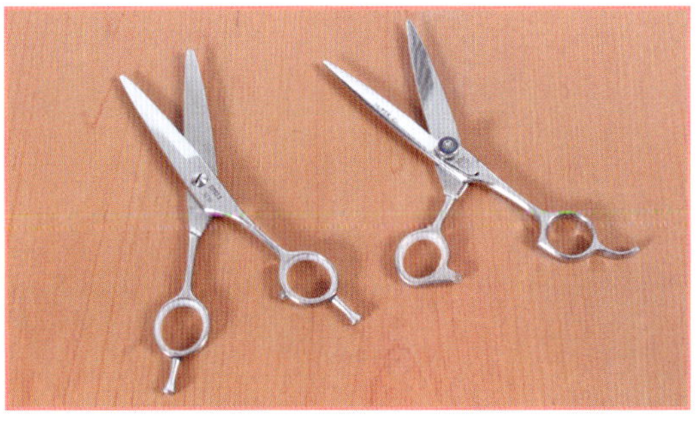

(2) 스트록(Strock) 커트용 시저스

가위의 무게를 이용해서 컷팅하는 것이 특징이다. 가위의 무게가 작용하여 스트록하면서 날끝을 사용하여 모발을 잡아 툭툭치면서 시술하는 것이 특징이다.

(3) 틴닝 시저스

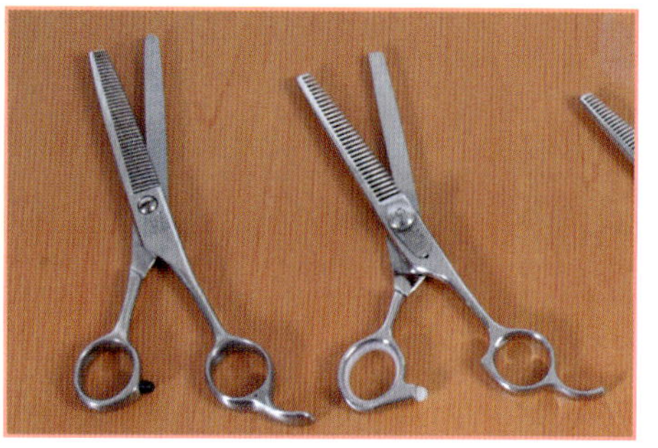

길이를 자르지 않고 모발의 숱을 쳐내어 모량을 조절하고 싶을 때에 적당하다.

모량에 따라 시저스의 발이 12발, 24발, 36발 등의 종류가 있다.

(4) 텍스쳐 시저스

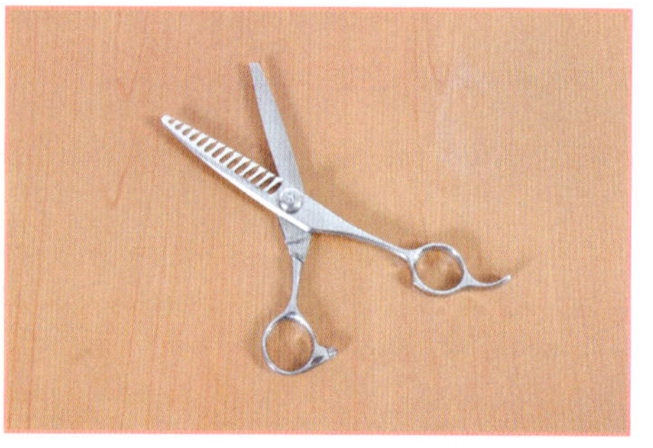

여러가지 스타일을 쉽게 만들수 있지만 잘린 단면의 기울기에 주의해야 한다.

2) 가위의 자세

(1) 가위의 명칭

미용 가위는 역학적으로 지레의 원리를 응용하며 두날이 교차되어 두발을 자른다. 날의 길이에 따라 가위의 크기가 다르다.

가위의 크기는 5inch, 5.5inch, 6inch, 7inch를 사용하고 있으며 사용 목적에 따라 브런트 커트 가위, 틴닝 가위, 스트록 가위가 있다.

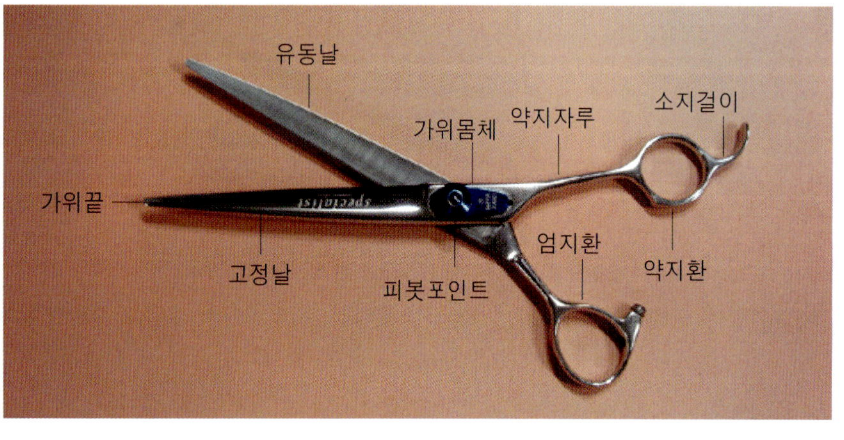

(2) 재질에 따른 분류

① 착강가위 : 부분적인 수정할때 필요하며, 협신부(연강)와 날(특수강)이 서로 다른 재료로 구성되어 있다.

② 전강가위 : 전체가 특수강이다.

(3) 가위 잡는 법

① 가위의 잠금나사 부분이 보이도록 한다.
윗부분은 고정시키고 엄지부분은 개폐의 역할을 한다.
양날 사용시는 가위가 쉽게 손상된다.

② 약지의 두 번째(중간) 매듭중간과 검지 첫 번째 매듭사이에 사선으로 가위를 놓는다.
가위가 사선이므로 손목은 밖을 향한 45° 기울기로 비튼다.

③ 유동날의 링은 엄지손가락에 얹는다.
엄지손톱의 ⅓을 넘지 않게 해야 가위 개폐가 쉽다.

④ 엄지손가락만으로 유동날을 움직여 커트한다(첫번째 매듭에 가위와 평행하게).

⑤ 두상의 B.P 아래부분은 가슴선보다 아래에 있고, 곡면이 함몰되어 있기때문에 가로 시술시 원하는 시술각을 맞추기 쉽다.

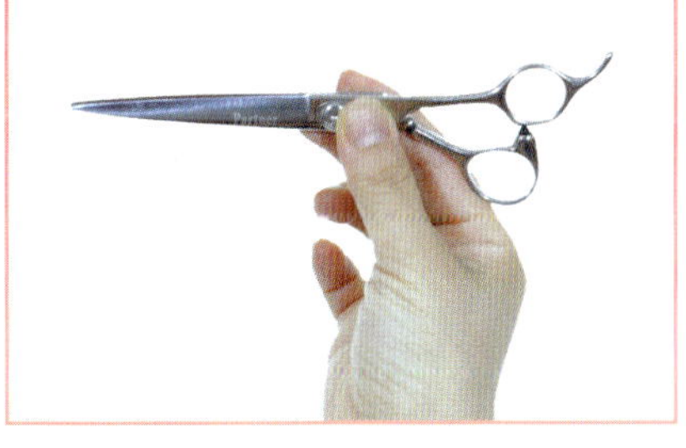

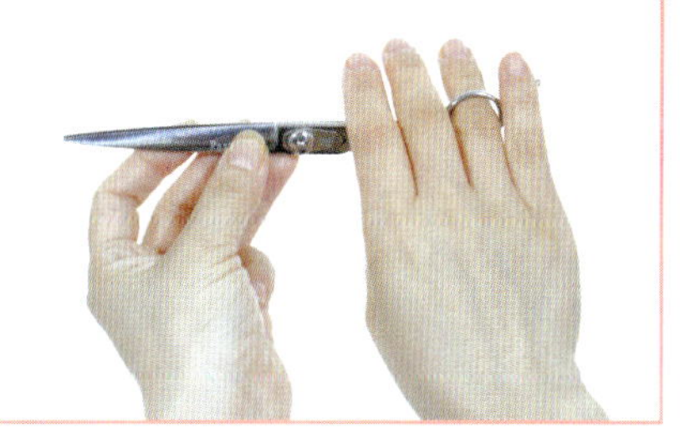

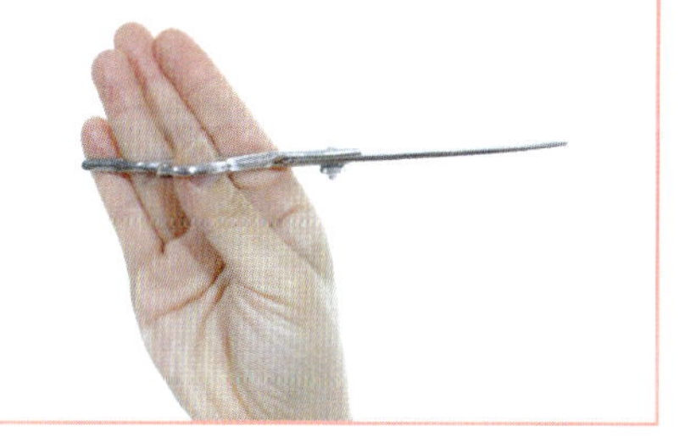

3) 커트의 기본자세

① 길이의 변화와 층의 변화를 어떻게 시술할지를 생각하고 자세를 잡는다.

② 자신만의 독특한 스타일을 만드는 방법과 이론을 정립한다.

③ 고객이 원하는 스타일을 디자이너가 도전적으로 창조해 낸다.

④ 그렇게 되기 위해서는 두상의 포인트점, 스타일을 구상하는 방법을 이해하고 도구(가위, 레쟈, 클리퍼)가 디자이너 손에 익숙해야하며 자세가 자신있어야 한다. 자세가 자신있게 보여야 손님이 디자이너를 신뢰하고 헤어스타일도 디자이너에게 일임한다.

(1) 자세교정

커트의 기본자세는 헤어디자이너와 고객이 30cm 떨어져서 시술을 하는 것이다. 가까이 다가서면 고객의 두상이 움직여져 커트의 시술각도가 달라진다. 기본 자세가 익숙해질 때까지 장가위로 연습을 해야한다. 장가위로 시술할 경우 가위가 크기 때문에 자연스럽게 고객과 30cm 정도 떨어지게 된다.

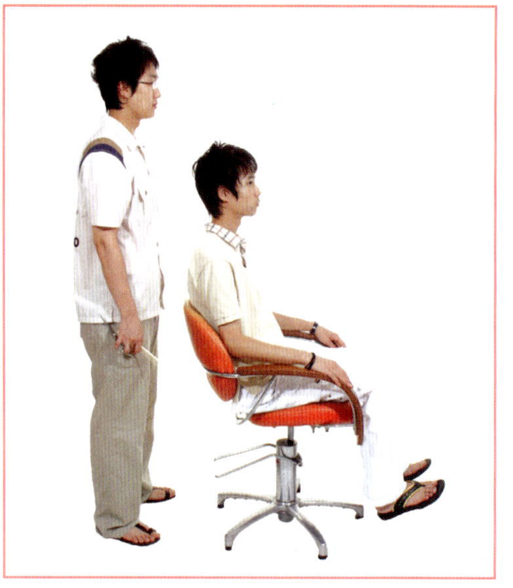

(2) 다리와 발의 위치

어깨넓이 보폭으로 다리를 벌리고 있는 자세가 기본자세이지만, 백과 네이프의 경우는 자세를 낮추어야 한다. 이때 앞쪽으로 편한 자세로 다리를 내밀며, 한쪽 무릎을 구부리며 앞쪽에 체중을 싣는다.

(3) 팔과 손의 위치

가슴 선에서 시술하는 자세이므로 왼쪽 팔을 가슴 선까지 들어올린 상태에서 판넬을 잡는다. 이때 오른팔은 가슴까지 끌어올려서 도구(가위, 클리퍼, 레이져)로 왼손의 판넬을 자른다. 몸체+팔+가위가 ㄷ자의 형태를 만들며 가슴위치에서 커트가 진행된다.

(4) 머리와 시선의 위치

작품을 볼 때는 작품과 눈높이가 나란히 되도록 자세를 맞추어야 한다. 시선은 커트되는 부분의 도해도를 생각하고 베이스를 확인해야 한다.

2. 레쟈(Razor)

모발모양, 모발흐름, 길이를 동시에 조절할 수 있으며 모발의 표면을 다양하게 질감 처리하여 미세한 표정을 나타낼 수 있다. 질감 처리하는 부분의 강·약에 따라 여러가지 움직임과 방향을 만들어 낸다.

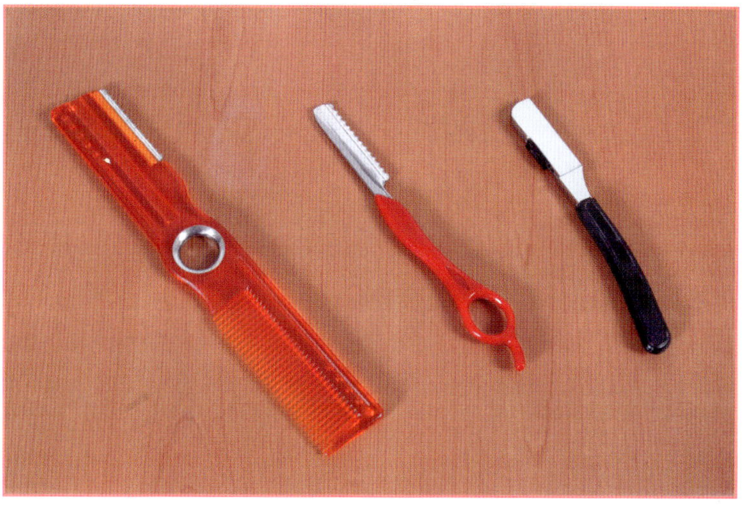

1) 레쟈 커트

베이스 커트과 질감 커트를 동시에 할 수 있다.

(1) 특 징

① 젖은 모발(wet cut)로 시술을 행할 것, 물기가 없으면 고르지 못하게 커팅이 되고 모발이 손상되거나 큐티클층이 손상되어 끝이 갈라지게 된다

② 커트와 질감을 동시에 표현할 수 있어 능률적이다.

③ 부드럽고 가벼운 질감이 만들어지며 모발의 움직임을 표현할 수 있다.

④ 레쟈 커트는 끝이 가늘어지게 되는 것으로 모발의 부피감을 제거하거나 움직임을 주고 싶을 때 사용하는 방법이다.

(2) 주의사항

① 과도하게 자르는 위험이 있다(압력과 힘조절을 골고루 분배해야 한다).

② 모발 표면을 문지르기 쉽다(90° 커팅 각도는 모발큐티클을 긁어 코텍스(cortex) 층이 노출되어 모발이 손상되거나 끊어지고 끝이 갈라져 갈고리처럼 된다).

③ 디자인 표면에 해당하는 부분은 짧게 자르지 않도록 수의한다. 가르마 부분, 모듀가 강한 앞머리, 크레스트라인 부분.

2) 레쟈의 자세

(1) 손목을 움직여서 커트

손목을 구부렸다 폈다하면서 모발의 판넬을 자른다.

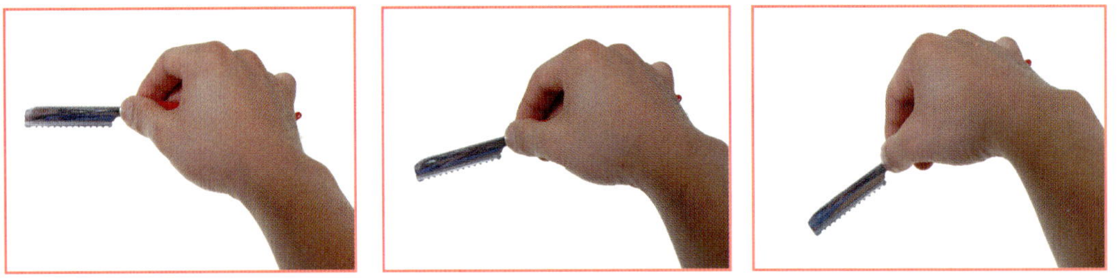

(2) 팔을 움직여서 커트

팔을 움직이면서 모발의 판넬을 자른다.

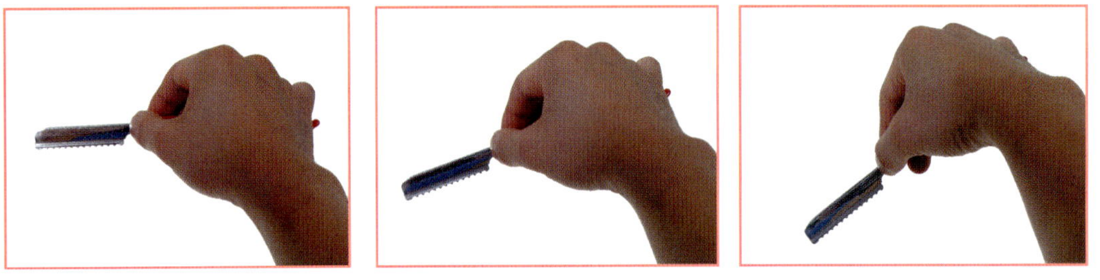

3) 에칭기법(Etching)(레이어 커트 질감)

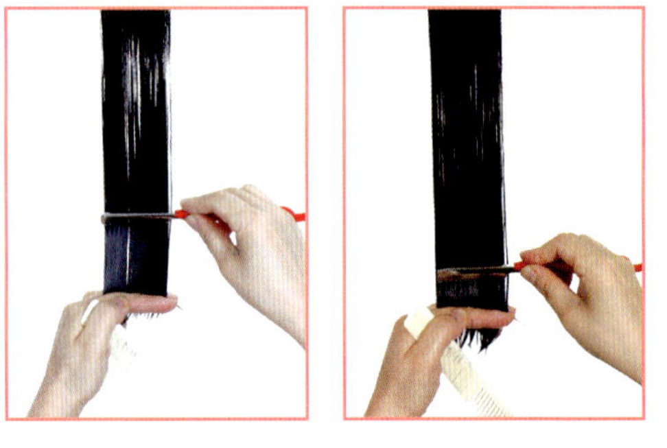

① 아웃컬의 움직임을 만들고자 할 때
② 율동감과 움직임을 주고자 할 때
③ 레쟈를 판넬에 대고 툭툭치면서 테이퍼링하는 방법
④ 윗쪽이 짧고 아랫쪽의 머리가 길어 아웃컬을 얻을 수 있다.

4) 아킹기법(Arching)(그라데이션 질감)

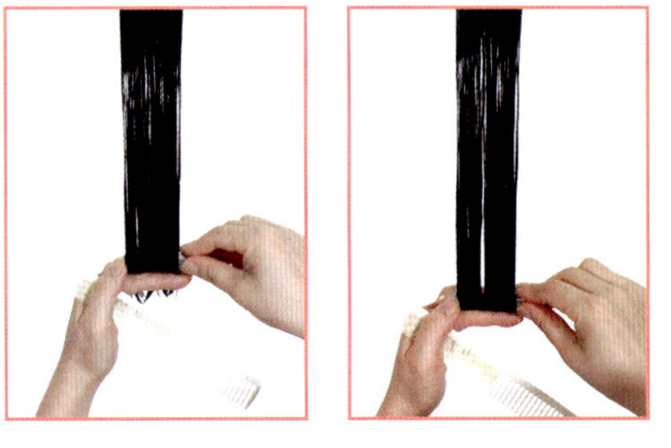

① 볼륨감과 입체감을 만들고자 할 때
② 인컬의 볼륨을 주고자 할 때
③ 레쟈를 뒷쪽 판넬에 대고 호를 그리면서 속부분의 모발을 도려낸다.
④ 판넬의 윗쪽이 길고 아랫쪽이 짧아 인컬의 볼륨을 얻을 수 있다.

5) 테이퍼링 테크닉(Tapering technigue), 패더링(Feathering)

자연스런 모발의 장단을 만들어 모발 끝으로 갈수록 가는 붓끝 모양을 형성한다. 레이져로 모발 끝을 점차 가늘어지게 하는 방법으로 길이를 짧게 하지 않고 부분적으로 모량만 줄인다. 훼이스 라인 2.5cm는 남겨 두고 시술한다.

(1) 앤드 테이퍼링(End tapering), 숏 테이퍼링(Short tapering)

스트랜드(Strand)의 1/3 이내, 즉 모발 끝 부분을 질감처리하여 완성된 스타일의 선을 부드럽게 만드는 효과가 있다.

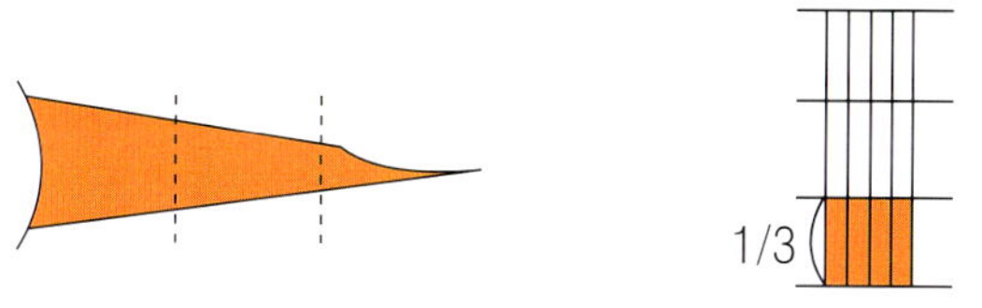

(2) 노말 테이퍼링(Nomal tapering), 미디움 테이퍼링(Medium tapering)

스트랜드(Strand) 1/2 지점부터, 즉 모발 중간에서부터 질감처리하여 완성된 스타일 전체의 움직임이 가벼워지는 효과가 있다.

(3) 딥 테이퍼링(Deep tapering) 롱 테이퍼링(Long tapering)

스트랜드(Strand) 2/3 지점부터, 즉 모발의 안쪽에서부터 질감처리를 시작하여 많은 양의 모발을 제거함으로서 매우 가벼워지는 효과가 있다.

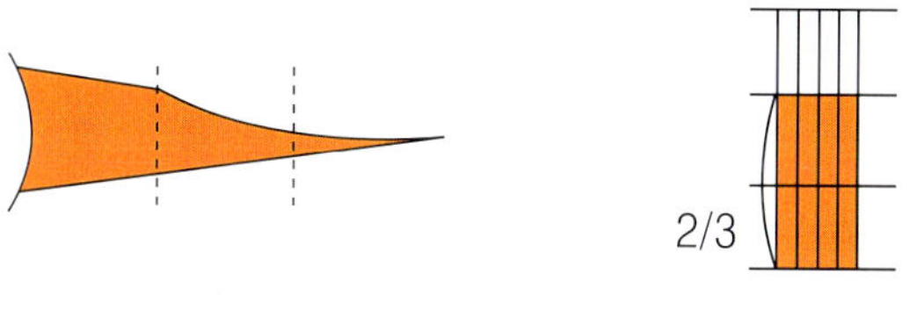

6) 방향에 따른 테이퍼링

왼쪽, 오른쪽으로 움직임을 주고자하는 디자인에 따라 레쟈가 들어가는 방법이 달라진다. 모발의 길이는 항상 짧은쪽에서 긴쪽으로 흐르는 성질을 가지고 있다. 왼쪽 방향의 흐름이냐 오른쪽이냐에 따라 레쟈 날을 먼저 대어 짧게 해야한다.

(1) Right side direction(오른쪽 방향의 표현)

오른쪽에서 왼쪽으로(모발의 방향도 같다) 방향성을 나타내기 위한 방법으로 원하는 방향으로 lazor를 움직여 나간다. 왼쪽이 길어지는 사선으로 패널의 이동과 레이져를 잡은 손목을 구부려 한 번에 잘라 나간다.

(2) Left side direction(왼쪽 방향 표현)

왼쪽에서 오른쪽으로(모발의 방향도 같다) 방향성을 나타내기 위한 방법으로 원하는 방향으로 lazor를 움직여 나간다. 오른쪽이 길어지는 사선으로 패널의 이동과 레이져를 잡은 손목을 구부려 한 번에 잘라 나간다.

(3) 원 스트로크(한번에)에 의한 방향 붙이기

한 번에 패널의 왼쪽부터 원 스트로크로 테이퍼링 한다. 아웃사이드 테이프링과 비교하면 가벼움과 방향성이 더하다.

(4) 텍스춰 테이프링(감자깍기)

모발의 단차를 내기 위한 레이져 커트 기법으로 에칭, 아킹 시술시 많은 시간이 필요하므로 편법으로 한 판넬을 잡고 질감을 표현하는 방법이다.

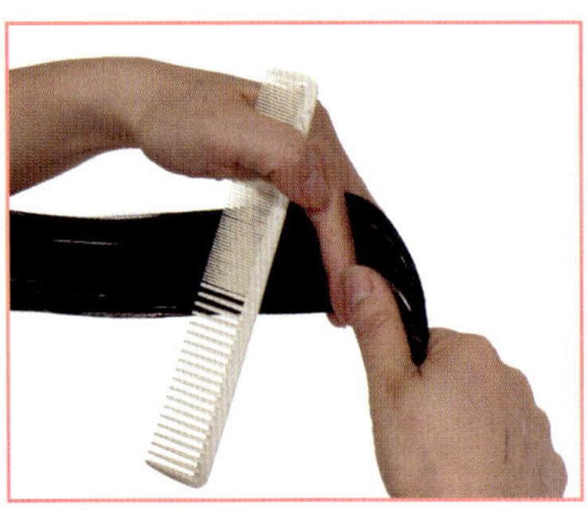

3. 빗의 사용방법과 자세

빗을 사용할때에는 얼레살과 고운살을 번갈아 가면서 사용한다. 얼레살은 파팅을 나눌때 사용하고, 고운살은 판넬을 나눌때 사용하면 된다.

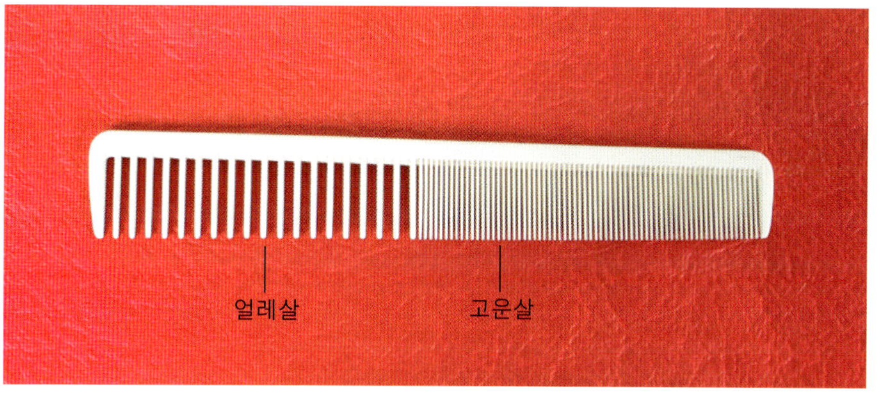

얼레살 : 파팅을 나눌때, 고운살 : 한판넬을 뜰때

블로킹과 커트의 한 판넬을 뜰 때

① 두상은 곡면이다. 곡면의 블로킹을 뜰 때는 빗의 기울기가 45˚로 기울어진 상태에서 빗으로 블로킹을 뜬다.

② 다른 한쪽에 손의 검지는 어디까지 블로킹을 탈 것인지 안내를 하고 빗의 기울기를 45˚로 타서 빗질한 것처럼 자연스럽게 블로킹을 탄다.

③ 얼레살로 빗의 중심부에서 엄지, 검지를 잡고, 한 판넬을 뜬다.

④ 고운살로 한 판넬을 들어올려야 정확한 선이 나온다.

⑤ 얼레살에서 고운살로 바꾸기 위한 작업이 편안해야 하므로 항상 빗의 중앙 얼레살과 고운살 중앙에서 빗을 잡아야 한다.

특히 두상이 함몰된 부분은 빗질을 할때 두피면을 곱게 빗질하기 위하여 자연시술각 45˚로 시술하는게 떨어지는 선도 예쁘게 연출된다.

① 두상이 곡면체이므로 45˚로 빗질하여야 모발을 아프지 않고 쉽게 뜰 수 있다.

② 시술할 모발은 한 판넬을 뜰 때부터 빗이 시술각을 먼저 잡아주고 손가락이 정확한 시술각을 잡아준다.

③, ④ 곡면이 함몰된 부분은 엄지로 빗을 조절하면서 시술하면 된다.

⑤ 파팅을 많이 나누다 보면 손가락 시술각이 기울어지기 때문에 하고자하는 영역까지만 나누어서 시술해야만 손가락의 시술각이 정확하다.

4. 틴닝(Thinning)

① 두발의 길이를 짧게 하지 않으면서 전체적으로 두발 숱을 감소시키는 방법이다.
② 틴닝 가위를 사용한다.
③ 틴닝은 두발의 양이 많은 사람에게 커트나 테이핑하기 전에 두발의 양을 적당하게 조절하는 경우에 이용한다.
④ 처음부터 장소를 정하고 틴닝을 한다.
⑤ 틴닝 양의 결정요소
ⓐ 두발의 질 ⓑ 두발의 길이
ⓒ 두발의 밀도 ⓓ 헤어스타일 구성
⑥ 모량 제거와 자연스러운 선을 만들어 주고 질감처리 하기에 좋은 도구이다.

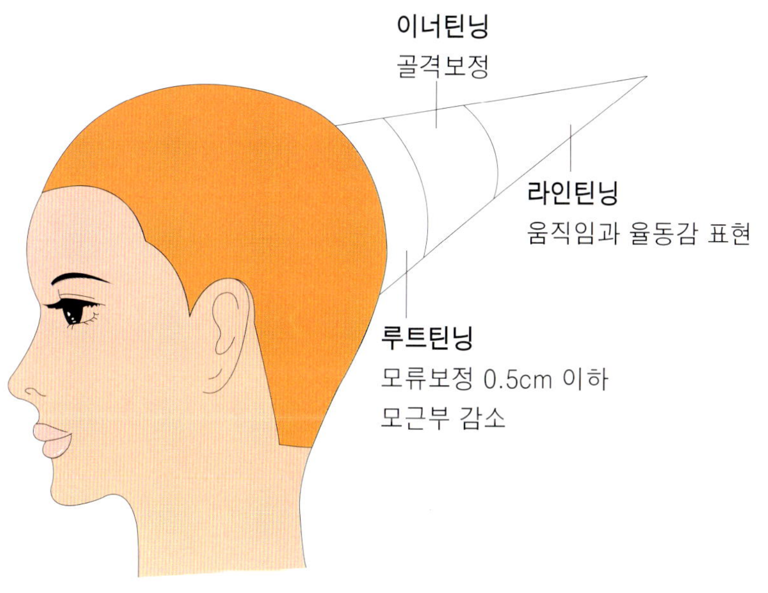

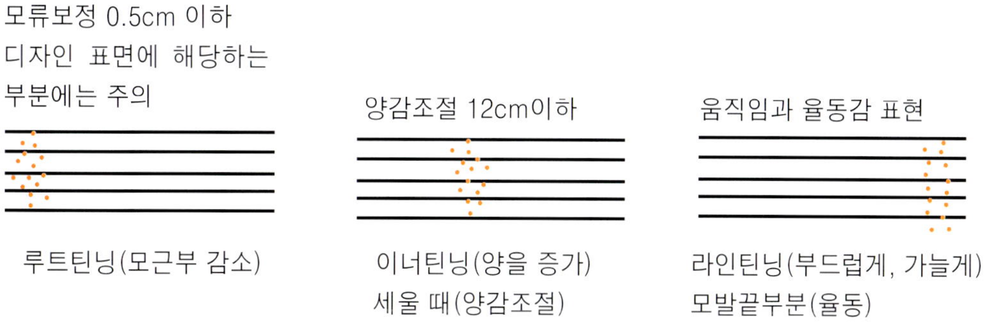

1) 루트틴닝(Roots thinning) : 모류보정

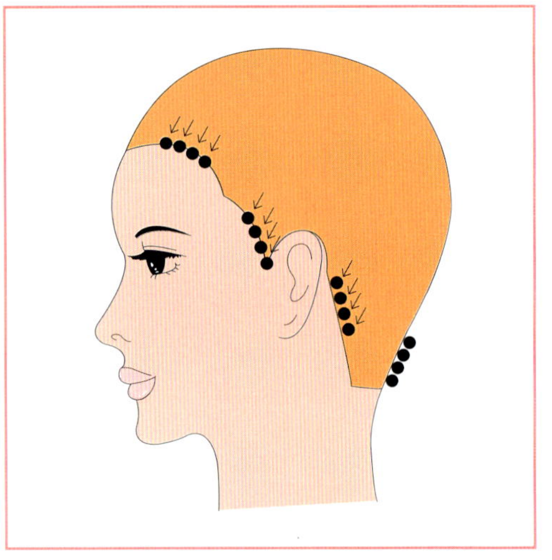

모류나 모량에 의해 뿌리부분에 모발의 밀도가 높은 경우와 모류가 강한 부분의 모류방향을 보정하기 위해, 또는 밀도가 높은 모량을 줄이기 위해 모발의 뿌리 부분을 솎아내는 테크닉이다.

모발의 길이 0.5cm 이하에서 모류를 보정한다.

모량 조절에도 이용하며 모류가 역행하거나 모류각도가 들떠있는 경우에는 루트틴닝을 넣어 방향감을 잡아주는게 중요하다. 루트틴닝은 넣을 장소와 모발을 동일한 길이로만 자르지 않는다면 아주 유효하게 활용할 수 있다.

모류의 반대방향으로 끌어내어 모류가 가려고 하는 성질을 없앤다. 모류가 역행하기 때문에 일어서려고 하는 성질이 있다면 모발의 길이를 길게 하던지 모류의 성질을 없애준다.

2) 이너틴닝(Inner thinning)

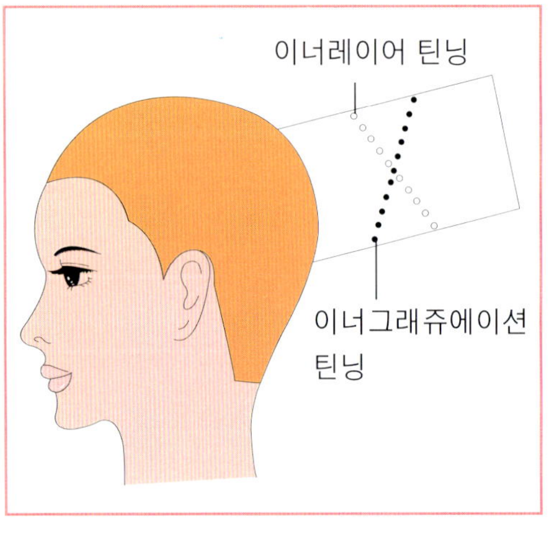

이너틴닝은 3~12cm 안에서 시술해야 효과가 있다. 가장 과학적인 사고에 기초를 둔 틴닝방법으로 패널 속에 구멍을 뚫어 양감을 조절하고 조형을 정리하는 기법이다.

두상이 큰 고객일 경우, 오버섹션에 이너그래쥬에이션 틴닝을 했을 때 무게가 증가하기 때문에 머리가 더 커보일 위험성이 높다. 골격의 기복에 따라 양감 조절을 하면서 필요한 골격 보정을 할 수 있다.

3) 골격보정과 모량제거 틴닝(골격보정과 모류보정하고 싶을때)

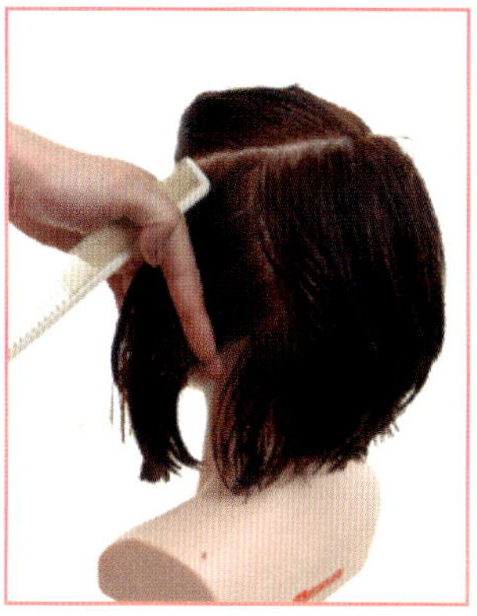

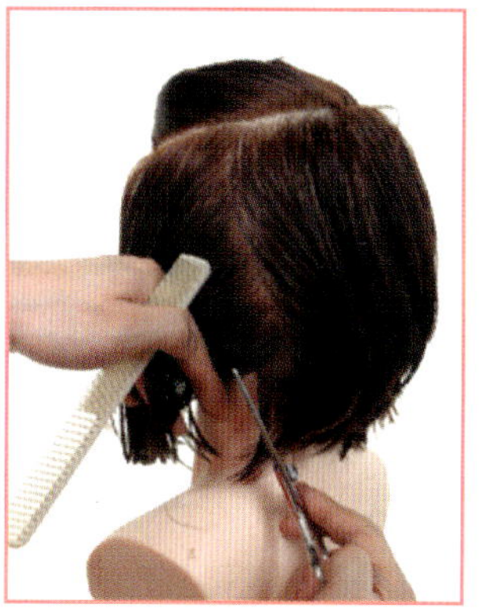

(1) 이너그래쥬에이션

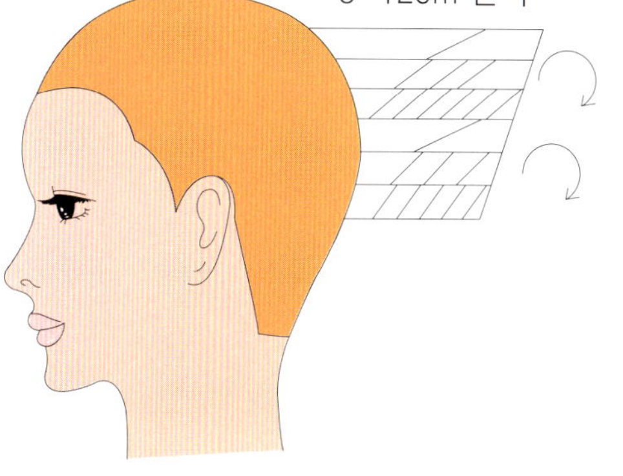

볼륨과 입체감을 만들고 싶을 때 사용하는 방법이다. 골격이 움푹 들어간 부분에 볼륨을 주고 싶을 때 양감 조절에 유효하다.

표면을 매끄럽게 두면서 모량을 줄일 수 있는 방법이다.

모발의 길이가 3~8cm이기 때문에 기립하려는 모발의 성질을 이용한다. 10~12cm에서 C컬이 만들어지기 때문에 3~12cm 안에서 표정을 만든다.

(2) 이너레이어

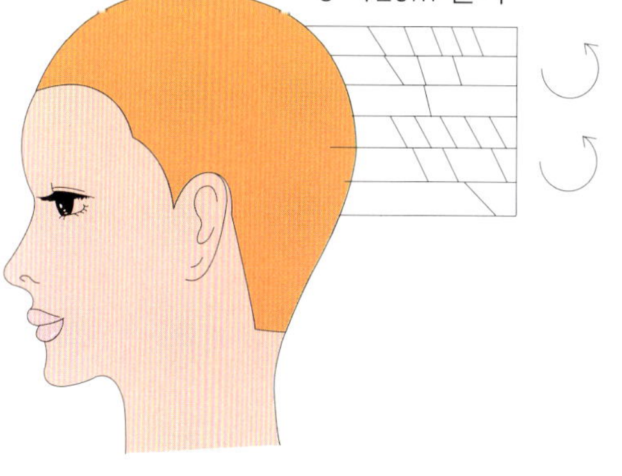

양감을 줄이고, 모량을 줄임과 동시에 율동감을 살리는 장점이 있다.

이너레이어를 넣을수록 율동감이 증가하는데 모발이 지저분해질 수 있으므로 조절하여 사용한다. 골격이 튀어나온 부분을 깍아낼 때 유효하게 활용할 수 있다. 짧은 모발은 누르고자 하는 성질이 있다. 이 원리를 이용하여 도려내고자 하는 표현을 할때 이용한다.

4) 라인틴닝 : 볼륨감과 율동감과 움직임을 표현

라인틴닝은 모속 바깥측을 깍아서 공간을 만들어 다발느낌을 표현하는 틴닝 방법이다.

라인틴닝은 한개의 모속을 쳐내는데 그 장소가 어디에서 짧게 시작하느냐에 따라 4가지로 구별한다.

⇨ 사이드틴닝은 주로 좌 · 우 움직임에 이용

⇨ 오버틴닝은 질감표현과 뻗친모발, 아웃컬을 원할 때

⇨ 언더틴닝은 부력발생을 이용하여 볼륨과 인컬을 원할 때

(1) 언더틴닝(볼륨과 입체감을 주고 싶을때)

(2) 오버틴닝(골격을 깍아내고 싶거나 율동감을 주고 싶을때)

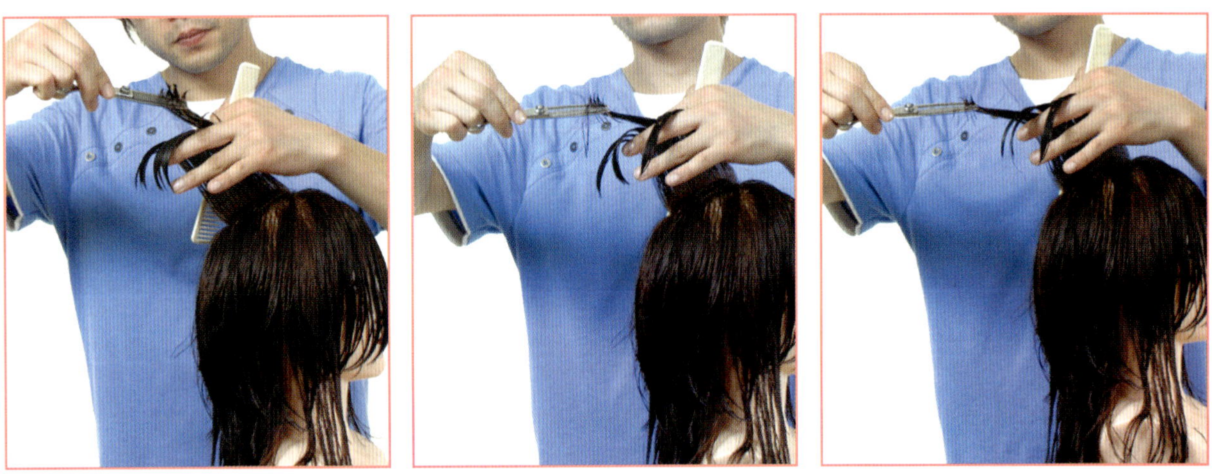

5. 스트록 커트(Strock cut)

strock(한번치기) + cut(자르다)

형태를 만들면서 질감과 공기감을 만드는것.

'치다' '어루만지다' 라는 의미로 가위를 툭툭치면서 커팅하는 기법의 하나이다. 한 판넬을 밀어주고 당기면서 손목을 일정하게 스윙하는 기법으로 샤기의 질감과 부풀게 하는 공기감을 이용한 이상적인 볼륨과 부드러운 라인을 단시간에 전부 표현할 수 있는 커트 방법이다. 양감을 계산하면서 동시에 샤기의 질감을 만들고 최종적으로 「디자인=형」을 만드는 커트 방법이다.

Shaggy : 털이 많은, 털이 거친, 모발이 흐트러져 헝클어져있는 모양을 만들기위해 가지런하지 않게 커트 한 상태를 말한다.

1) 특 징

① 샤기를 간단하게 표현할 수 있다.
② 모발의 길고 짧음의 길이변화를 이용하여 볼륨감을 얻을 수 있다.
③ 빠르게 시술할 수 있으며 모발을 손상시키지 않는다.
④ 양감을 계산하면서 질감처리를 얻을 수 있다.
⑤ 블런트 커트에서는 얻을 수 없는 부드러운 단면을 나타낼 수 있다(모발을 융합시킨다).

2) 공기감을 표현하는 방법 : 샤기를 표현하는 테크닉

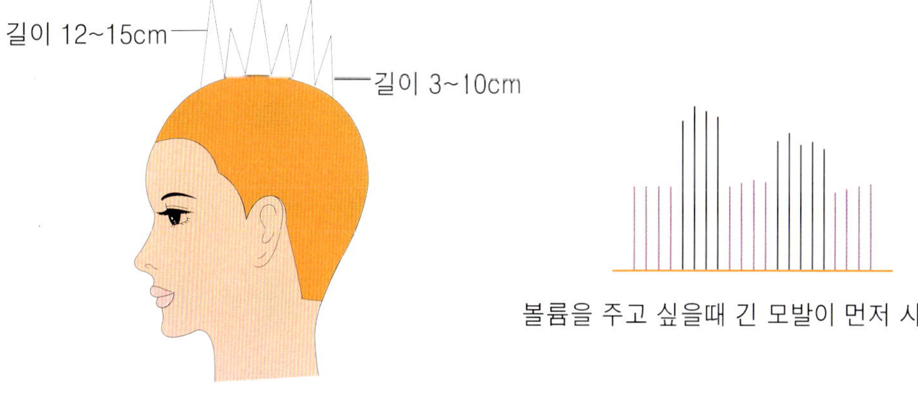

볼륨을 주고 싶을때 긴 모발이 먼저 시작이다.

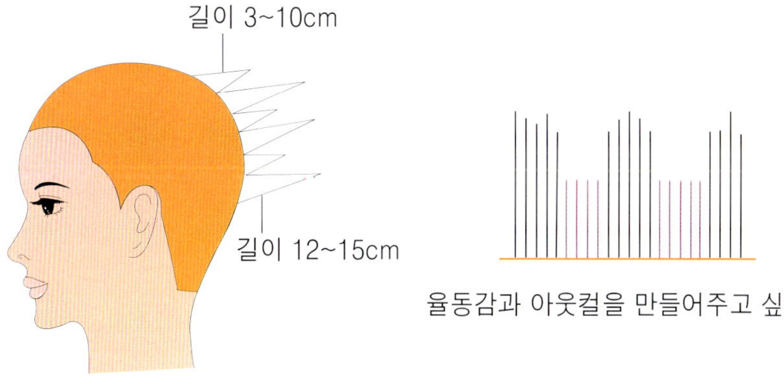

율동감과 아웃컬을 만들어주고 싶을때

3) 주의사항

① 드라이 커트로 시술, 물기가 있게 되면 덩어리로 잘려서 스타일을 만들기가 힘들다.

② 가위가 들어갈 때 스트록의 흔드는 폭과 날의 개폐 타이밍이 맞지 않으면 단순히 모발을 문지르는 상태가 되고 만다. 손목의 움직임과 가위의 개폐가 일치하도록 스윙연습이 충분히 되어 있어야 한다.

③ 두피에 부딪히지 않도록 스윙한다.

4) 시술부위에 따른 테크닉 분류

(1) Side stroke

가로 슬라이스를 취하고 모발 한 판넬을 떠서 옆에서부터 스트록을 넣는자세로, 스트록 커트의 기본이 된다. B.P 아래 부분에서 라인을 정할 때나 B.P~N.P 영역에서 많이 활용한다.

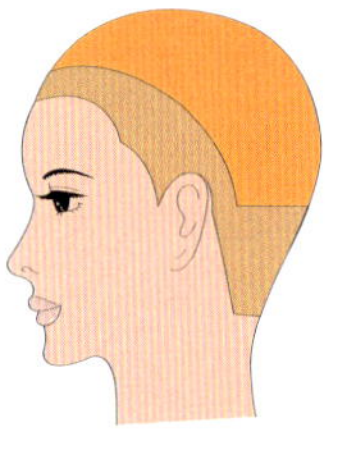

(2) Down stroke

한 판넬을 세로 슬라이스로 떠서 아래에서 위로 스트록을 넣는 자세로, 자세를 낮추어 아래에서 위로 C커브 스윙을 그리면서 약지와 중지에 힘이 들어가야만 스윙이 자연스럽다. 그래쥬에이션 스타일에 많이 활용한다.

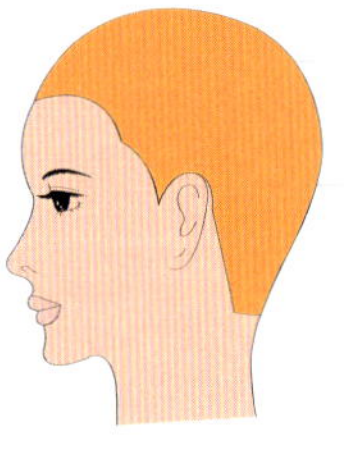

(3) Up stroke

모발 한 판넬을 세로 슬라이스로 떠서 위에서부터 스트록을 넣는 자세로, 이 자세는 스윙이 쉽고 도해도 대로 커트하기가 쉽기 때문에 많이 활용하는 스트록 자세, 인크리스레이어 율동감과 움직임을 강조하는 스타일에 많이 활용한다.

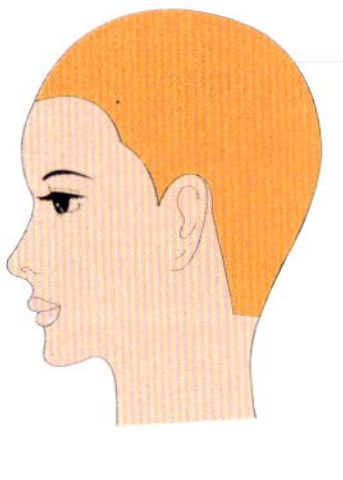

(4) Effect

형태와 질감을 동시에 표현할 수 있는 테크닉이기도 하고, T.P~G.P 사이에 이용하는 영역이다. 볼륨과 공기감을 만들기도 한다(특히 질감 테크닉에 많이 활용한다). T.P~G.P 베이직 샤기 이용한다.

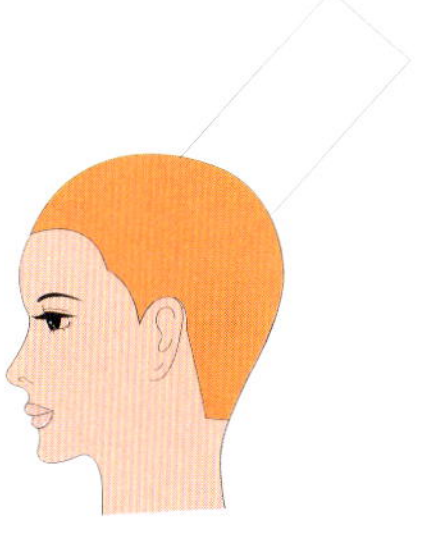

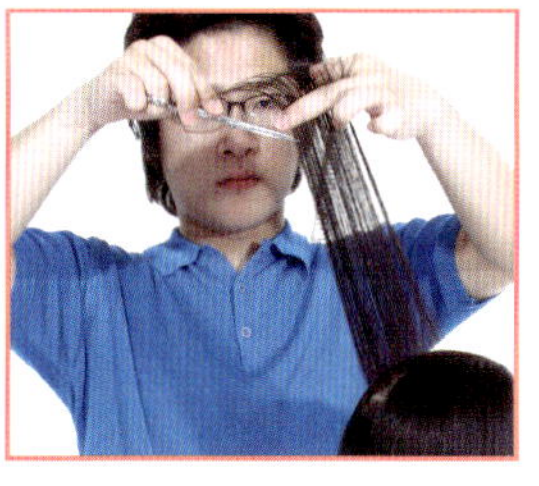

(5) Up effect

볼륨을 주기위한 시술이다. 가늘고 약한 모질에 일어섬과 힘을 넣기 위한 기법이다. 시술방법은 아래에서 위로 손목과 스넵을 이용해 툭툭쳐 가볍게 밑머리가 짧고 윗머리가 길게 시술한다.

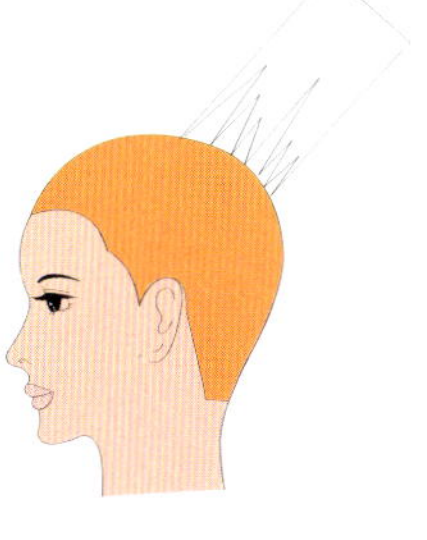

(6) Down effect

선의 마무리 시술시 튀어나온 부분 처리에 이용한다. 가위날의 중간에서 툭툭치면서 빠져나온다(가벼운 선 마무리에 많이 활용한다).

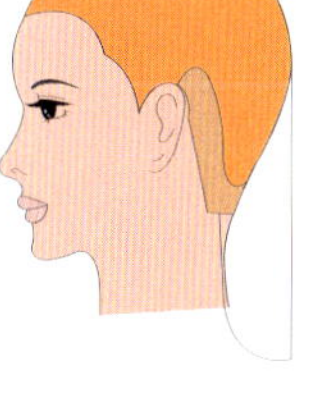

5) 가위의 개폐 정도에 따른 분류

(1) 쇼트 스트록(Short stroke)

가위 각도 0°~15°.
스트랜드의 길이가 짧아 제거되는 모발의 양이 적다.

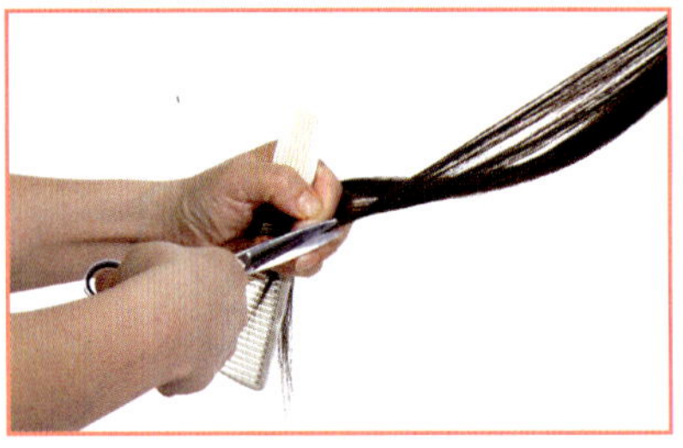

가위의 날끝부터 스타트
(쇼트 스트록)

	시술깊이	가위개폐	얻을 수 있는 형태
쇼트	모발 끝	0°~15° (손의 흔들림이 적다)	머리의 융합

(2) 미디움 스트록(Medium stroke)

가위 각도 15°~30°.
스트랜드의 길이가 중간 정도의 깊이로 이루어지며 모발의 율동감을 표현할 수 있다.

가위의 중간부터 스타트
(미디움 스트록)

	시술깊이	가위개폐	얻을 수 있는 형태
미디움	모발 1/3	15°~30°	율동(흐름)과 운동감(방향성)

(3) 롱 스트록(Long stroke)

가위 각도 30° 이상.
스트랜드의 길이가 길고 모발에 대한 가위의 각도가 크게 되므로 제거되는 모발의 양이 많다. 공기감을 가진 듯 모발의 움직임이 자유롭고 가벼운 느낌을 준다.

가위의 뿌리부분부터 스타트
(롱 스트록)

	시술깊이	가위개폐	얻을 수 있는 형태
롱	모발 1/2	30°	율동과 운동감, 형태변화

6. 클리퍼

전기를 이용해서 모발을 자르는 것.

1) 클리퍼의 자세와 시술방법

클리퍼는 일명 바리깡이라고도 한다.

1871년 프랑스의 바리깡 마르(borican & marr) 제작소의 창시자 바리깡이 발명하여 바리깡이라고 불리었다. 우리나라는 1910년에 일본으로부터 수입하여 보급되었다.

2) 빗과 클리퍼

① 빗은 자 역할을, 클리퍼는 자를 때 모발을 정확히 자른다.
② 빗(자), 시술각과 클리퍼의 각도는 동일하게 한다.
③ 빗을 정확히 대기위해 손가락은 지지대 역할을 한다.

3) 클리퍼 잡는법

① 날의 방향에 엄지를 얹는다(날의 방향이 위로 향한다).
② 클리퍼 뒷면 중심에 나머지 네 손가락을 얹는다(밀어주는 역할).
③ 순간적으로 빠르게 쳐 올리는 테크닉을 이용한다(힘을 골고루 분배하기 위해).

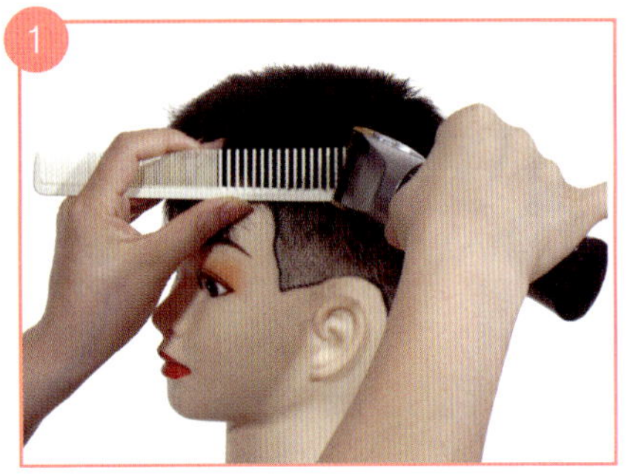

① 빗의 90° 로 대면 클리퍼도 90° 로 잡고 시술한다.

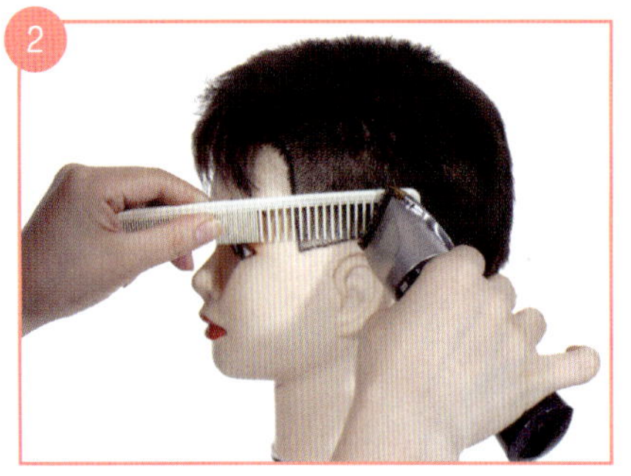

② 빗등의 길이만큼 모발이 잘리지 않으므로 빗살을 두피에 대고 시술한다.

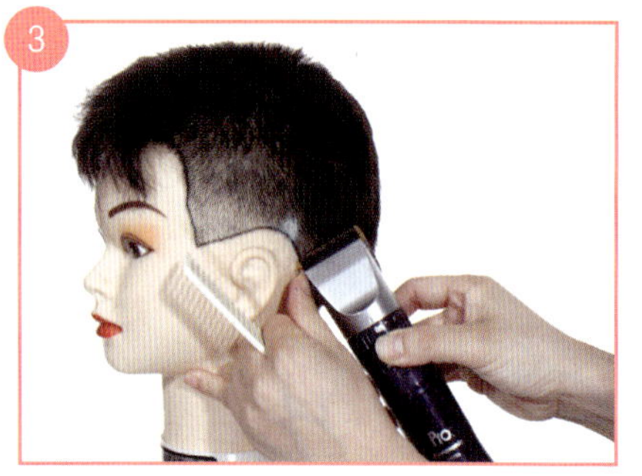

③ 클리퍼를 엄지에 고정시키면서 시술각을 조절하면서 시술한다.

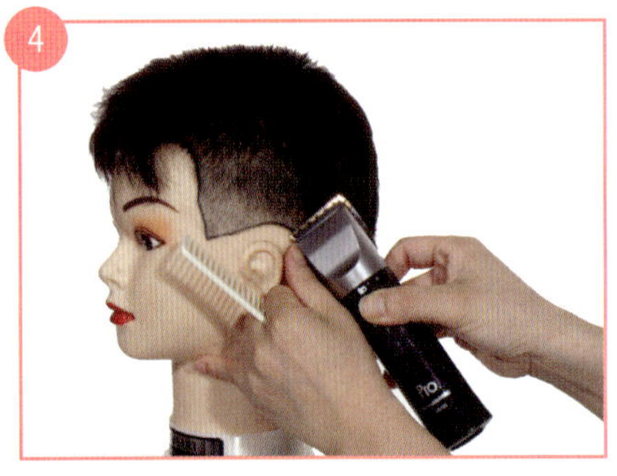

④ 이때 클리퍼는 45° 로 기울이고 한쪽면만 커트한다.

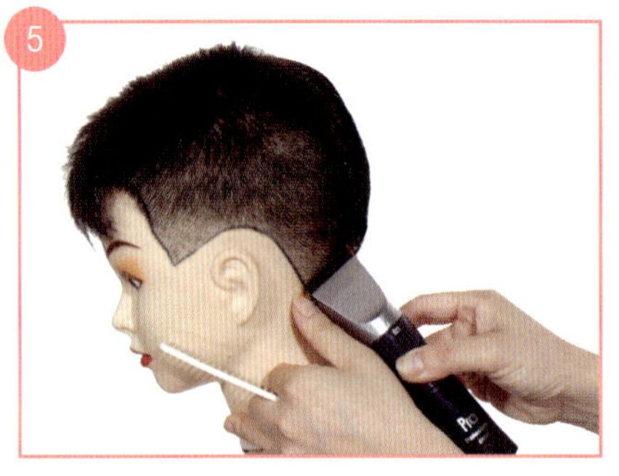

⑤ 헴라인을 따라 깨끗한 피부색을 만들기 위해 C커브를 그리면서 커트한다.

⑥ 모류의 반대방향에서 빗을 대고 중심부에서 일직선으로 시술한다.

⑦ 이때 소지, 약지, 중지가 길이조절을 한다.

⑧ F.S.P선을 길게 커트해야 되는데 C.L에서 오는 가이드를 맞추어 사선으로 커트한다.

⑨ 빗은 흔들리지 않도록 소지, 약지, 중지가 길이를 조정하고 검지가 빗을 감싼다.

3장 ··· 커트의 순서

학습 목표

1. 커트의 정의에 대해서 알아본다.
2. 커트 스타일의 구성요소에 대해서 익힌다.
3. 커트의 시술순서에 대해서 알아본다.

1. 커트의 정의

헤어스타일에서 가장 기본이 되는 헤어커트.
길이의 변화, 층의 변화로 헤어스타일의 외형의 형태를 만드는 것이다.
모질의 상태, 성질, 밀도 등의 요소를 파악.
질감테크닉을 이용해서 디자인 커트를 하기도 한다.

2. 스타일 구성

커트를 시술하는 과정이다.
커트의 베이스와 시술각의 변화를 익히고 질감처리하는 방법을 습득한다.

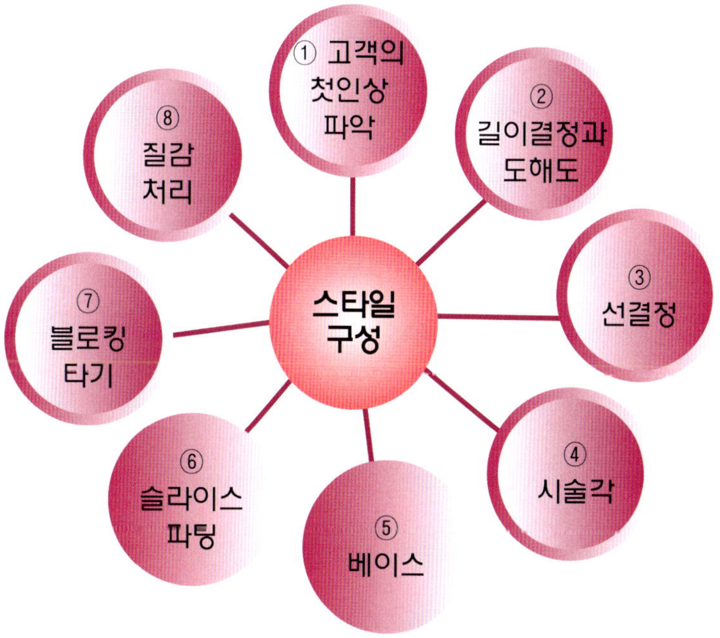

1) 고객의 첫인상 파악

얼굴형, 모류, 모량, 체형, 직업, 성격

긴 머리

- 선과 길이의 변화로 실루엣을 변형

짧은 머리

- 베이스 변화, 섹션의 변화로 실루엣을 변형
- 모류파악이 스타일 50% 결정

2) 길이결정과 길이변화의 도해도

시술자가 커트하고자 하는 스타일의 길이를 cm로 확인한다.
커트는 길이의 변화에 따라 실루엣이 달라진다.

쇼트 (short)

- 귀를 완전히 내어 놓은 길이
- 귀엽고, 활동적, 발랄한 스타일

미디엄 쇼트 (medium short)

- 귀에 모발이 덮히는 길이
- 발랄하고 여성스러운 스타일

미디엄 (medium)

- 귀밑에서 어깨에 닿는 길이
- 완숙하고 차분하면서 부드러운 스타일

롱 (long)

- 어깨에 걸치는 길이 이상이면 아무리 길어도 롱이다.
- 부드럽고 여성스러운 스타일
- 롱헤어의 예쁜 길이 = 키 ÷ 설계의 기준

  예) 키가 150cm인 사람

  150 ÷ 5 = 30 30cm가 적당

  표준선보다 길어지면 원형으로, 더 길어지면 뾰족하게 라인을 만든다.

(1) B.P의 길이변화와 도해도

① 똑같은 도해도로 B.P 길이가이드를 어떻게 설정하느냐 에 따라 달라지는 모습

- G.P의 길이 가이드가 두상을 벗어난 길이, 층이 예쁘게 형성 된다.
- G.P 의 길이가 두상을 벗어난 길이는 머리가 자라도 형태변화 가 없이 **'조금 길었다'** 라고만 느낄 수 있다.

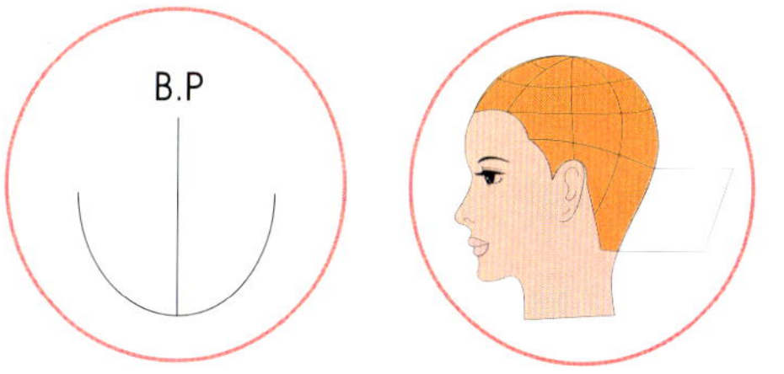

무거운 U선

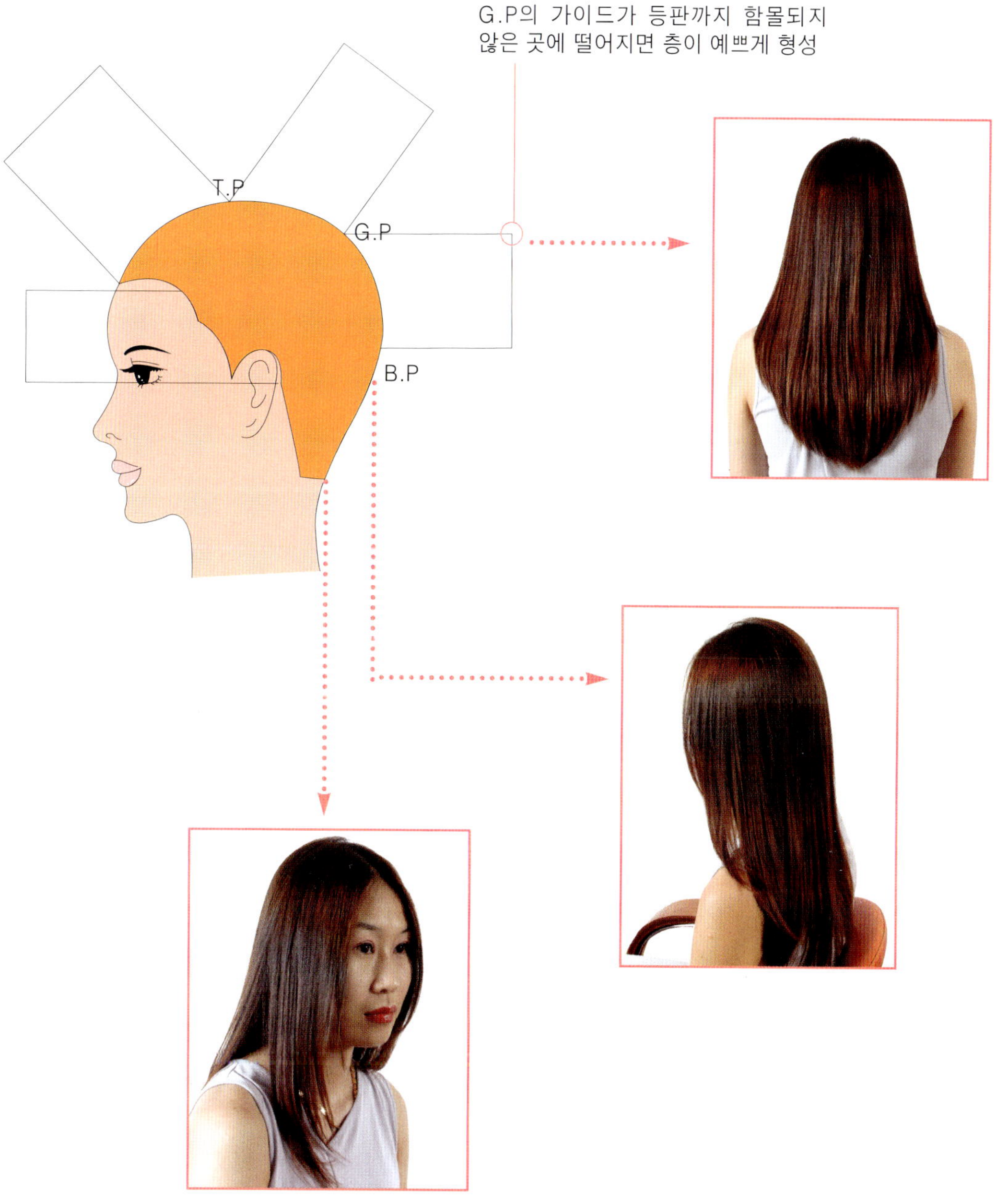

② 똑같은 도해도로 B.P 길이가이드를 어떻게 설정하느냐에 따라 달라지는 모습

G.P 길이가이드가 B.P 위로 떨어지느냐 B.P 아래로 떨어지느냐에 따라 스타일은 달라진다. G.P 길이가 B.P 위로 떨어졌기에 무게감을 주었다.

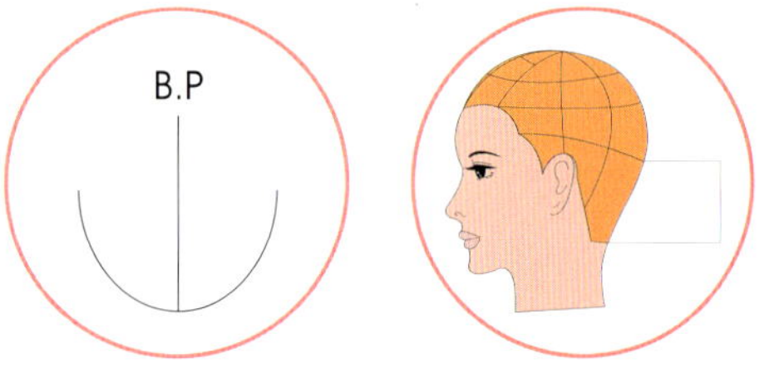

가벼운 U선

G.P의 가이드가 곡면 함몰된 곳에 떨어지면 밑모발보다 윗모발이 길어지고 무게가 생긴다.

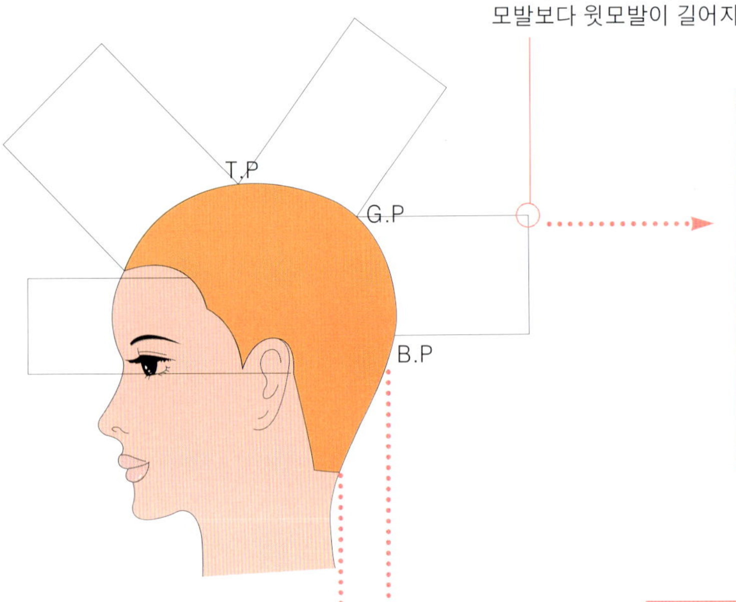

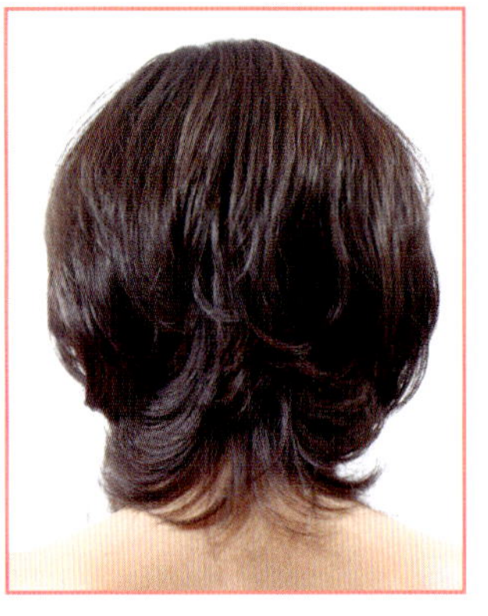

③ 똑같은 도해도로 B.P 길이가이드를 어떻게 설정하느냐에 따라 달라지는 모습

일직선에서 B.P 가이드를 가져와서 커트하게 되면 일직선에 층이 예쁘게 형성된다. 무겁게 느낄수 있는 연출을 하고 싶을 때에는 일직선을 만들고 커트한다.

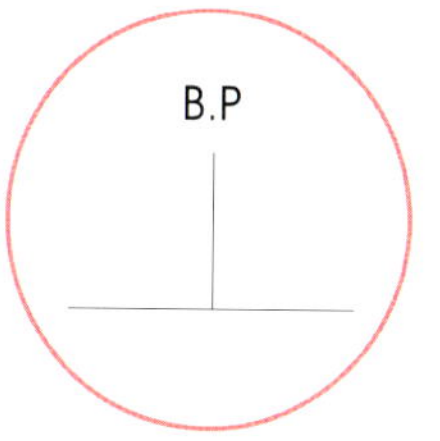

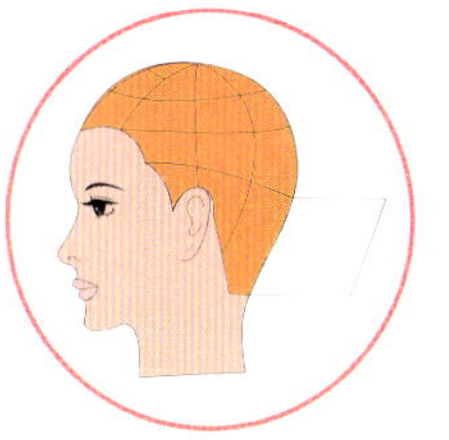

무거운 — 선

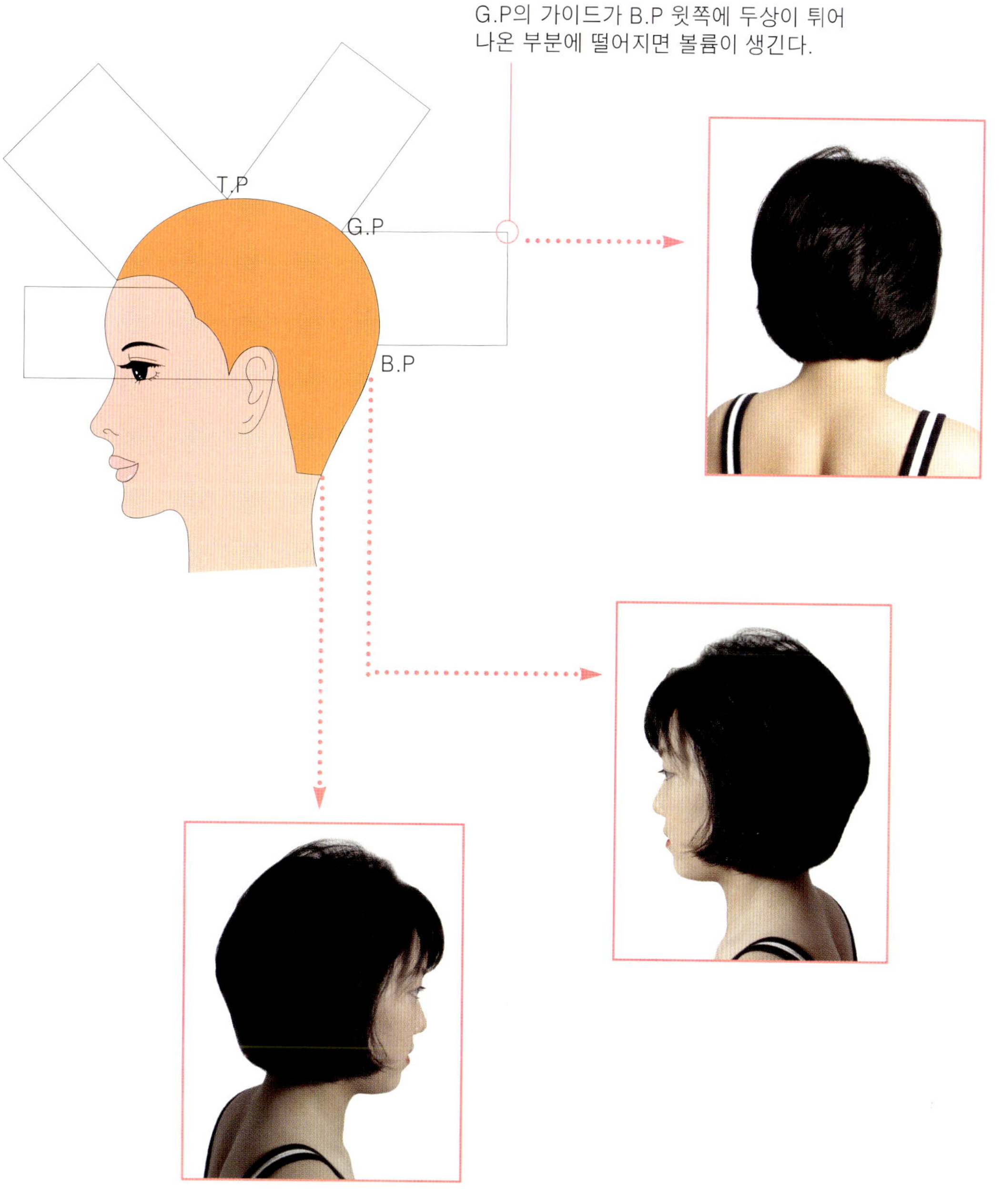

④ 똑같은 도해도로 B.P 길이가이드를 어떻게 설정하느냐에 따라 달라지는 모습

B.P 위쪽에 G.P의 길이가 떨어지는 길이, 두상이 튀어나온 부분에 떨어지게 되면, 볼륨이 최대한 형성되어 볼륨감이 최대(짧은 머리는 커트를 4주에 한번씩 20일에 한번씩 커트를 해야만 하는 이유)이다.

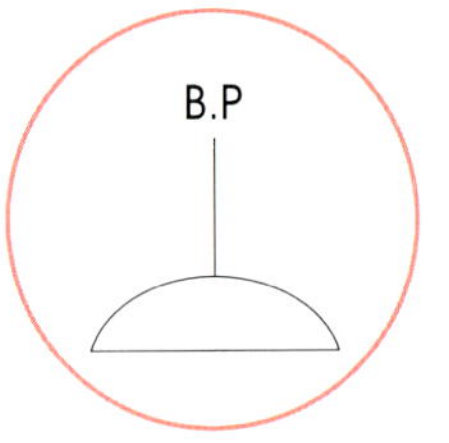

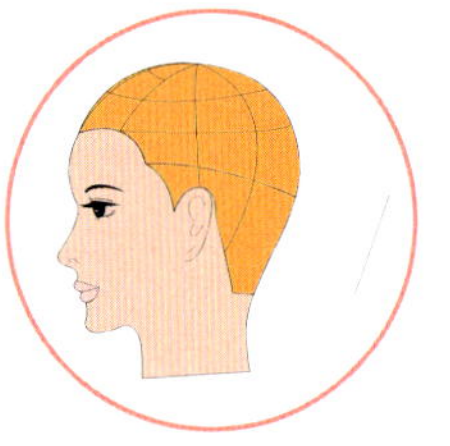

직곡선

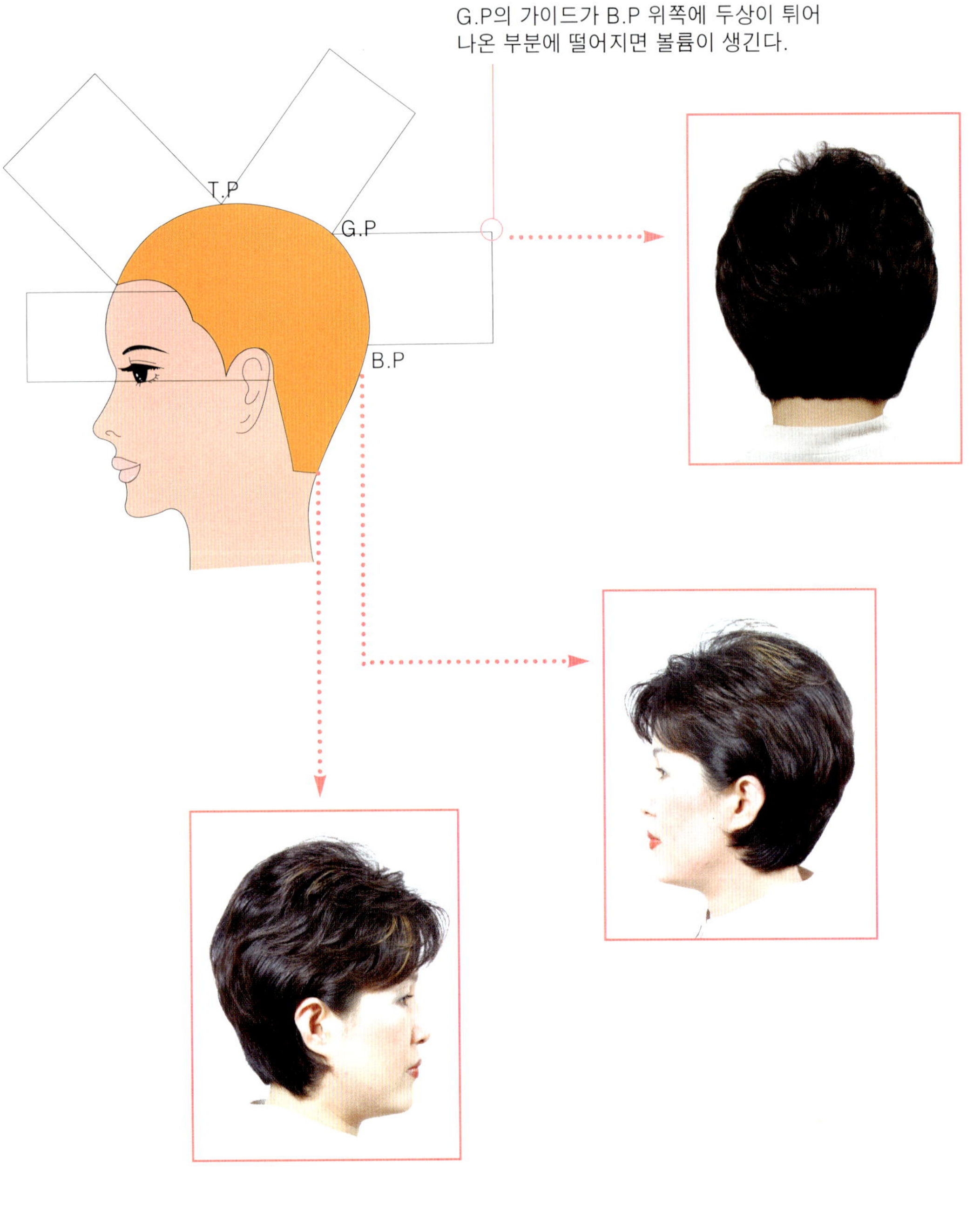

3) 선 결정

머리카락 하나하나의 점이 모여 선이된다.
소재인 두상과 선의 요소, 머리카락을 이용하여 라인을 구성하면, 그 자체가 스타일이 된다.

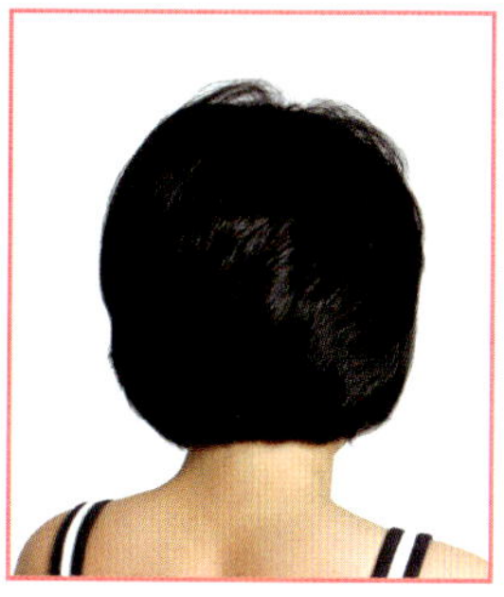

① 직선은 스포티한 스타일로 강하고 분명함이 있다.

② 곡선은 부드러움과 여성스러움을 강조한다(U라인).

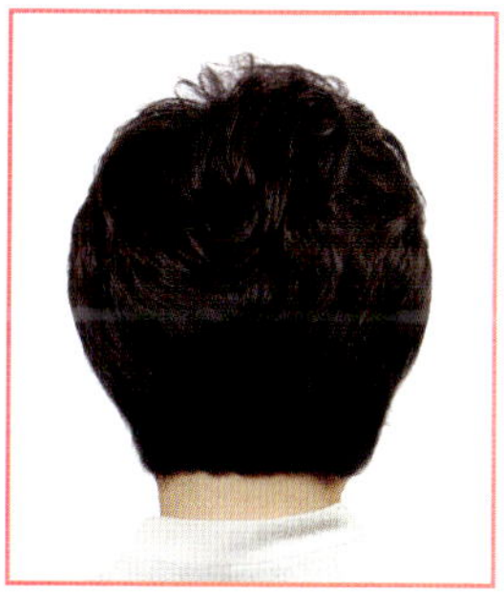

③ 직 · 곡선은 입체감과 볼륨감을 줄 때(그래쥬에이션).

- —선은 목선이 굵어 보인다.
- 완만한 U라인선은 무난한 라인으로 안정감을 준다.
- ∩선으로 그래쥬에이션을 커트하면 세련미와 안정감을 줄 수 있다. 그래쥬에이션 커트의 네이프는 직선과 곡선을 혼합하여 시술하나 완만한 선으로 시술해야 한다.

④ 가벼운 선은 시술 각이 높고 층이 많아 가벼움과 움직임을 표현.

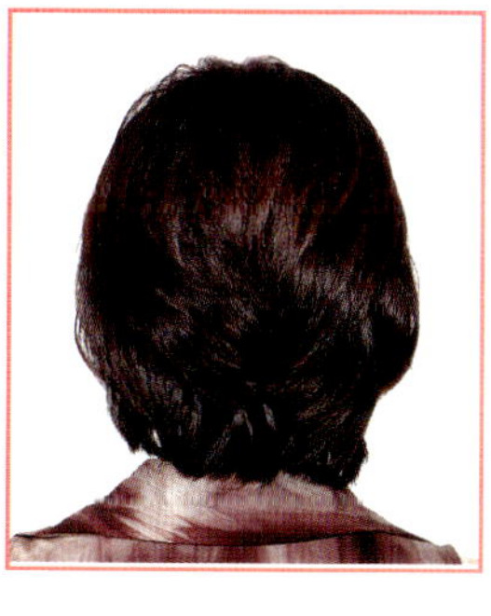

⑤ 무거운 선은 시술 각이 낮고 층이 적다. 무게감과 볼륨감을 표현(그래쥬에이션).

4) 시술각(Progection)

두상으로 부터 모발을 들어올리는 각도.
커트하는 동안 두상에 따라 모발이 들려지는 각도.

(1) 자연 시술각

커트의 가이드가 되는 것은 판넬을 뜰때 제일 아래 모발이 안내자가 된다.

① 중력에 의해 모발이 떨어지는 각도.
② 면에 의한 각도.
③ 면에 시작점에서 무조건 떨어지는 각도 0°.
④ 펼쳐지는 각도 90°
⑤ 천체축 각도

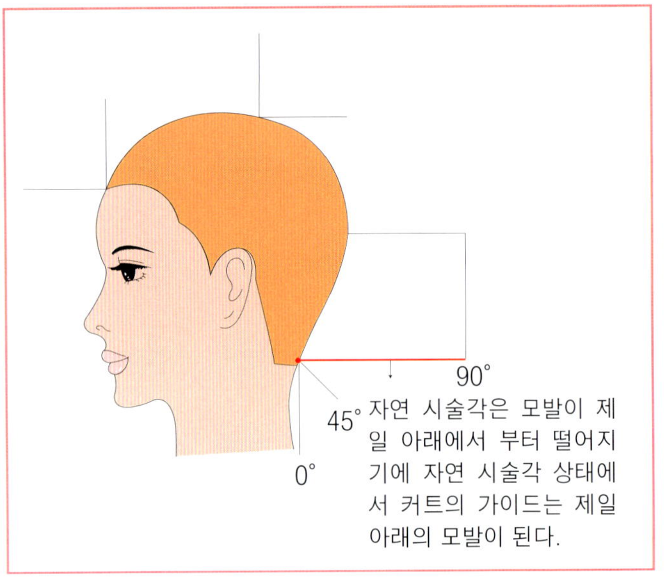

(2) 일반 시술각

커트의 가이드가 되는 것은 한 판넬을 뜰때 중앙의 가이드가 안내자가 된다.

① 두상에 의한 각도.
② 두상으로부터 각도를 사용.

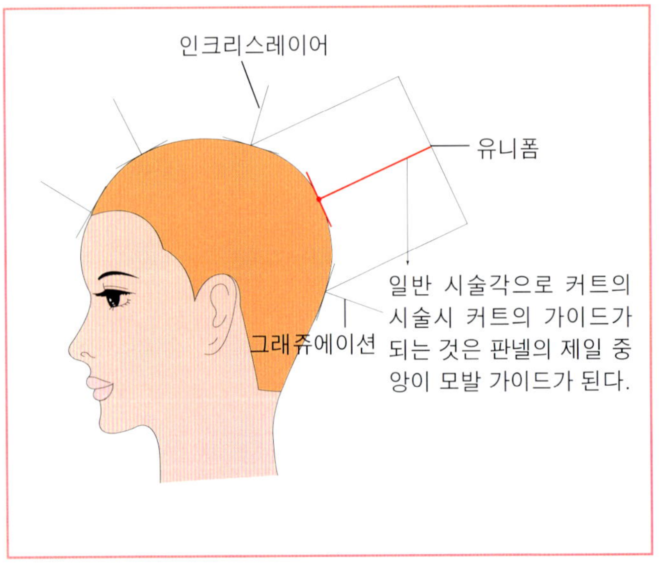

커트를 시술하려할 때 한 판넬을 떠서 어떤 곳을 가이드로 하느냐에 따라 모발의 층이 달라진다. 제일 밑쪽에 모발을 가이드로 하여 모발을 내리면 그래쥬에이션 형태로 시술되고, 중심의 모발을 가이드로 시술하면 유니폼을 형성하며, 제일 윗부분의 모발의 90°에 따라 모발을 올려서 시술하게 되면 인크리스레이어가 형성된다.

5) 베이스

당김새의 느낌 : 커트에 있어서 가장 기본이며 가이드 라인과 동일한 개념이다.

(1) 온 더 베이스(On the base)

커트할 양만큼 섹션을 잡았을 때 베이스의 중심에서 수직(90°)이 되도록 커트한다. 같은 길이로 커트할 때 주로 사용되며 레이어 커트에 많이 사용된다.

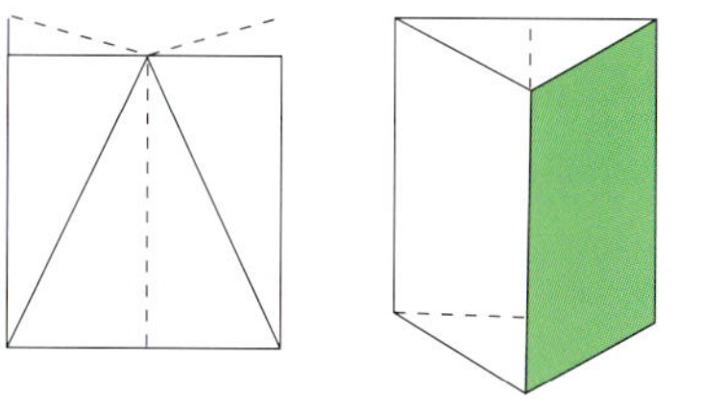

(2) 오프 더 베이스(Off the base)

베이스를 완전히 벗어나 섹션을 잡는 경우이다. 길이를 짧게 또는 길게 자유로이 구사 할 수 있으며 레이어 커트나 그라데이션 커트에 많이 응용된다. 다양한 변화를 시도할 때 사용된다.

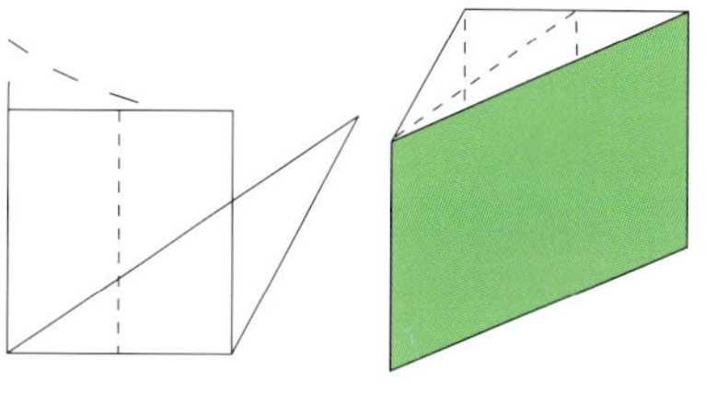

(3) 프리 베이스(Free base)

베이스 폭의 2/3 지점에서 섹션을 잡는 경우이다. 자연스럽게 길거나 짧아지는 형태로 온 더 베이스와 사이드 베이스의 중간에 위치하며 급격한 변하를 원하지 않을 때 사용한다.

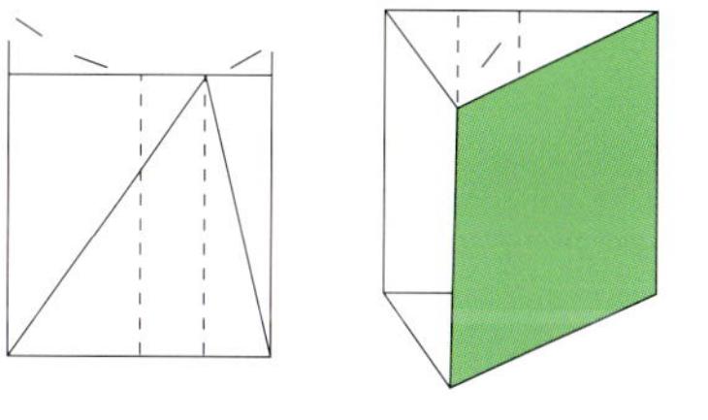

(4) 사이드 베이스(Side base)

커트할 양만큼 섹션을 잡았을 때 베이스의 한쪽 면에서 수직(90°) 되도록 하는 것으로, 베이스의 중심이 아닌 오른쪽 또는 왼쪽이 된다. 즉, 베이스의 한쪽 면으로 치우쳐서 커트한다.

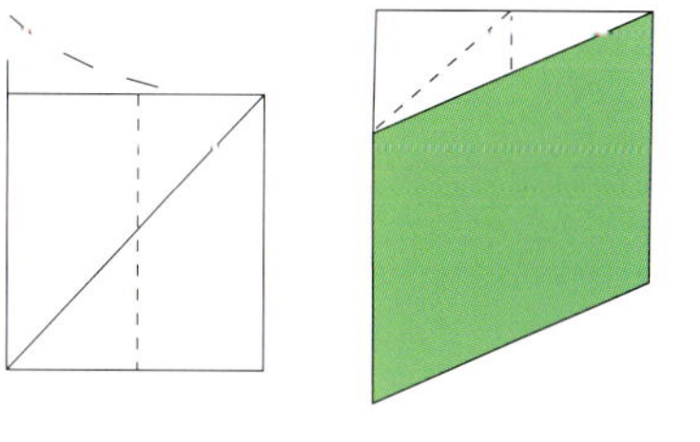

(5) 트위스트 베이스(Twist base)

급격한 변화가 요구되어 패널을 잡는 손이 일정하지 않는 것으로 섹션을 삽을 때 비틀리게 삽기 때문에 트위스트 베이스라 한다.

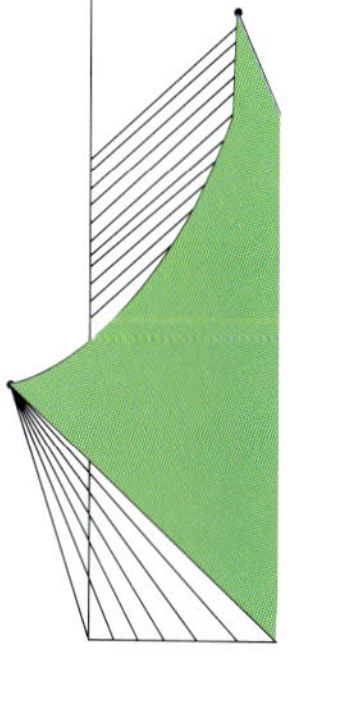

6) 슬라이스 차이로 헤어스타일이 달라진다.

슬라이스를 나누는 것은 두상이 곡면체이기 때문에 원하는 디자인을 쉽게 연출하기 위해 꼭 알아야 한다.

(1) 가로 슬라이스의 특징

① 강약이 없는 무겁고 가로로 퍼진 포름이 되기 쉽다.

② 웨이트의 위치가 낮게 나타나기 쉽다.

③ 헴라인에 좌우되지 않고 단차가 좋은 평행한 절단면을 이룬다.

④ 율동은 나타나지 않고 두께가 있는 무거운 모속감이 나타난다.

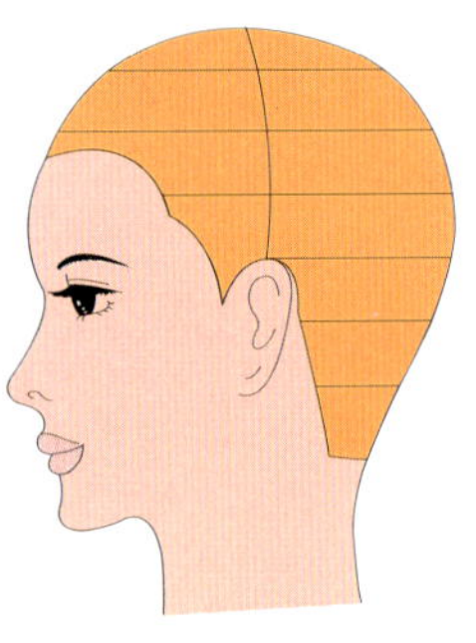

(2) 세로 슬라이스의 특징

① 웨이트의 높이 세로로 긴 포름을 만들기 쉽다.

② 머리의 형태가 나타나기 쉬운 만큼 강약있는 스타일이 되기 쉽다.

③ 헴라인의 형태를 따라 아웃라인이 나타나기 쉽다.

④ 움직이면 아웃라인은 희미해지고 큰 율동이 생긴다.

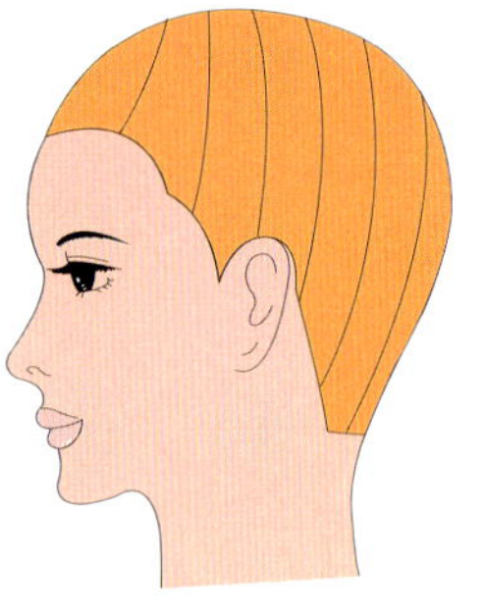

(3) 전대각 사선 슬라이스의 특징

① 앞머리가 길고 뒷머리가 짧은 형태를 이룬다.

② 둥글고 곡선적인 포름으로 만들기 쉽다.

③ 슬라이스를 취하는 방법으로 웨이트의 위치를 조절할 수 있다.

④ 헴라인에 좌우되지 않고 사선의 아웃라인을 나타 낼 수 있다.

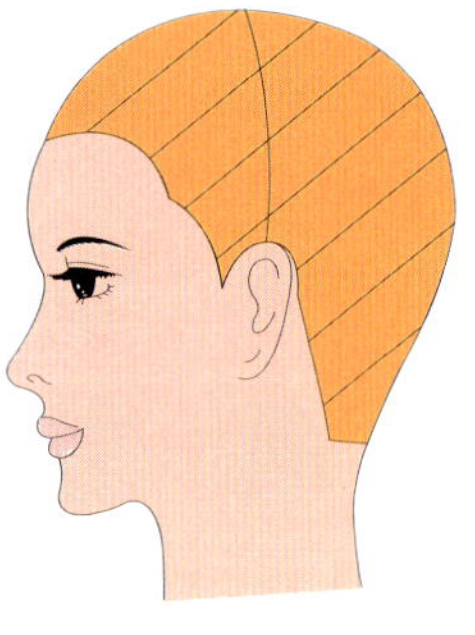

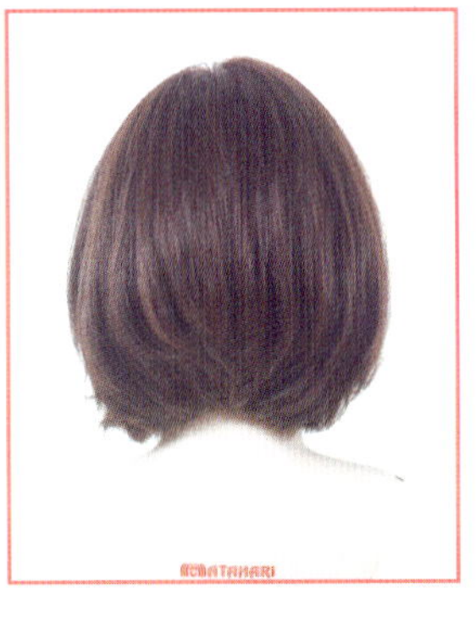

(4) 후대각 사선 슬라이스의 특징

① 앞머리가 짧고 뒷머리가 긴 형태를 이룬다.

② 둥글고 곡선적인 포름으로 만들기 쉽다.

③ 슬라이스를 취하는 방법으로 웨이트의 위치를 조절할 수 있다.

④ 시술각에 따라 움직이면 아웃라인도 적당하게 나타내면서 율동도 적당하게 나타낸다.

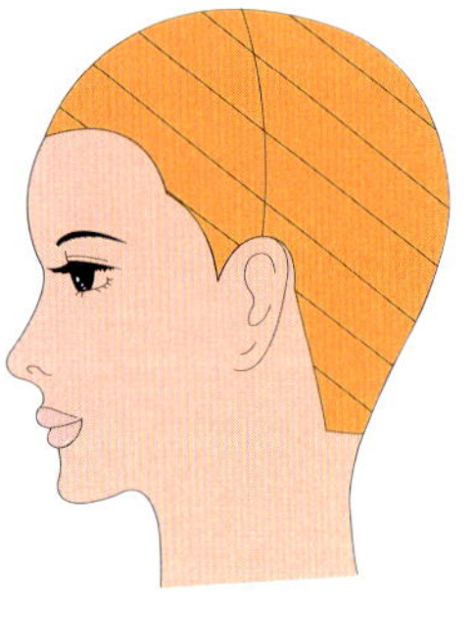

7) 실루엣 시술에 의해 블로킹 나누기(5.5.5분 법칙)

5분 = 윤곽선 만들기
5분 = 손님과 상담하여 충성고객을 만들기 위한 의견 절충시간
5분 = 양감과 율동감을 표현하는 예쁜 스타일 만들기(질감표현)

헤어스타일을 어떻게 구사하느냐에 블로킹 시술을 편리하게 나눈다면 빠르고, 쉽고, 정확하게 스타일을 연출할 수 있다.

(1) 기본 커트 블로킹(4블로킹)

앞면, 뒷면, 좌, 우로 두상을 4등분으로 나눈 상태로 어떠한 미용시술이든지 기본이 되는 파팅이다.

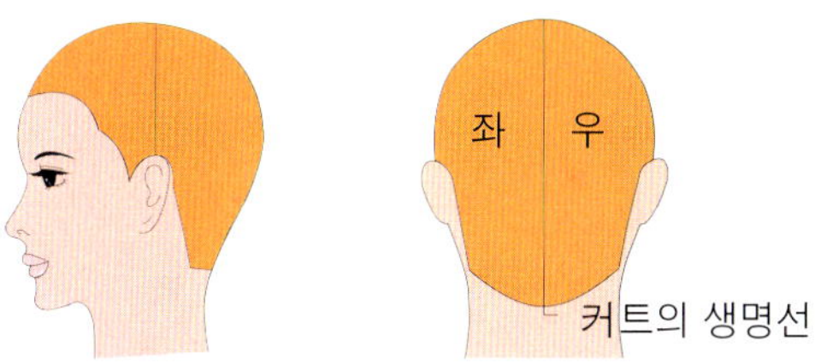

(2) 말발굽형(∪라인) 블로킹

유니폼이나 쇼트, 높은시술각의 그래쥬에이션형에 쓰이며 G.P에 떨어지는 곳을 먼저 정하는 스타일에 이용(무게감이 있는 인크리스레이어에도 이용)한다.

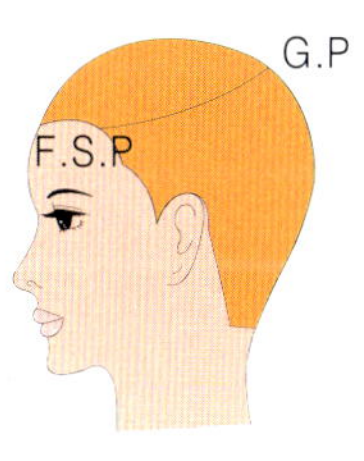

(3) 리셋션 블로킹

커트선을 연결하지 않은 디스커넥션 커트시 이용(율동감이나 운동감을 만들고자 할 때)한다.

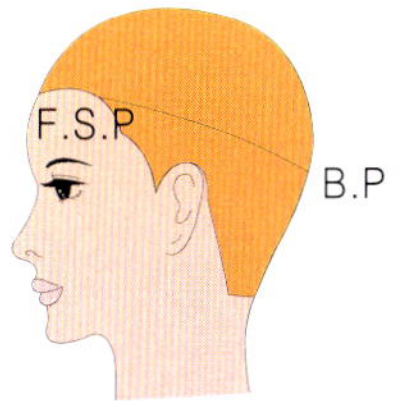

(4) 라운드 블로킹

두상의 연장선은 커트에 무리가 없이 예쁘다. 선을 중요시하는 스타일에 이용하거나 모질이 강한 모발이나 인크리스 레이어에 이용한다.

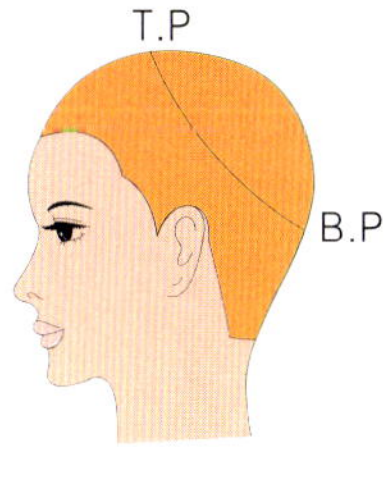

(5) 센터 블로킹

단발머리나 상고, 그래쥬에이션형 커트시 이용한다.

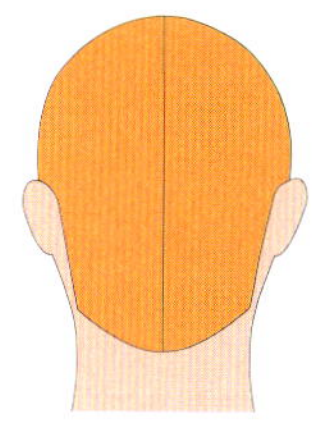

(6) 앞머리 블로킹

짧은 쇼트나 앞머리 표정을 강조할 때 이용한다.

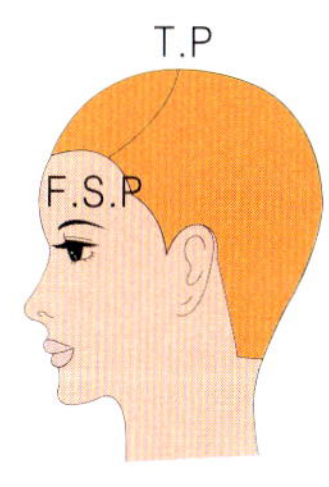

(7) T존 블로킹

남자 커트나 짧은 헤어스타일에 질감표현을 하고자할 때 이용한다.

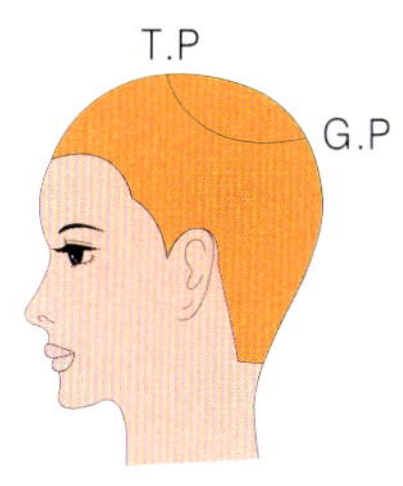

8) 질감처리(쳐내기)

(1) 루트틴닝(Roots thinning) : 모류보정

모류나 모량에 의해 뿌리부분에 모발의 밀도가 높은 경우와 모류가 강한 부분에 모류방향을 보정하기 위해 또는 밀도가 높은 모량을 줄이기 위해 모발 뿌리 부분을 솎아내는 테크닉이다.

모발의 길이 0.5cm이하에서 모류를 보정한다.

모량 조절에도 이용하며 모류가 역행하거나 모류각도가 들떠있는 경우에는 루트틴닝을 넣어 방향감을 잡아주는게 중요하다. 루트틴닝은 넣을 장소와 모발을 동일한 길이로만 자르지 않는다면 아주 유용하게 활용할 수 있다.

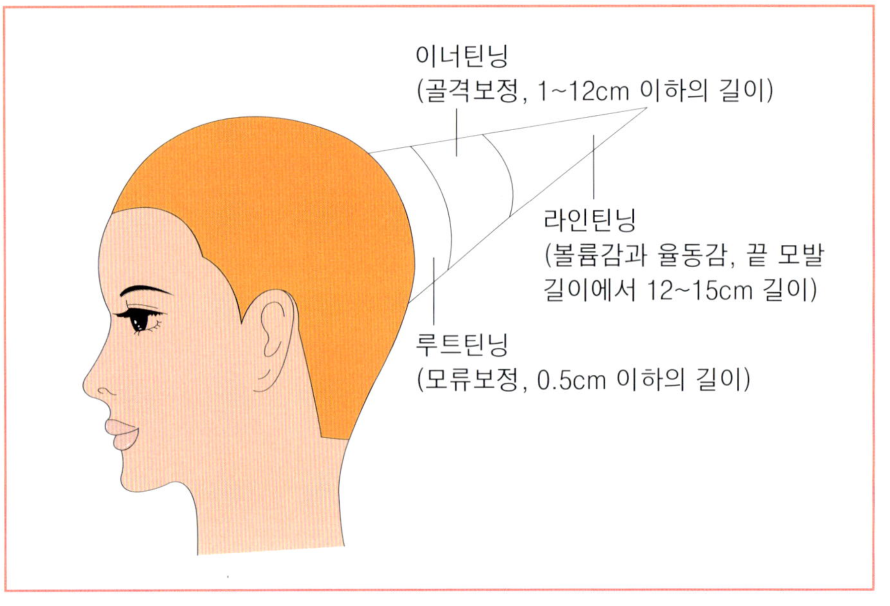

(2) 이너틴닝(Inner thinning) : 골격보정

① 이너그래쥬에이션

- 볼륨과 입체감을 만들고 싶을 때 사용하는 방법이다.
- 골격이 움푹 들어간 부분에 볼륨을 주고 싶을 때 양감 조절에 유용하다.
- 표면을 매끄럽게 두면서 모량을 줄일 수 있는 방법이다.
- 모발의 길이가 3~8cm이기 때문에 기립하려는 모발의 성질을 이용. 10~12cm에서 C컬이 만들어지기 때문에 13~12cm 안에서 표정을 만든다.

② 이너레이어

- 양감을 줄이고, 모량을 줄임과 동시에 율동감을 살리는 장점이 있다.
- 이너레이어를 넣을수록 율동감이 증가하는데 모발이 지저분해질 수 있으므로 조절하여 사용한다.
- 골격이 튀어나온 부분을 깍아낼때 유용하게 활용할 수 있다.
- 짧은 모발은 누르고자 하는 성질이 있다. 이 원리를 이용하여 도려내고자 하는 표현을 할때 이용

(3) 라인틴닝 : 볼륨감과 율동감과 움직임을 표현

라인틴닝은 모속 바깥측을 깍아서 공간을 만들어 다발느낌을 표현하는 틴닝 방법이다. 모발 끝부분에서 12~15cm 길이에 해당된다.

라인틴닝은 한개의 모속을 쳐내는데 그 장소가 어디에서 짧게 시작하느냐에 따라 4가지로 구별한다.

① ② 사이드틴닝은 주로 좌·우 움직임에 이용
③ 오버틴닝은 질감표현과 뻗친모발, 아웃컬을 원할 때
④ 언더틴닝은 부력발생을 이용하여 볼륨과 인컬을 원할 때

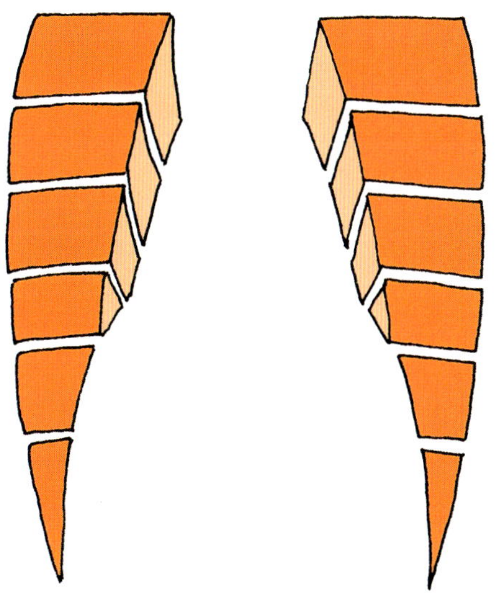

①, ② 사이드 틴닝 : 좌, 우 움직임에 이용

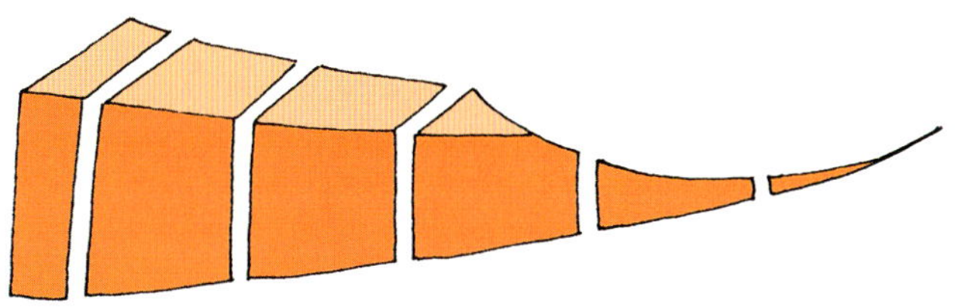

③ 오버틴닝 : 아웃컬을 원할때

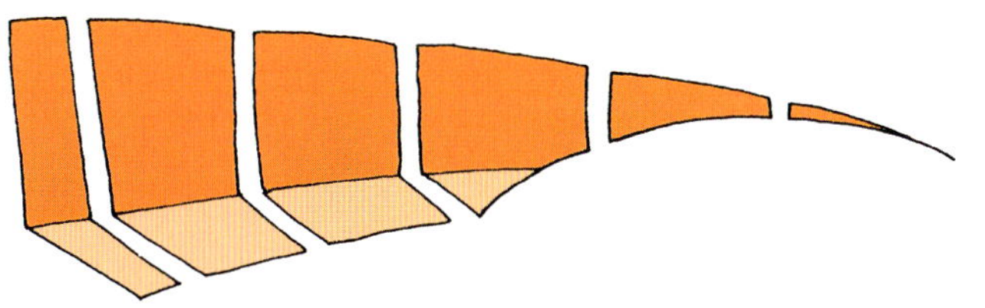

④ 언더틴닝 : 볼륨감과 인컬을 원할때

모발 한가닥의 어디를 도려내느냐에 따라 모발의 움직임이 달라진다.

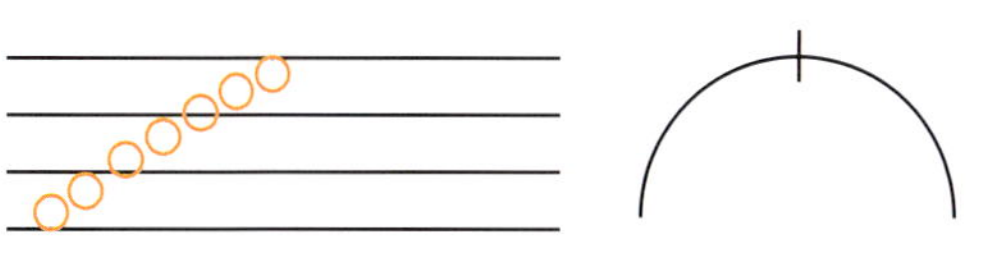

틴닝 사선으로 한번만 커트하면서 가위를 빼준다. = 기본 길이의 폭은 10~12cm의 길이의 반을 설정

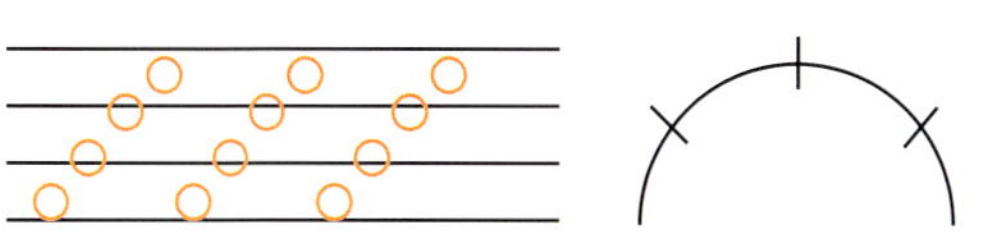

조금더 적은 원을 만들기 위해 틴닝을 세번해주면서 C컬을 빼면서 시술한다.

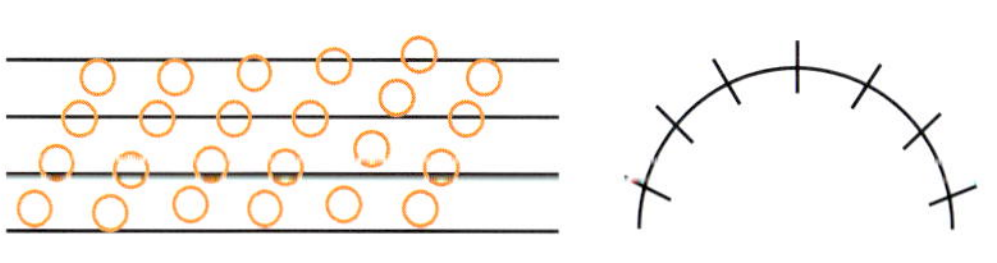

더더욱 적은 원을 시술하기 위해 6번을 시술한다. –

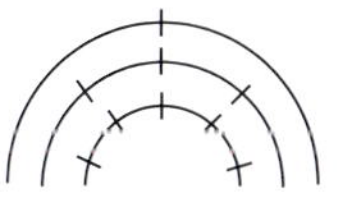

볼륨 C컬을 원할때

이렇게 틴닝으로 쳐내기를 시술하면 모발의 무게를 없애고 길이를 섞었기 때문에 두상 위에 C컬의 볼륨이 살며시 표현된다. 아웃컬을 원할 때는 반대로 시술하면 된다.

3. 커트의 시술 순서

원하는 스타일이 무엇이냐에 따라 커트의 시술 순서가 다르다.
잘 파악하여 커트를 빠르고 쉽고 정확하게 연출할 줄 알아야 한다.

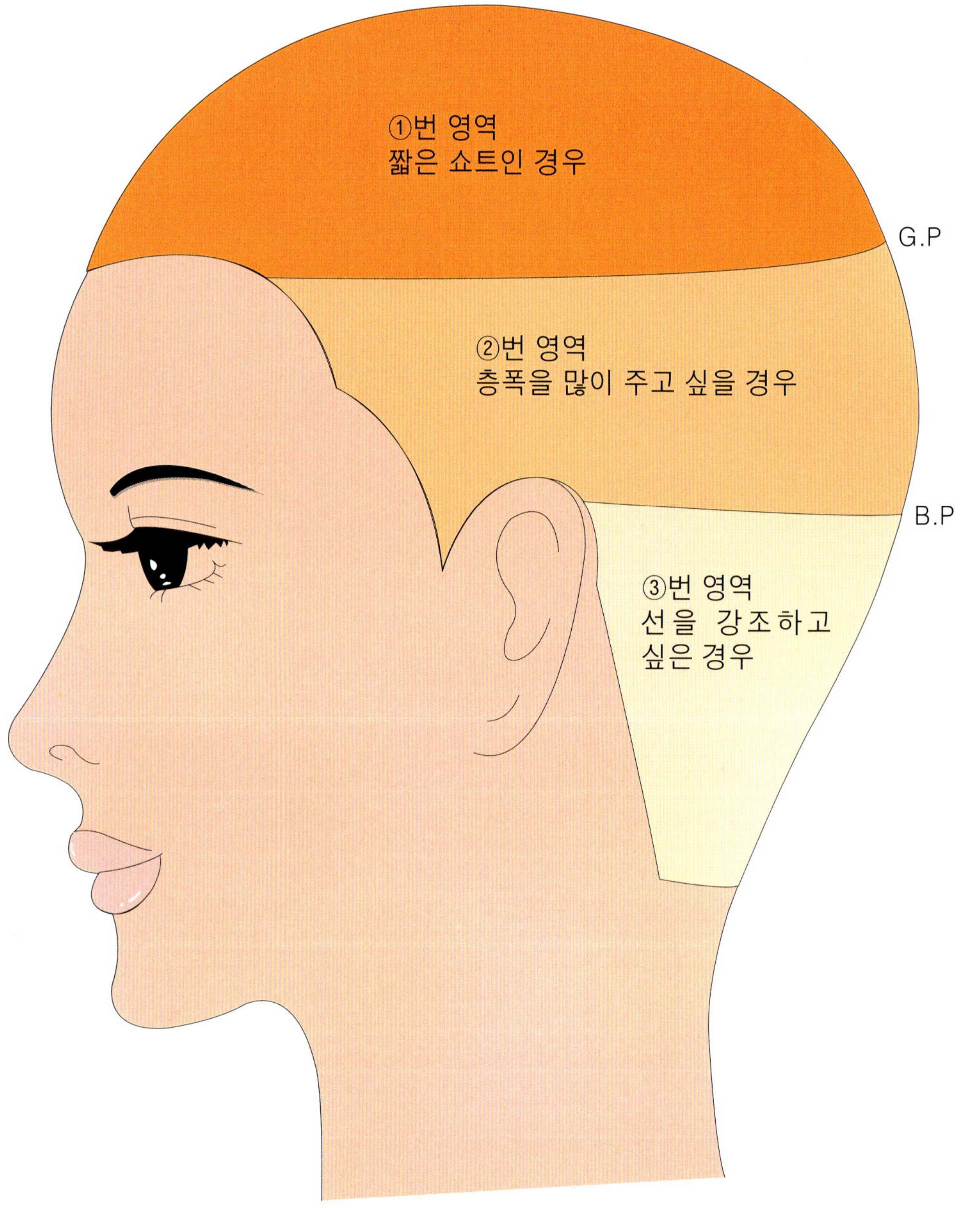

1) [A]번 영역을 먼저 시술하는 경우 (짧은 쇼트)

짧은 스타일로 상고나 스포츠 또는 높은 시술각 그래쥬에이션 커트시 밑에서 위로 시술하다 보면 윗부분이 짧아질 수 있으므로 [A]번 영역을 먼저 시술하여 형태로 잡은 후 밑라인을 만들면 빠르게 시술할 수 있다.

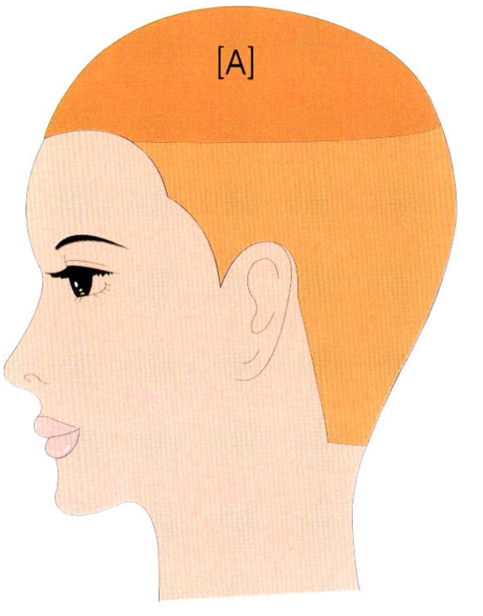

① [A]번영역을 먼저 시술하기 위해 U라인을 시술하고

② B.P~G.P까지 U라인 가이드에 맞추어 시술한 후

③ 선을 만들어 주면서 마무리를 한다.

2) [B]번 영역을 먼저 시술하는 경우(G.P에서 모발의 길이를 설정하여 헤어스타일을 만들거나 롱헤어를 스타일 변화 할때) : 층의 변화를 많이 주고 싶을때

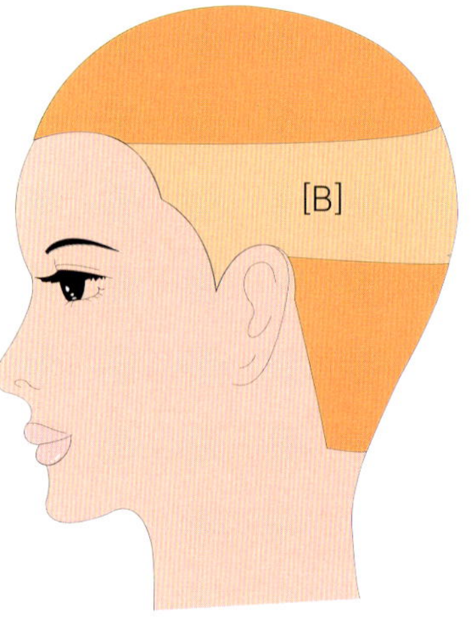

두상에서 제일 넓은 영역이기도 하고 짧은 스타일시 베이스 변화로 두상을 튀어나오게 보이기도 하고 들어가 보이기도 하는 영역이므로 계산된 커트를 해야될 곳이다. 커트 시술시 크레임이 제일 많은 곳이기도 한다. G.P에서 떨어진 길이가이드가 두상 어디에 떨어지느냐에 따라 커트의 형태가 결정되므로 G.P에서 길이변화를 알고 스타일의 변화를 주고 싶거나 가벼운 U라인 선을 만드는 스타일에는 [B]번 영역을 먼저 시술하는게 쉽고 빠르게 커트할 수 있다.

① [B]번영역을 먼저 시술하기 위해 G.P에서 떨어져 스타일을 만들 길이를 설정하여 B.P ~G.P까지 시술한 후

② B.P~N.P까지 선을 만들어 준 후

③ U라인 영역을 마무리 한다.

3) [C]번 영역을 먼저 시술하는 경우(선을 강조하는 스타일이나 롱헤어 일때)

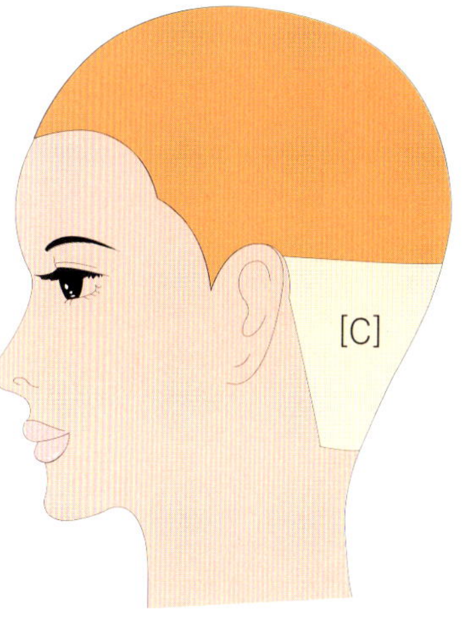

선이 강조되는 스타일을 만들 때는 [C]번 영역을 먼저 시술하고 B.P 길이가이드를 가지고 스타일을 만들면 쉽게 할 수 있다. 선을 분명히 하고 싶고 길이가이드가 강조되는 스타일에는 [C]번 영역에서 먼저 시술하는게 편리하다.

① [C]번영역을 먼저 시술하기 위해 N.P~B.P에서 원하는 선을 만들어 준다.

② B.P에서 가이드를 가지고 B.P~G.P까지 시술한다.

③ U라인 영역을 마무리 한다.

4장 … 얼굴형에 따른 헤어스타일

학습목표 얼굴형에 맞는 헤어스타일을 연출할 수 있도록 한다.

1 계란형

① 계란형

얼굴의 윤곽을 살려서 헤어스타일을 만든다.
어떤 스타일도 어울리는 형이다.

2 둥근형

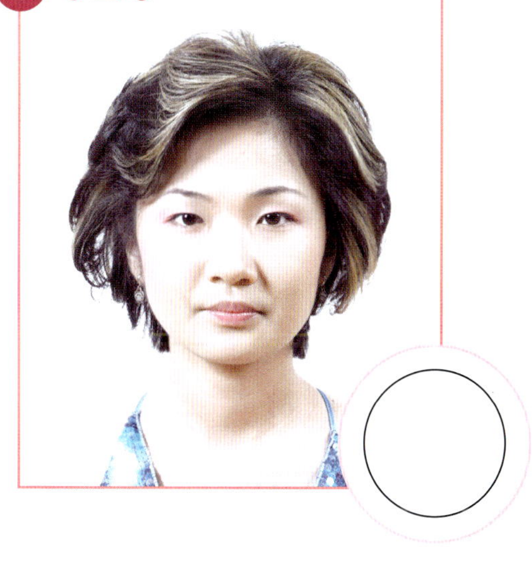

② 둥근형

프론트의 헤어라인선과 턱선이 짧고 둥근다. 실제모양보다 길게 보이기 위해 앞머리를 높게 만드거나 T.P에 볼륨감을 준다.
롱헤어보다 짧은 헤어스타일이 잘 어울린다.

3 긴형

③ 긴형

이마길이와 턱선의 길이가 긴 형태로 이마 부분을 커버하고 양쪽에 풍성한 웨이브를 준다. 롱 헤어를 많이 시술하는 볼륨보다는 층을 연결해 주는 웨이브가 있는 헤어스타일이 어울린다.

4 사각형

④ 사각형

이마폭과 턱선이 넓고 각이 진 형태이다. 얼굴형 자체가 거의 직선이기 때문에 헤어스타일은 여성스러움이나 부드러움이 강조된 롱 헤어 스타일이 어울린다.

5 삼각형

⑤ 삼각형

이마폭이 좁고 턱선이 넓은 형이다. 윗부분에 이마폭을 감출 수 있는 큰뱅을 만들어주거나 웨이브를 주면서 윗부분으로 시선을 끌어낸다.

6 역삼각형

⑥ 역삼각형

이마폭이 넓고 턱선이 좁은 형이다. 볼륨을 아래로 내려오게 하거나 웨이브를 주면서 아랫부분으로 시선을 끌어낸다.

7 다이야몬드형

⑦ 다이아몬드형

광대뼈가 넓고 이마와 턱선이 좁은 형이다. 턱 근처나 이마부분에 웨이브를 주거나 볼륨을 주어 계란형을 만든다.

7가지형 커트를 시술하는 동안은 파악하기가 예매하므로 크게 3가지로 구별하면 쉬다.
둥근형, 긴형, 표준형으로 파악하여 얼굴형에 맞는 헤어스타일을 찾아내는 것이 프로 미용인이다.

둥근형

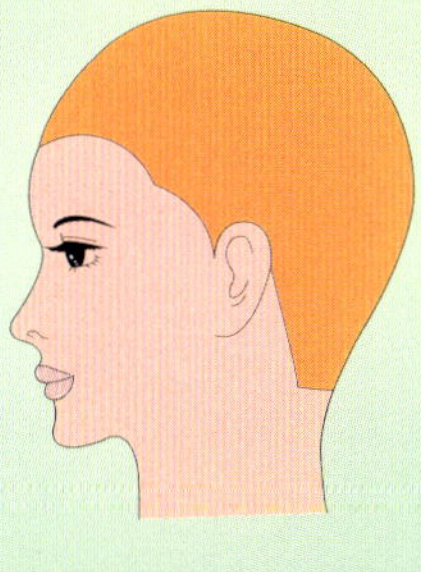

이마 폭이 좁고 뒤통수가 튀어나온 경우는 대부분 둥근형에 가깝다. 이런 두상은 목선이 짧고 백에 볼륨이 있기 때문에 짧은 헤어 스타일이 어울리고 앞이마 폭이 좁기 때문에 비대칭이나 가벼움을 표현한 앞머리가 어울린다.

긴 형

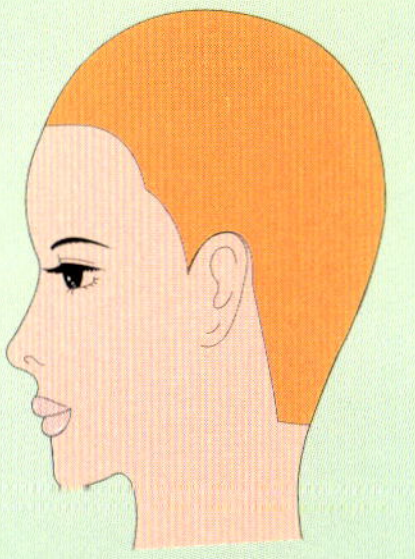

이마 넓고 백에 볼륨이 약하기 때문에 롱헤어에 웨이브를 주는 펌스타일을 선호한다. 이마 가 넓기 때문에 일직선에 무거움을 표현하기 위해 앞이마를 보정한다.

표준형

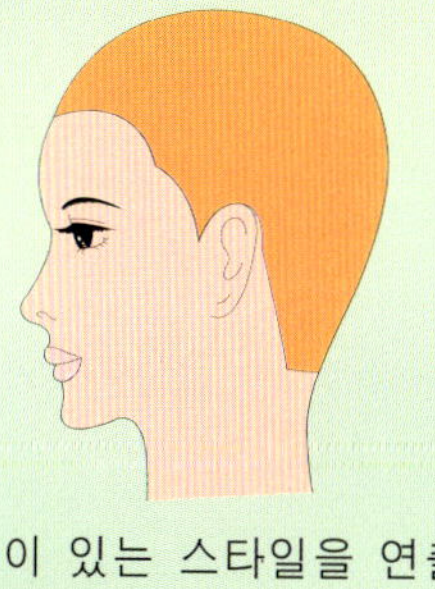

개성이 있는 스타일을 연출하여도 어색함이 없다.

5장 ··· 커트의 기본형

학습목표 커트의 기본형 4가지에 대해서 알게 한다.

두상은 하나의 곡면체이다. 튀어나온 곳이 있는가 하면 함몰되어 있는 곳도 있다. 커트의 형태를 만들때 가장 중요한 것은 이 하나의 곡면체를 곡면과 상관없이 외형상 보여지는 실루엣을 얼마나 표현할 수 있는가가 제일 중요하다. 예를 들면 10cm 길이로 자르고 싶을 때 뛰어나온 곳은 길이가 짧고 함몰되어 있는 곳은 함몰된 것 만큼 길어지는 길이와 10cm가 추가된다. 그러면 함몰된 만큼 머리길이가 길어 질 것이다. 헤어 커트에서는 어디를 얼마나 남기고 얼마나 도려낼 것인가를 결정하여 스타일을 만들게 된다.

이와 같이 외형상 떨어지는 커트의 형태에 따라 솔리드, 그래쥬에이션, 인크리스레이어, 유니폼 레이어 커트의 기본형을 알아보기로 하자.

솔리드(Solid)	그래쥬에이션(Graduation)	인크리스 레이어(Increase Layer)	유니폼 레이어(Uniform Layer)
· 모든길이가 한 레벨에 떨어진다. · 잘린 머리끝이 보이지 않는다. · 무게감이 최대이다. · 언엑티베이트(unactivate)	· 아래쪽에서 위쪽으로 갈수록 길이가 길어진다. · 릿지라인, 무게선이 시술각에 의해 결정된다. · 끝부분이 서로 쌓인 듯 보인다. · 볼륨을 주는 커트이다(입체적으로 보임). · 엑티베이트(activate) + 언엑티베이트(un-activate)	· 겹쳐서 쌓아올리는 의미를 갖는다. · 윗머리는 짧고 아래로 내려감에 따라 길게된다. · 컷팅라인으로 길이를 정하여간다. · 가벼운 느낌이 된다. · 시술각에 따라 무게감이 달라진다.	· 무게감이 없다. · 두상의 곡면과 동일한 길이로 커트한다(길이의 연장선). · 커트의 기본이라고 한다(베이직 레이어). · 긴 길이일 때는 두상 생긴 모양이 표현되지 않으므로 유니폼레이어라 할 수 없다. · 커브가 진 부분은 베이스를 조심한다.
· 직선사용 · 강하고 분명함 · 스포티한 느낌	· 직, 곡선의 장점을 혼합 · ㅡ, ∩곡선	· ∪곡선 · 여성스러움 · 부드러움 · 율동적인 느낌으로 로맨틱한 스타일	· ∪곡선 · 두상의 곡면의 연장선

헤어스타일은 모발 주변에서 머물러야 예쁘게 표현되므로 옆선의 길이가 턱선을 감싸고 떨어지는 것은 비슷하게 표현되고 N.P의 길이에 따라 기본 스타일이 결정된다.

인크리스 레이어

N.P가 20cm 이상이 되면 모발이 길고 윗모발이 짧아지는 인크리스레이어가 된다.

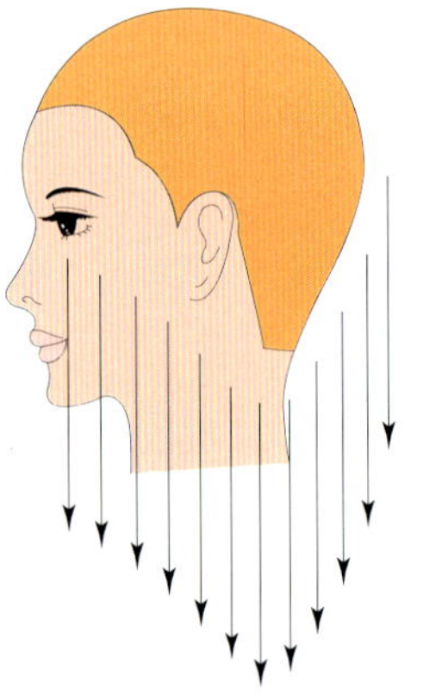

원랭스 보브

원랭스 보브는 턱선에서 ± 2cm 정도의 길이에서 표현된다.

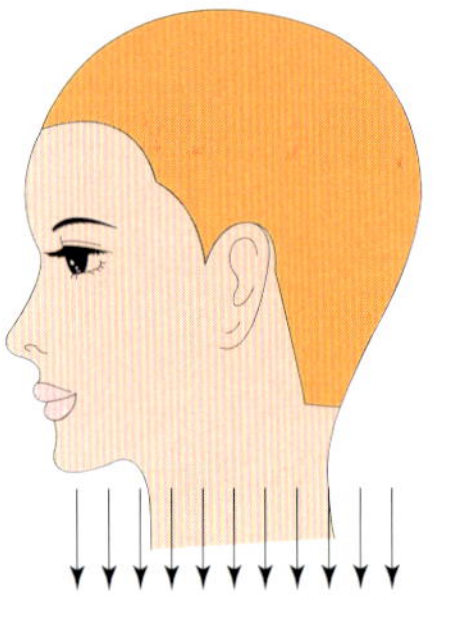

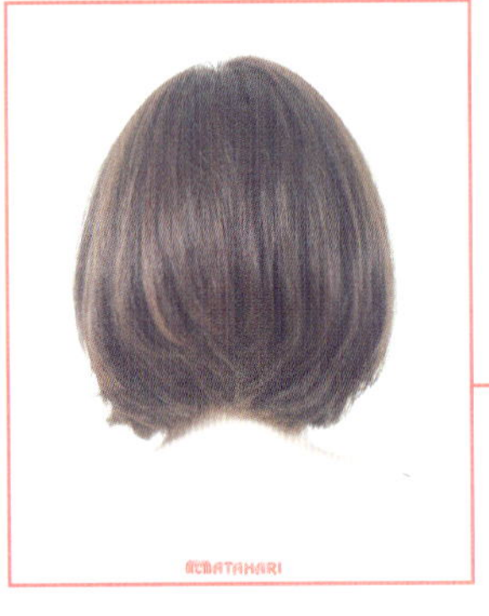

그래쥬에이션

N.P의 길이가 5cm 이하가 되면 밑모발이 짧고 윗모발이 길어지는 그래쥬에이션이된다.

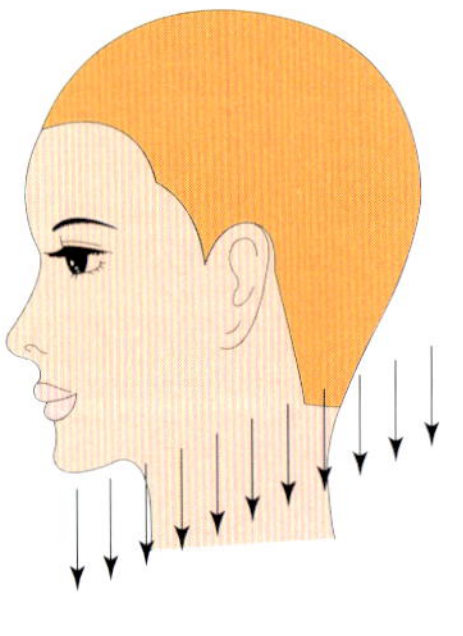

두상 생긴 모양이 표현이 되어야 되므로 귀없는 부분이 덮히지 않은 10cm 이하의 두상을 연장한 모발을 유니폼 레이어라고 한다.

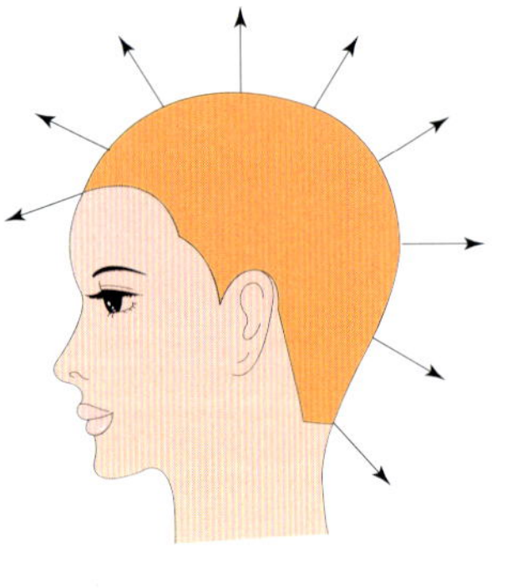

1. 솔리드

두상은 하나의 곡면체이다. 이 곡면체가 외형상 보여질때 완전한 일직선으로 보여야 하므로 빗질과 보여지는 곳을 잘 파악하여 일직선을 만드는 것이 중요하다.

① 모든 길이가 한 레벨에 떨어진다.

② 잘린 머리끝이 보이지 않아 윤기가 있는 건강한 모발로 보인다.

③ 무게감 최대이다.

④ 윗쪽머리 길이가 아래쪽의 머리길이보다 길어지기 때문에 잘린 머리층이 보이지 않는다.

⑤ 길이에 따라서 이미지가 달라진다. 헤어스타일은 얼굴 근처에 모발이 표현되면 예쁘게 표현되므로 많이 쓰는 솔리드는 턱선에서 ±2cm 정도 길이에서 많이 사용하며 이곳에 일직선의 이미지를 변화시킨것을 보브스타일이라고 표현하기도 한다.

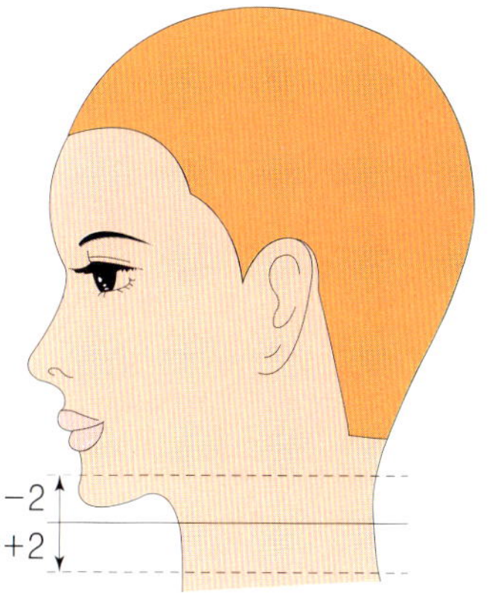

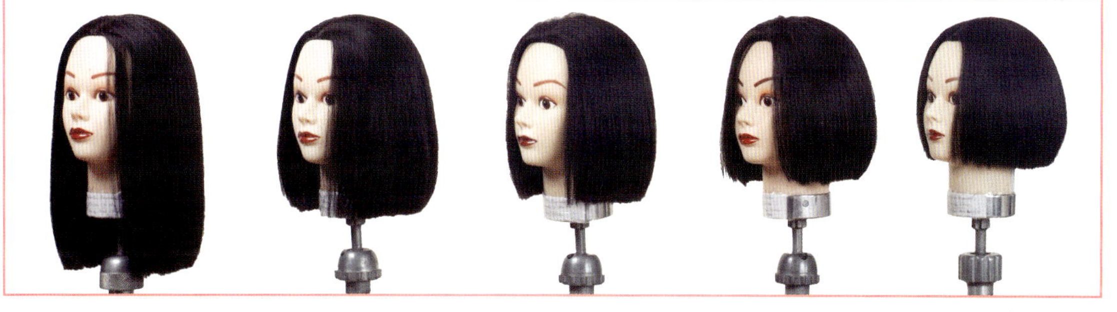

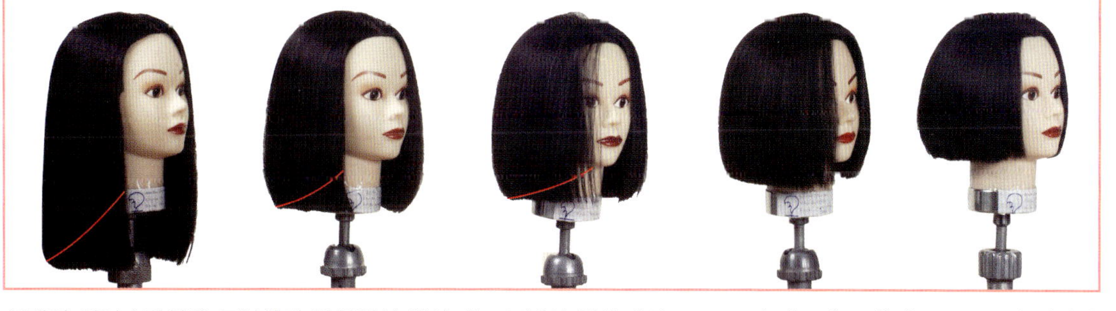

고객의 헤어스타일을 표현할때 옆선에서 떨어지는 모발이 턱선에서 1~2cm가 예쁘게 표현되므로 N.P의 길이가 길면 앞모발을 점점 짧게 연결하고 N.P가 짧으면 앞모발을 점점 길게 연결해야 예쁘게 표현되므로 이런 방법으로 많이 시술한다.

2. 유니폼 레이어

1) 특 징

① 두상에 따라서 일정한 길이로 커트하여 길이의 장단에 따라서 아주 가벼운 연출이 가능하다.
② 두상의 곡면은 부분마다 다르므로 곡선이 심한 부위의 특징을 잘 파악해야한다.
③ 곡선이 심한 부위는 본인도 모르는 사이에 시술각도가 틀어져 버린다.
④ 정확한 커팅을 하기 위해서 파팅을 나눈다(블로킹 〉 섹션 〉 슬라이스).
⑤ 토대의 일정한 길이로 커트해야 하며 길고 짧음에 따라 스타일이 변화한다.
⑥ E.P에서 떨어지는 모발의 길이가 길어지면 두상 표현이 되지 않는다(10cm 이하의 길이).

2) 질 감

잘린 머리끝이 보인다(엑티베이티드 : activated)

3) 시술각

일반 시술각 90˚

4) 유니폼 레이어의 변형

유니폼 레이어 커트 형태에 앞머리 변형.
옆선의 변형 뒷선의 변형에 커트의 이미지가 달라지게 표현하면서 헤어스타일을 연출한다.

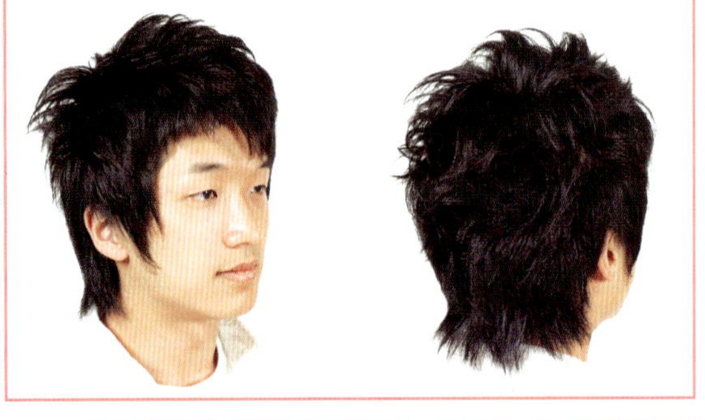

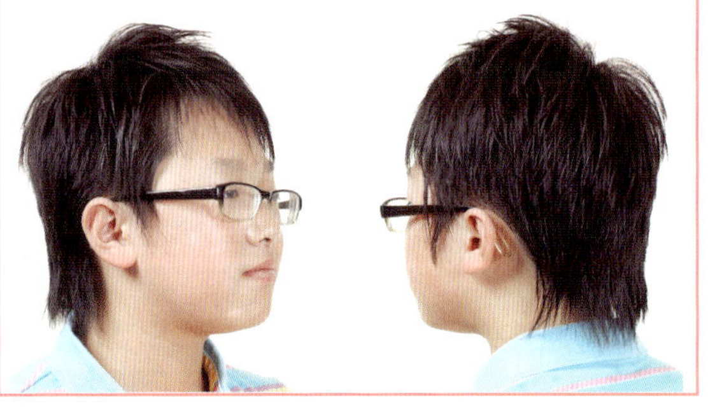

5) 유니폼 레이어 길이 변화에 따라 스타일이 달라진 모습

유니폼 레이어 컷은 두상 모양대로 커트의 형태가 만들어진다고 하지만 그것은 10cm 길이 이하의 쇼트였을때 해당한다. 길이가 달라지면 두상 생긴 모양이 달라진다. 길이에 따라 다르게 표현된 스타일을 알아보자.

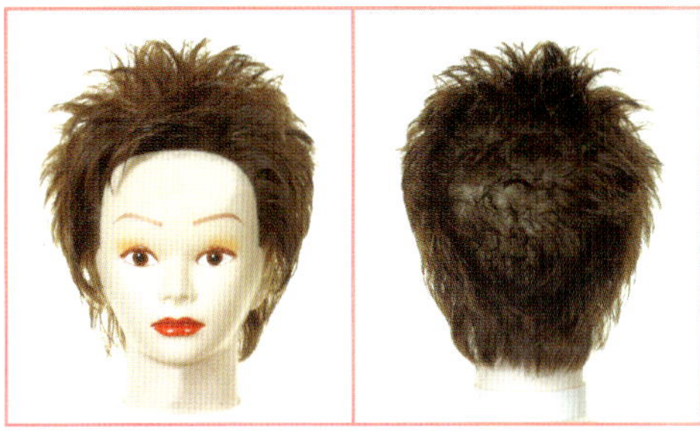

유니폼 레이어(일반 시술각 90˚) 5cm
모발이 일어서려는 성질을 가지고 있는 길이이다. 골격 모양이 그대로 표현된다. 이 길이에는 골격 위에 헤어스타일이 표현되기 때문에 두상모양에 따라 헤어스타일이 다르게 표현된다. 모류 길이가 짧으면 성질이 강해 모류가 누우려고 하기 때문에 스타일링제를 발라야 한다.

유니폼 레이어(일반 시술각 90˚) 11cm
두상 위에 헤어스타일이 표현되고 이 길이까지는 두상 위에서 C컬이 유지된다. C컬의 유지라고 하는 것은 8시간 이상 표현이 된 상태 볼륨과 입체감이 표현된다. 두상 생긴 모양이 연장된 유니폼 레이어가 표현되는 길이이다. 이 길이보다 길어지는 C컬은 처지기 시작한다.

유니폼 레이어(일반 시술각 90˚) 15cm
모발이 두상 위에서 아래로 떨어지기 시작한다. 귀가 덮히기 시작하므로 두상 생긴 모양이 두상 위에서 헤어스타일이 표현되지 않고 무게가 아래로 처지기 시작하여 아래로 떨어지는 선이 분명하지도 않는 애매한 길이이다. 모발을 길러고 했을때 헤어스타일이 예쁘게 표현되지 않는 길이이다. 이 길이부터는 유니폼 레이어라고 표현하기는 곤란하다.

유니폼 레이어(일반 시술각 90˚) 20cm
두상 위에서는 표현되는 것보다 아래로 떨어지는 선이 헤어스타일을 결정하게 된다. 시술 후 선을 다시 한번 정리한다.

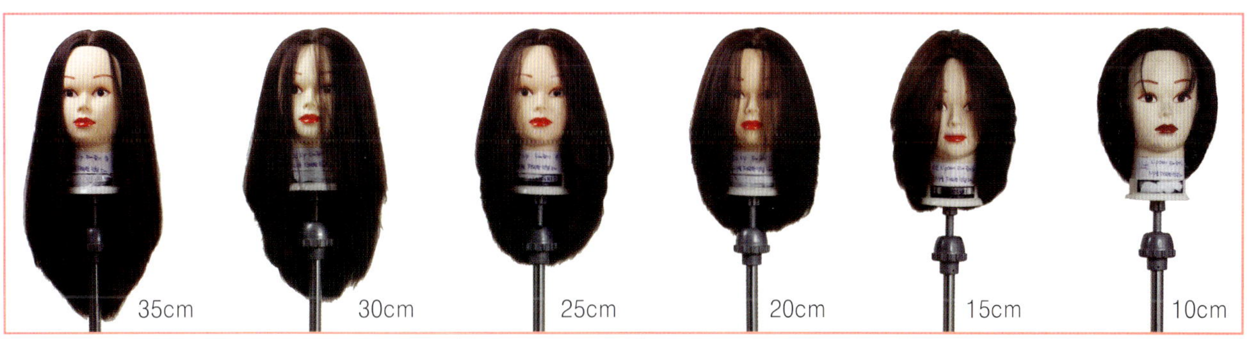

모발의 길이에 따라 유니폼 레이어를 시술하지만 외형의 형태는 다르게 표현된다.

3. 인크리스 레이어(Increase layer)

이미 밑길이가 길게 설정된 경우 위가 짧고 아래가 길게 커트가 된 것은 단차 폭이 넓어 무게가 생기지 않고 율동감이 생기게 된다. 즉 짧은 모발은 누르려는 성질을 가지고 있기 때문에 짧은쪽에서 긴쪽으로 향하려는 성질이 있어 율동감이 있다.

레이어는 시술각에 의해 실루엣이 크게 영향을 받는다. 곡면체를 어떻게 시술하느냐에 따라 층폭이 결정된다. 시술각이 높을수록, 아랫모발이 길수록 무게가 감소하는 만큼 율동감이 증가한다. 밑머리가 길고, 윗머리가 짧게 커트되어 있는 상태를 인크리스 레이어라고 한다.

1) 특 징

① 윗선은 짧고 밑선은 긴 스타일로 전개되어 내츄럴한 분위기를 연출한다.
② 가벼운 느낌이 든다.
③ 층이 많이 보여 거친 느낌이 난다.
④ 머리의 흐름과 움직임을 내기 쉽다.
⑤ 시술각에 의해 무겁고 가벼움이 결정된다.
⑥ 한곳에 가이드를 설정하여 모아주는 내츄럴 인버젼(Natural inversion ; 집중 레이어링) 기법을 많이 이용하여 시술한다.

2) 시술각

시술각에 의해 스타일의 가볍고 무거움이 결정된다.

선의 두께감을 나타낼 수 있다(선이 분명하다).

선이 가볍다(움직임이 있다).

선이 90°보다 더 가볍다(길이에 따라 율동감이 있다.

N.P의 길이는 동일하지만 옆선의 시술각에 따라 달라지는 모습

4. 그래쥬에이션

커트의 실루엣을 만들 때 시술각만으로는 어느 정도의 층 폭을 만들수는 있지만 아름다운 실루엣을 만드는 것에는 무리가 있다. 곡면체를 전체 면적으로 생각하지 않고 두상을 나누어서 N.P~B.P까지 두상이 함몰되어 있는 부분에는 선을 결정하여 커트를 하고, B.P~G.P까지의 두상이 제일 큰 영역에서는 섹션파팅을 이용하거나 베이스를 이용하여 또 다른 실루엣을 만들게 된다. 동일한 시술각을 이용한다 하더라도 섹션파팅이나 베이스에 의해 실루엣이 달라지는 모습을 찾아 편리한 방법을 선택하면 된다.

1) 시술각의 변화

(1) 낮은 시술각

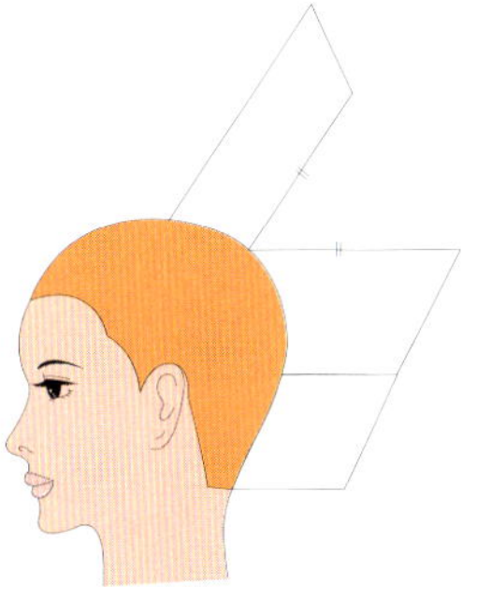

(2) 중간 시술각

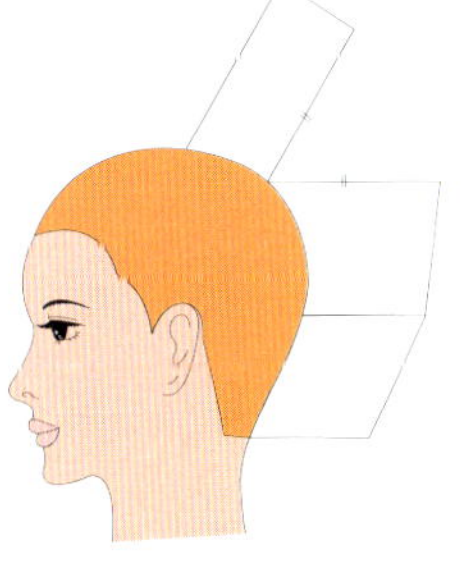

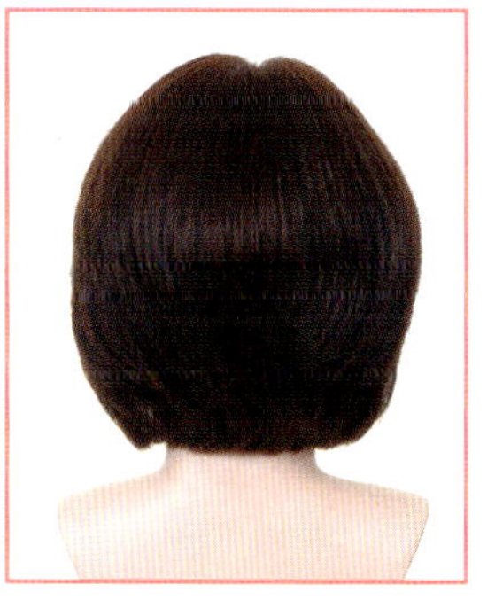

(3) 높은 시술각

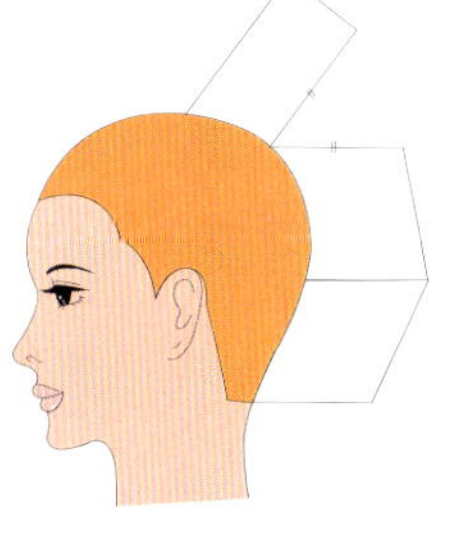

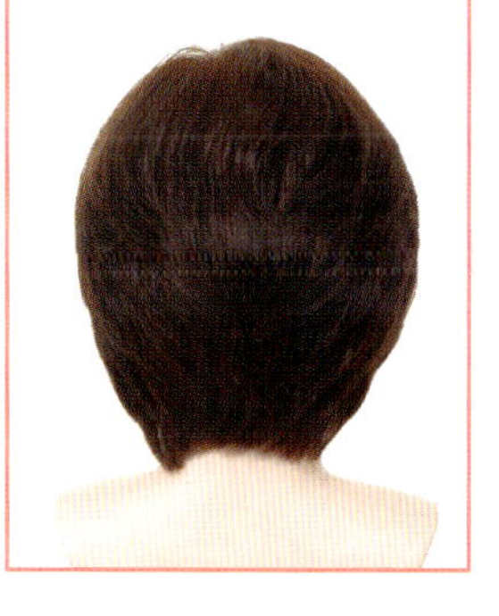

2) 섹션(슬라이스), 베이스 변화로 그래쥬에이션을 주는 방법

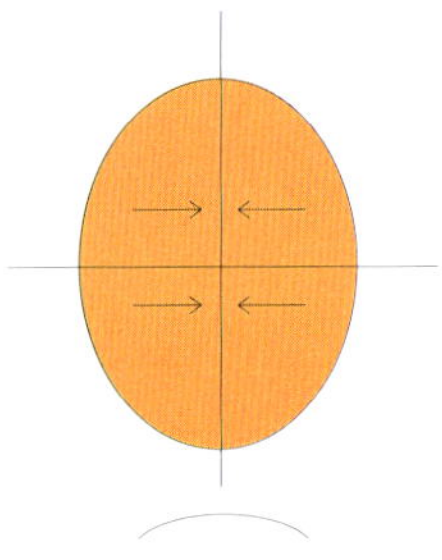
C.L쪽으로 베이스를 이동하여 베이스를 이용할 경우

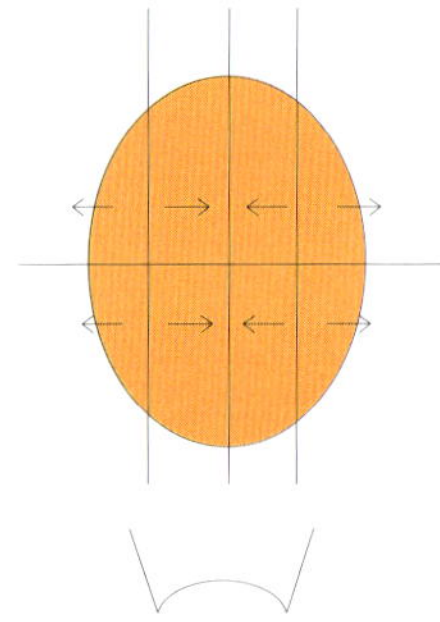
베이스를 이용할 경우

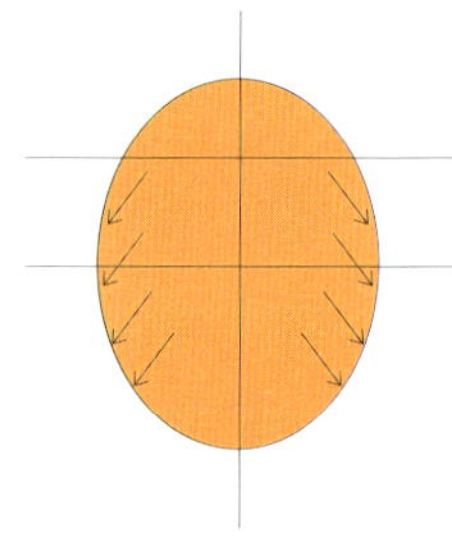
E.P쪽으로 베이스를 이동하여 커트할 경우

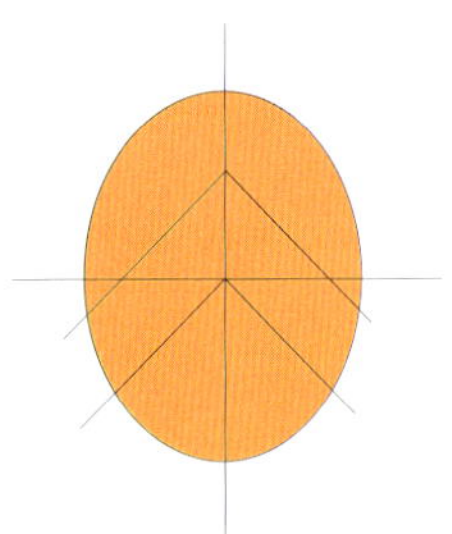
섹션을 이용할 경우
(전대각섹션 ∩라인)

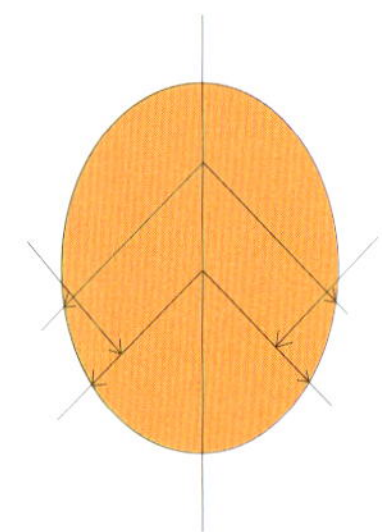
섹션을 이용할 경우
(전대각섹션+후대각섹션)

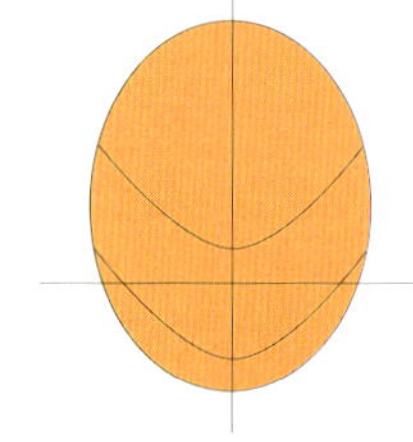
섹션을 이용할 경우
(후대각섹션)

얼굴쪽을 길게 할때

볼륨을 시술할때

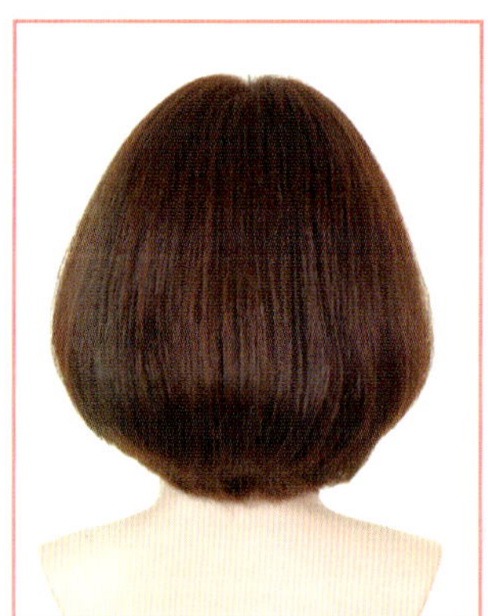
얼굴쪽을 짧게 할때

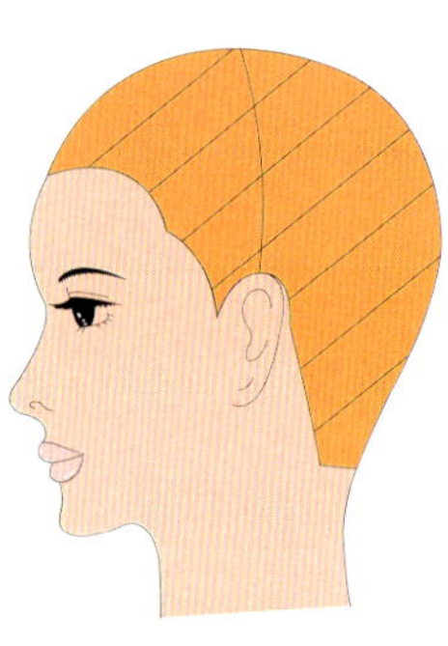
앞머리가 길고 뒷머리가 짧은 형태를 시술하고 싶을때

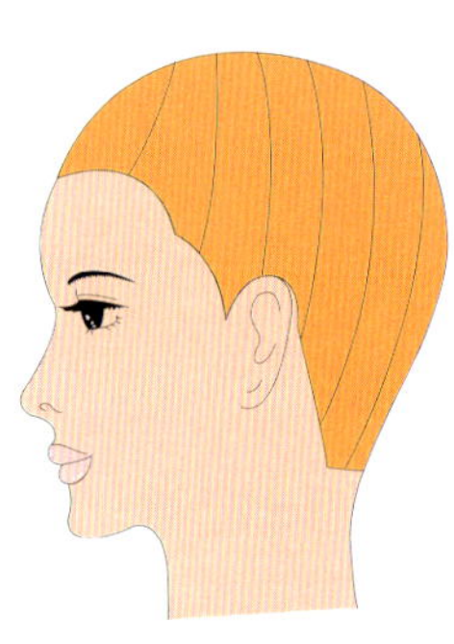
베이스 이동이나 두상의 형태를 그대로 표현하고 싶을때

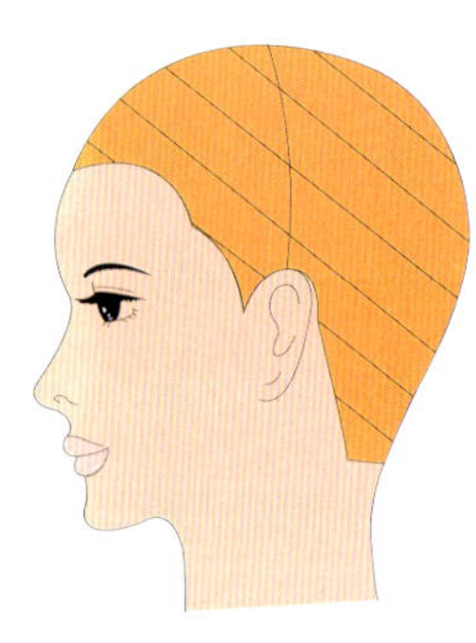
앞머리가 짧고 뒷머리가 긴 형태를 시술하고 싶을때

6장 … 인크리스 레이어

학습목표

1. 인크리스 레이어형 커트 시술을 익힌다.

1. 윗머리는 짧고 아래로 내려감에 따라 모발이 길어진다.
2. 시술각에 따라 무게감이 달라진다.
3. 겹쳐서 쌓아올리는 의미를 갖는다.
4. 잘린단면이 보이기 때문에 가벼운 느낌이 든다.

1. U라인 선 만들기

완만하기도 하고, 경사가 심한 U라인도 있지만 토대(두상)에 연장으로 제일 예쁜 45° 각도로 만든다. 두상을 45°로 기울인 상태에서 일직선으로 자르고 두상을 똑바로 세우게 되면 U라인이 된다. 고객이 고개를 숙이게 되면 시술시 불편함 때문에 시술자는 빗질이 45°가 되게 손가락이 45°가 되게 시술하면 U라인을 쉽게 만들수 있다.

고개를 숙인 상태

똑바로인 자세

U라인

시술시 경사도

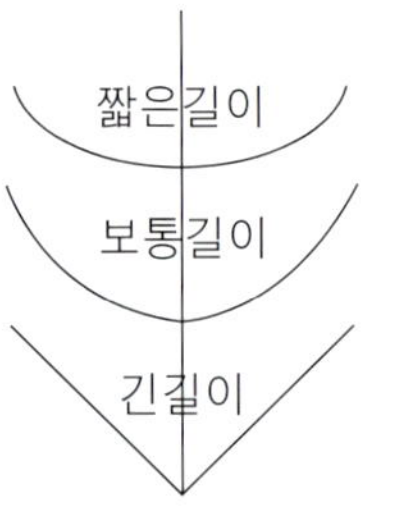

경사완만 20°~30°
보통 45°
경사급하게 70°~80°

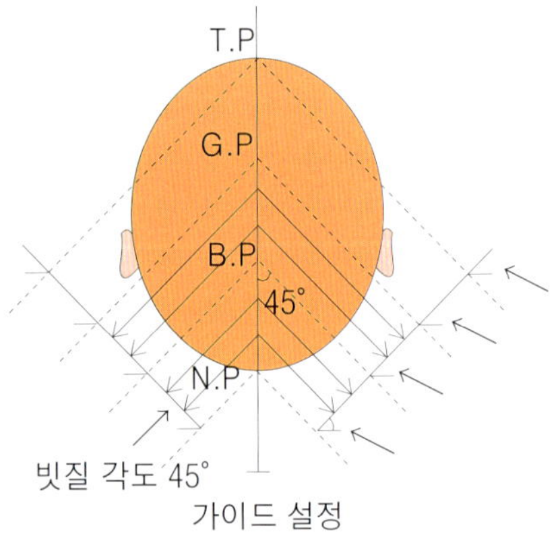

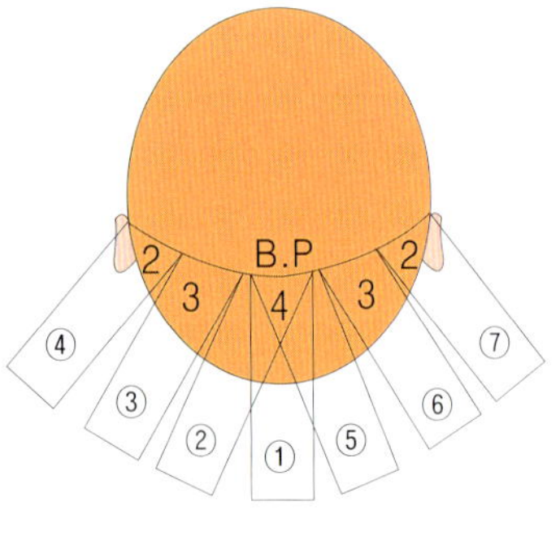

1) U라인 만들기

2. 인크리스 레이어(마네킹)

1) 특징

① 롱헤어 시술.
② 밑머리가 길고 윗머리가 짧은 헤어스타일.
③ 선을 만들어주고 유니폼 레이어로 시술하면 손질하기 편한 스타일로 연출을 할 수 있다.

2) 도해도

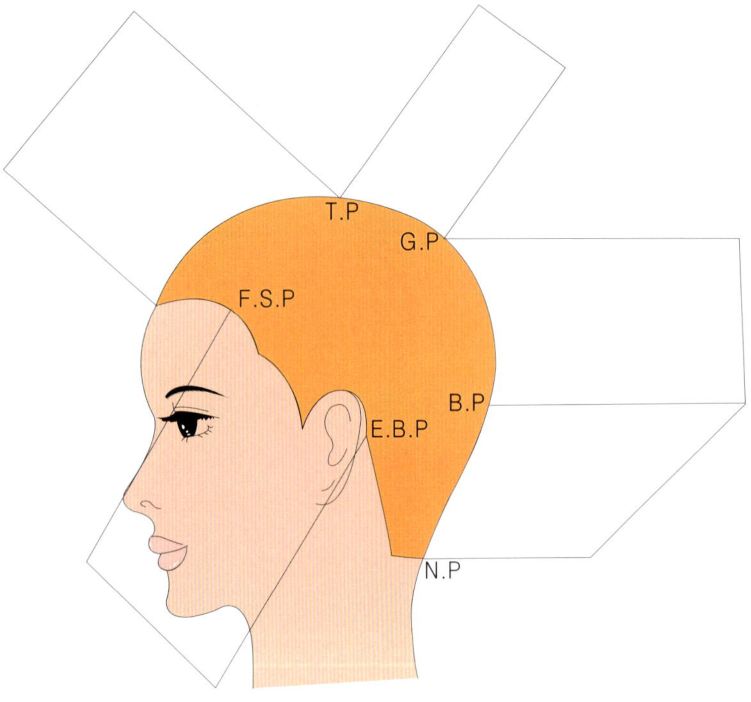

3) 시술방법

① B.P~N.P까지 길이가이드를 설정하고, U라인 선 만들기
② B.P~G.P까지 수직 섹션 + 사선 섹션 온더 베이스에 일반 시술각 90°로 커트한다.
③ G.P~T.P까지 방사형 섹션을 떠서 일반 시술각 90°로 커트한다.
④ E.B.P~F.S.P까지 45°로 빗질하여 자연 시술각 45°로 커트한다.
⑤ F.S.P~T.P까지 가르마를 나누고 왼쪽, 오른쪽으로 교차하여 F.S.P선 가이드에 맞추어 커트한다. 나머지 부분은 일반 시술각 90°로 시술한다.
⑥ 섹션 분할을 하여 손질하기 편하게 질감처리한다.

1. 시술전 준비상태이다.

2. B.P에서 가이드를 설정할 것이다. B.P에 검지를 대고 시술준비를 한다.

3. E.P에서 3cm위쪽에서 45° 로 빗질하여 B.P까지 파팅을 뜬다.

4~6. 반대쪽도 검지를 B.P에 두고 E.P 3cm위쪽에서 45° 빗질을 시작하여 U라인 파팅을 뜬다.

7. 시술을 하기위해 머리다발을 묶는다.

8. 고개를 45° 숙인 상태에서 보면 일직선 라인이 나온다.

9. B.P 아래에서 U라인 파팅을 타 놓은 상태이다.

10. 빗질 각도를 45°(두피에 밀착)로 시술해야만 모발이 뜨지 않고 선을 예쁘게 시술할 수 있다.

11~13. 4번 영역에서 고객이 원하는 길이 가이드를 설정한다. 이때 빗질 각도에 주의해야 한다.

14. C.L을 4번영역에서 나눈 후 45°로 빗질하고 파팅과 손가락과 평행하게 시술한다.

15. 4번 영역에서 나온 가이드를 3번 영역을 빗질각도 45°로 빗질하여 손가락이 파팅하고 나란히 하게 하여 커트한다.

16. 블로킹과 손가락을 평행하게 커트한다.

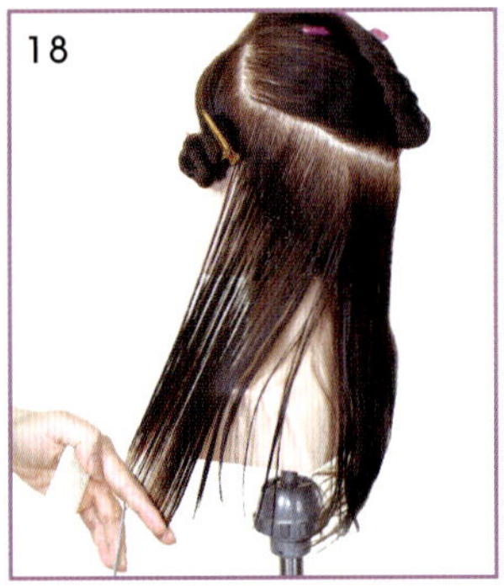

17~19. 3번영역에서 나온 가이드를 2번 영역에서 빗질각도 45°로 빗질하여 손가락이 파팅하고 나란히 하게 하여 커트한다.

20. 반대편도 4번 영역부터 3번 2번 영역을 45°로 빗질하여 파팅과 손가락과 나란히 하여 커트한다.

21~24. 다른쪽도 4번 영역부터 3번 2번 영역을 45°로 빗질하여 파팅과 손가락과 나란히 하여 커트한다.

25. 떨어뜨린 선을 빗질하여 선을 다시 한번 확인 한다.

26~27. 양쪽의 모발을 선택하여 동일한 길이인지 확인한다.

28~30. F.S.P~G.P~F.S.P를 둥글게 연결하여 U라인 블로킹을 탄다.

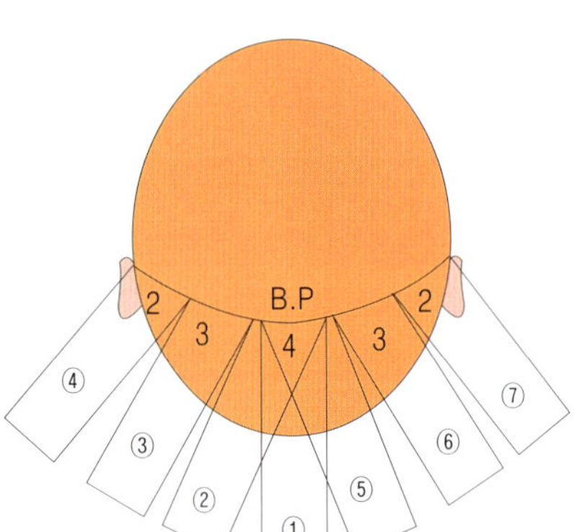

특 징

① 롱헤어 시술.
② 밑머리가 길고 윗머리가 짧은 헤어스타일.
③ 선을 만들어주고 유니폼 레이어로 시술하면 손질하기 편한 스타일로 연출을 할 수 있다.

31~32. F.S.P~G.P~F.S.P까지 둥글게 하여 U라인 블로킹을 타 놓은 상태이다.

33~34. B.P~G.P 수평 파팅에 수직 섹션 온더 베이스로 빗질을 45° 로 하여 시술하기 위해 판넬을 뜬다.

35. B.P~G.P 수평 파팅에 수직 섹션으로 자연 시술각 90° 로 커트한다.

36. 시술 후에는 얼마만큼 층이 났는지 떨어진 상태에서 빗질하여서 확인한다.

37. 곡면대로 약간의 사선 판넬을 떠서 시술을 위한 빗질을 한다.

38. B.P~G.P 자연 시술각 90° 로 시술한다.

39. 시술 후 떨어진 상태에서 빗질하여 확인한다.

40. E.B.P에서 가이드를 선택하여 옆선을 만든다.

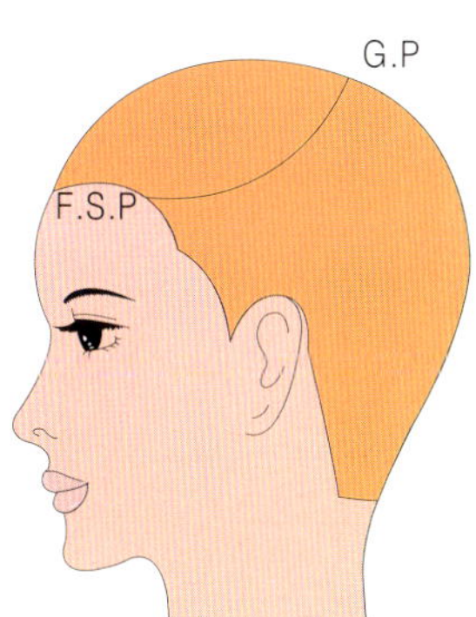

파팅을 나눌때는 빗질을 45° 로 시술하고 항상 검지손가락이 안내를 한다.

41. 옆선을 시술할 때는 나칭으로 하여 커트선이 자연스럽게 만든다.

42~43. 반대편도 E.B.P에서 가이드를 선택하여 빗질을 45° 로 하여 손가락 각도도 45° 로 시술한다.

44. 양쪽 F.S.P선에서 가이드를 선택하여 동일한 길이인지를 확인한다.

45. G.P~T.P는 방사형 섹션을 시술하는데 중앙의 섹션을 먼저 뜬다.

46. G.P~T.P 일반 시술각 90° 로 시술한다.

47. 고객이 원하는 앞머리에 가르마를 나눈다.

48. 점점 증가하는 앞머리를 시술하기 위해 왼쪽에서 모발을 오른쪽으로 끌어당겨서 F.S.P선 가이드를 가지고 파팅과 손가락과 나란히 하여 시술한다.

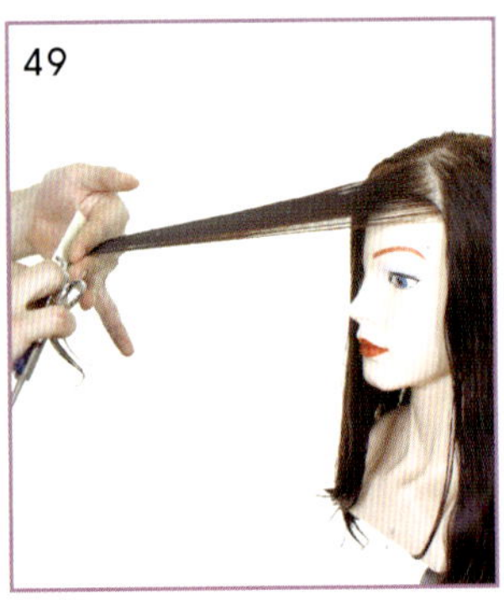

49. 반대편도 동일한 방법으로 시술한다.

50. 앞머리를 제외한 부분은 베이스를 앞쪽으로 밀어주면서 일반 시술각 90° 로 나칭커트하여 연결한다.

51~52. 완성된 모습

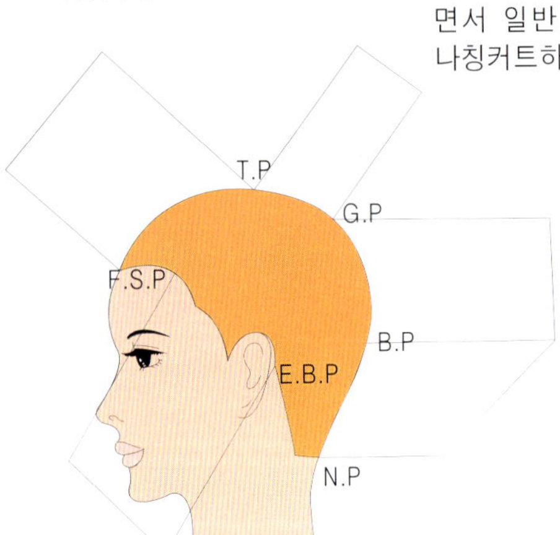

3. 인크리스 레이어(모델 1)

1) 특 징

손질이 편한 긴 머리 스타일, 뒷선은 무겁게 선을 만들고 옆선은 가볍게 선을 만들어 스타일을 연출하였다.

2) 스타일 구성

▶ 스타일 - 인크리스 레이어
▶ 길이 - 롱
▶ 선 - U라인
▶ 시술각 - 자연시술각 90°, 일반시술각 90°, 자연시술각 up 45°
▶ 베이스 - 온더 베이스, 사이드 베이스
▶ 질감 - 이너틴닝, 라인틴닝

3) 시술방법

① 길이 가이드 설정(두상의 연장선 선 만들기)한다.
② B.P~G.P(호리존탈 파팅에 버티컬 섹션) 자연시술각 70°로 커트한다.
③ G.P~T.P(방사형 섹션) 일반시술각 90°로 커트한다.
④ E.B.P~F.S.P(버티컬 섹션) 자연시술각 up 45°로 커트한다.
⑤ F.S.P~C.P(버티컬 섹션) 일반시술각 90°로 커트한다.
⑥ 분할하여 예쁜 스타일 만들기

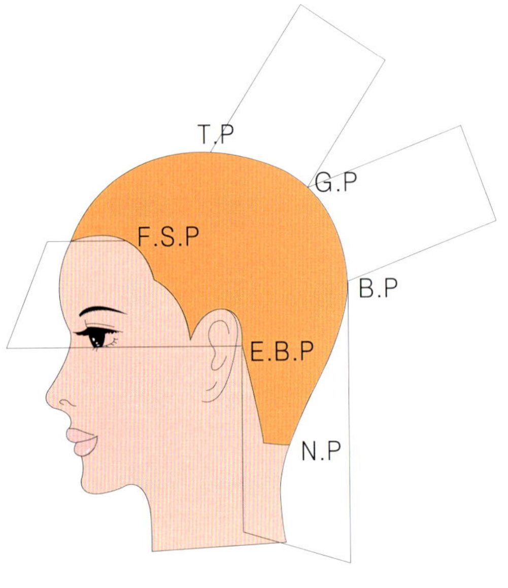

1. 블로킹 타기(뒷모습)

2. 블로킹 타기(옆모습)

3. 길이가이드 설정한다.

4. H존 영역은 길이가이드 설정 후 U라인 만들기를 한다.

5. 완만한 U라인 손가락각도 30° 로 선만들기를 한다.

6. 시술된 상태

7. 버티컬섹션에 슬라이스판넬을 뜨기위해 빗을 45° 기울인 상태이다.

8. 2㎝ 슬라이드 한 판넬을 뜨기위한 자세이다.

9. 포인트점과 점을 연결하여 한판넬 뜨기를 한다.

10. 버티컬섹션으로 파팅을 떠서 자연시술각 70° 로 시술한다.

11. 왼손에 시술각을 정확히 잡아주고 온더베이스로 시술한다.

12. 왼손에 자가 오른손은 도구가 프로처럼 시술한다.

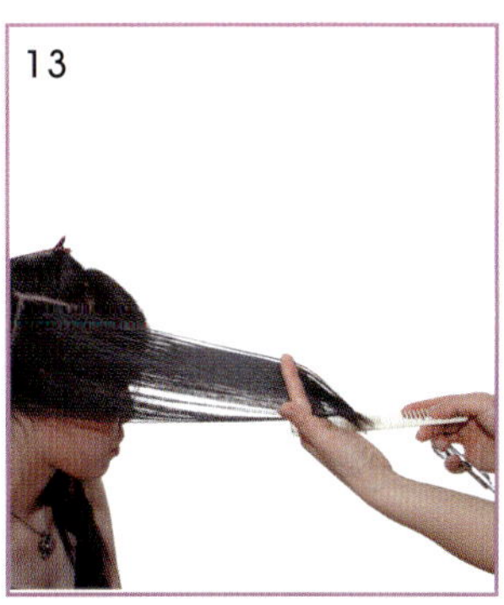

13. 옆선만들기 E.B.P에서 F.S.P선까지 자연시술각 up 45° 로 시술한다.

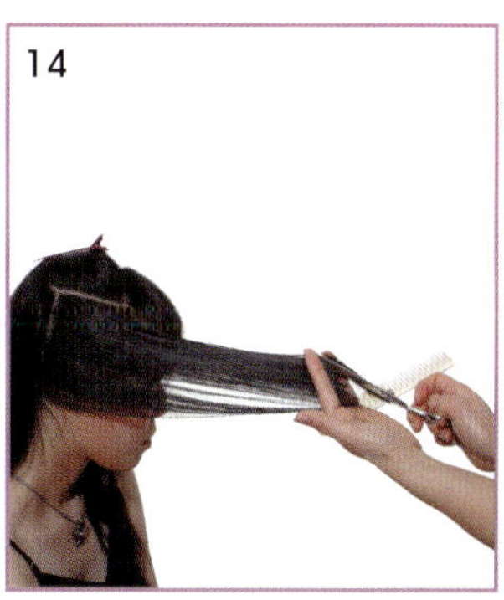

14. 손가락 각도가 up 45° 가 되게 판넬을 잡고 두피와 밀착하여 시술한다.

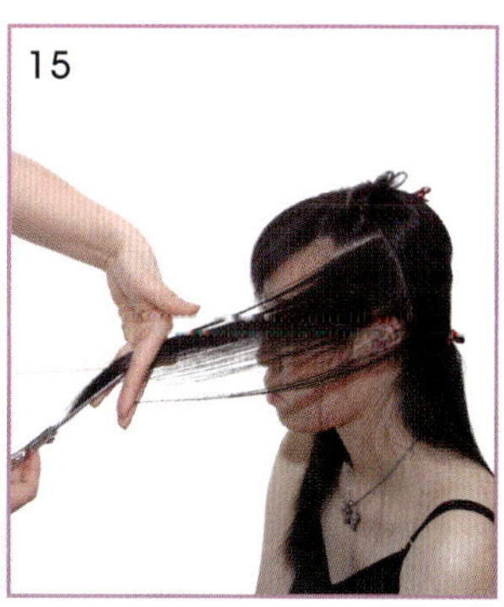

15. 반대쪽도 똑같은 방법으로 시술한다.

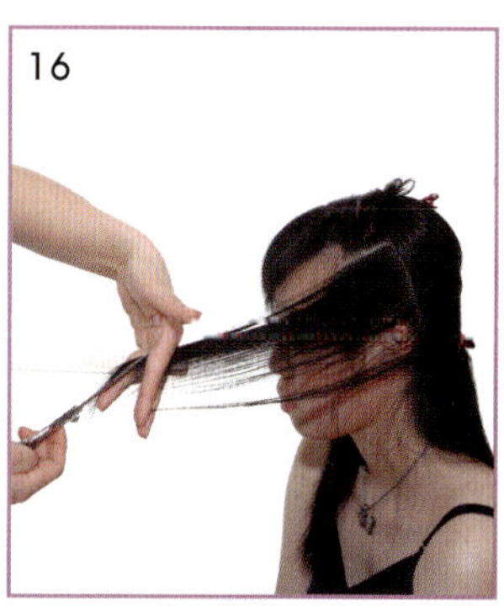

16. 흐름의 자연스러움을 위해 낫칭으로 커트한다.

17. T.P~G.P까지는 일반시술각 90˚로 시술한다.

18. 앞머리 표정 만들기 위해 블로킹 타기

19. 가르마선이 나오는 흐름의 반대쪽으로 당겨서 커트한다.

20. 자연스러움을 주기위해 낫칭으로 커트한다.

21. 앞선을 조금더 짧게 가기위해 F.S.P선에서 1/2정도 와서 하나의 블로킹을 다시 뜬다.

22. 블로킹을 탄 후 손가락을 파팅과 평행하게 하여 낫칭커트 한다.

23. 반대쪽도 가르마쪽으로 당겨서 커트한다.

24. C커브의 흐름을 주기 위해 사이드 틴닝을 한다(첫번째).

25. C커브의 흐름을 주기 위해 사이드 틴닝을 한다(두번째).

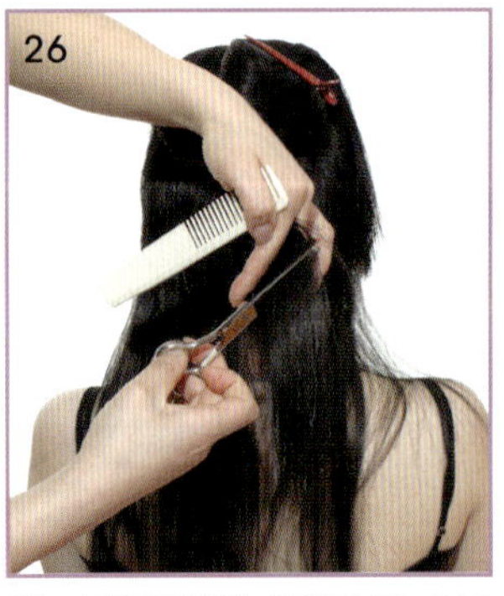

26. 모량제거와 자연스런 흐름을 위한 틴닝을 한다(첫번째).

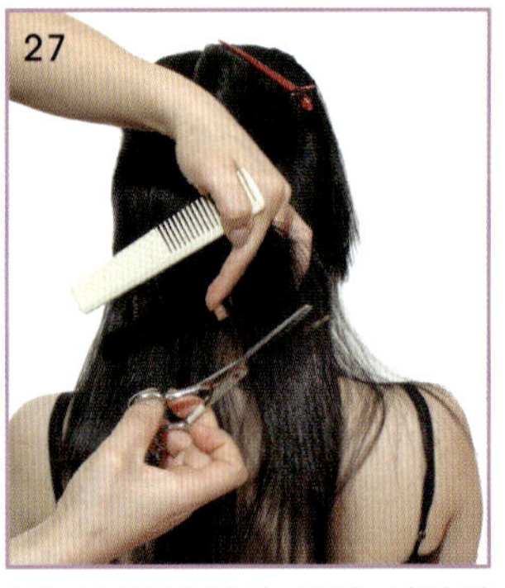

27. 1/3모발에서 부터 시작하여 3번으로 나누어서 틴닝을 한다.

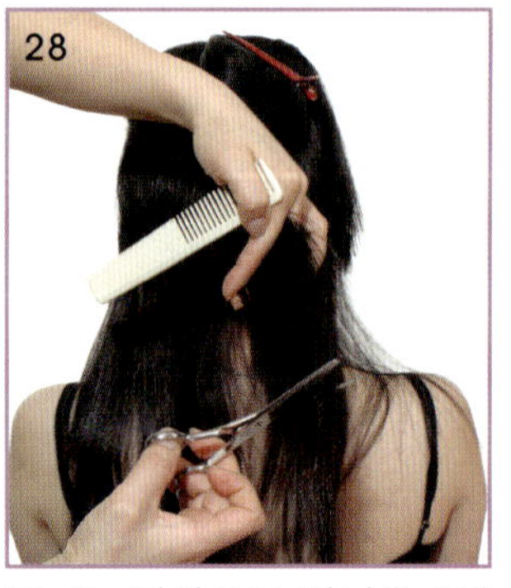

28. 2㎝간격으로 틴닝을 3번 시술한다.

29. 볼륨을 주기위해 이너그래쥬에이션 틴닝을 한다.

30. 옆선의 자연스런 흐름을 위해 사이드 틴닝을 한다.

31. 옆선의 자연스러움을 위해 C커브를 그리면서 사이드 틴닝을 한다.

32. 2㎝ 간격으로 옆선에 사이드 틴닝을 한다.

4. 인크리스 레이어(모델 2)

1) 특 징

완만한 경사의 롱 레이어 스타일, 부드럽고 여성스럽게 연출하여 느낌이 예쁜 실루엣이 표현된 스타일이다.

2) 스타일 구성

▶ 스타일 - 인크리스 레이어
▶ 길이 - 롱
▶ 선 - U라인
▶ 베이스 - 온더 베이스, 사이드 베이스
▶ 시술각 - 자연시술각 90°, 일반시술각 90°
▶ 질감 - 이너틴닝, 라인틴닝

3) 시술방법

① 길이 가이드 설정과 선 만들기를 한다.
② B.P~G.P(호리존탈 파팅에 버티컬 섹션) 자연시술각 90°로 커트한다.
③ G.P~T.P(방사형 섹션) 일반시술각 90°로 커트한다.
④ E.P~F.S.P(버리컬 섹션) 자연시술각 90°로 커트한다.
⑤ F.S.P~F.S.P 앞머리 표정 만들기를 한다.
⑥ 분할하여 예쁜 스타일 만들기

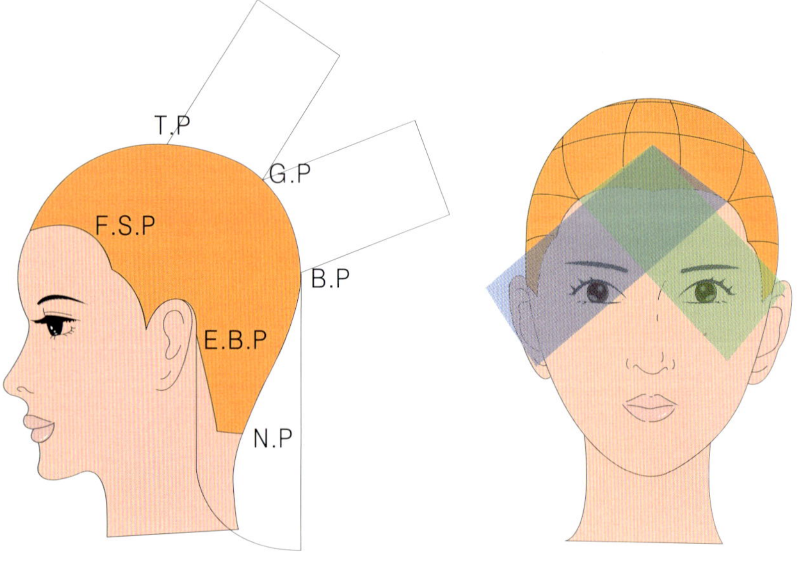

1. 블로킹을 한 후 C.L에서 길이가이드 설정한다.

2. C.L에 맞추어 U라인 만들기를 한다.

3. 함몰되어 있는 부분에 빗질은 자연시술각 45°로 빗질하여 두피에 밀착한다.

4. C.L에 맞추어서 U라인만들기를 한다.

5. 시술된 상태

6. B.P~G.P까지 버티컬섹션이 자연시술각 90°로 시술한다.

7. 온더베이스로 이동하면서 자연시술각 90°로 시술한다.

8. N.P~B.P까지 시술된 상태이다.

9. T.P~G.P까지 방사형섹션으로 일반시술각 90° 커트를 한다.

10. 자연스런 흐름을 위해 낫칭 커트를 한다.

11. 방사형 섹션으로 다음판넬도 같은 방법으로 일반시술각 90° 커트를 한다.

12. 길고 짧음의 연결을 위해 밑머리가 길고 위가 짧게 낫칭 커트를 한다.

13. 뒷모습이 시술된 상태이다.

14. 옆선만들기 자연시술각 45° 시술한다.

15. 45° 시술 후 E.P~ F.S.P 선까지 다시 자연시술각 90°로 시술한다.

16. 옆선이 시술된 상태이다.

17. 다른쪽도 같은 방법으로 시술한다.

18. E.P~F.S.P선까지 자연시술각 90°로 시술한다.

19. 고객의 가르마대로 블로킹 타기를 한다.

20. F.S.P선에 모발을 가르마쪽으로 빗질하여 낫칭 커트를 한다.

21. 반대쪽도 가르마선에 가이드와 연결하여 커트를 한다.

22. 앞머리를 제외한 부분은 뒷모발과 연결하여 유니폼 레이어 커트를 한다.

23. 좀더 층을 형성하기 위해 손가락을 가르마와 일직선으로 낫칭 커트를 한다.

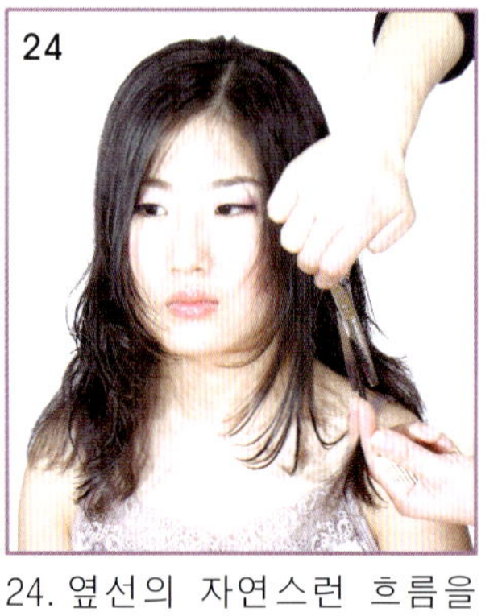

24. 옆선의 자연스런 흐름을 위해 사이드틴닝을 한다(첫번째).

25. 사이드틴닝을 한다(두번째).

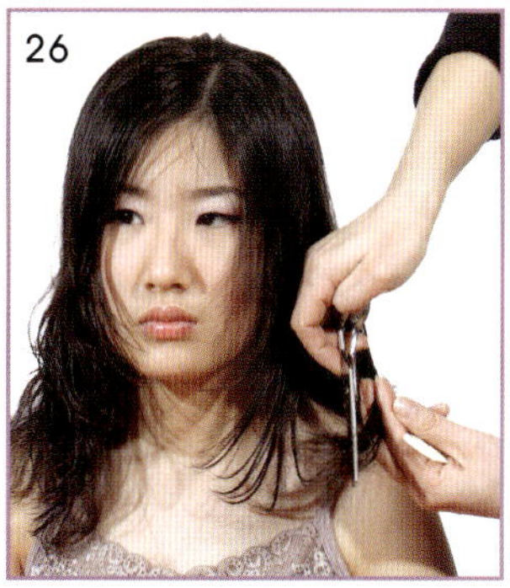

26. 사이드틴닝을 한다(세번째).

27. 다른 쪽도 같은 방법으로 C커브를 그리면서 사이드 틴닝을 한다(첫번째).

28. 사이드틴닝을 한다(두번째).

29. 사이드틴닝을 한다(세번째).

30. 탑에 볼륨을 주기위해 이너그래쥬에이션 틴닝으로 시술힌다.

31. 울동감 주기위해 오버틴닝을 한다(첫번째).

32. 오버틴닝을 한다(두번째).

33. 오버틴닝을 한다(세번째).

34. 율동감과 모량제거를 위해 오버틴닝을 시술한다.

35. 오버틴닝을 시술한다(두번째).

36. 완성된 뒷모습

7장 ··· 솔리드

학습목표

일직선을 만들고 커트영역과 시술각에 따른 변화와 형태를 습득한다.

두상은 하나의 곡면체이다. 이 곡면체가 외형상 보여질때 완전한 일직선으로 보여야 하므로 빗질과 보여지는 곳을 잘 파악하여 일직선을 만드는 것이 중요하다.

① 모든길이가 한 레벨에 떨어진다.
② 잘린 머리끝이 보이지 않아 윤기가 있는 건강한 모발로 보인다.
③ 무게감 최대이다.
④ 윗쪽머리 길이가 아래쪽의 머리길이보다 길어지기 때문에 잘린머리층이 보이지 않는다.

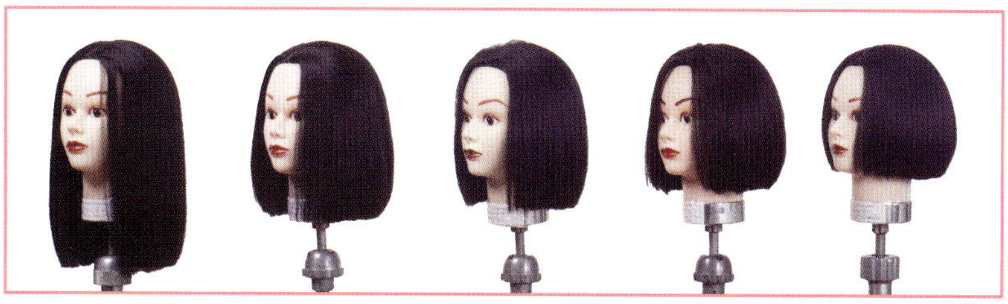

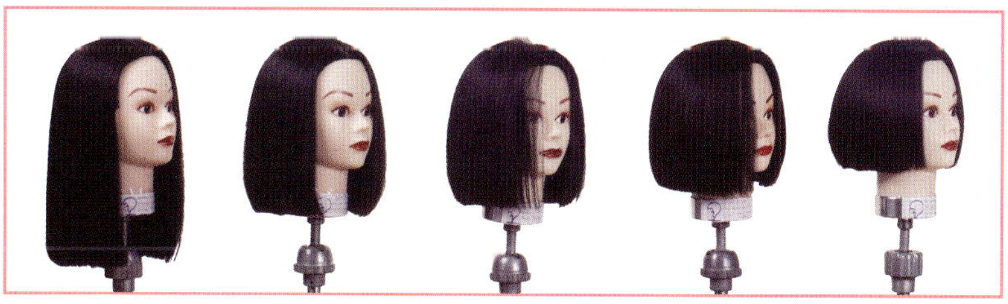

(1) 수평보브

평행보브

(2) 이사도라

후대각 파팅

(3) 스파니엘

전대각 파팅

빗질하는 선의 방향이 평행이냐, 후대각이냐, 전대각이냐에 따라 밑부분 형태의 선이 달라진다.

1. 솔리드(마네킹)

1) 빗질 방법

N.P~B.P : B.P 길이의 토대가 들어간 만큼 길어지게 C.L에서 양쪽으로 5cm씩 모발을 떠서 10cm의 모발을 빗질각도 90°로 하여 가이드보다 빗살 1cm 만큼 돌출 시켜서 커트한다.

사이드는 C.L쪽을 향해 트위스트 베이스 하여 일자 커트한다.

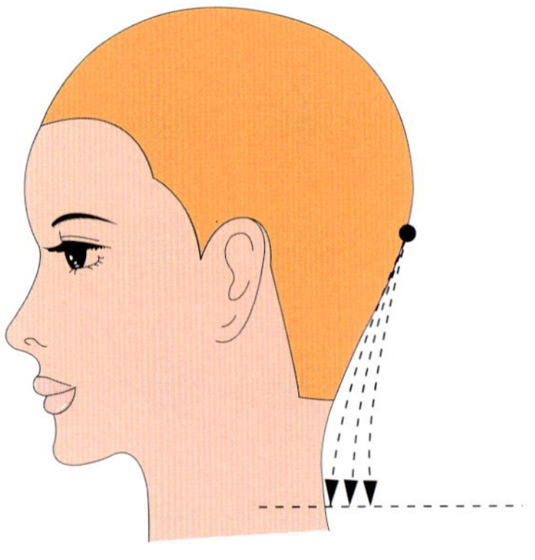

B.P 길이 가이드를 길게 커트하기 위해서 빗질 각도 90°(곡면의 두피면을 지나야 B.P 가이드가 길어진다.)

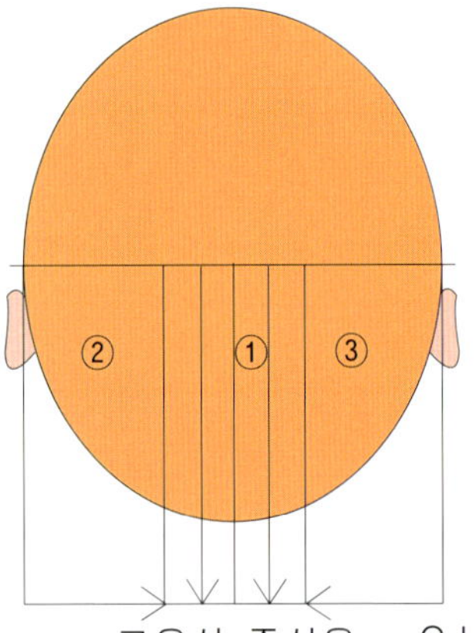

C.L쪽으로 트위스트베이스

고운살 중심을 C.L에 대 고 10cm를 일자 커트를 한다.

C.L쪽으로 트위스트베이스

2) 주의사항

① 사람은 항상 0°가 아니라 두상이 15° 기울기로 있게된다. 이렇게 되면 튀어나온 B.P 길이 가이드가 짧아져서 N.P에 길이를 다시 수정하게 되므로 가이드를 토대가 들어간 만큼 면을 빗질(빗질각도 90° 커트)한다.

② 손가락 각도 0°(손가락의 위치를 뒤집지 말것)

③ 텐션을 피한다(콤 컨트롤(comb control) 기법사용 : 빗으로 조절해 가면서 커트하는 방법).

④ 머리를 모아서 잡지 말 것(콤 컨트롤 기법사용)

⑤ 밑 길이를 결정할 때 손가락 넣고 커트하면 손가락 두께만큼 밑 길이가 길어진다(손가락 두께 1.5cm).

⑥ 두상이 함몰된 만큼 트위스트 베이스하여 일자로 커트한다.

3) 특 징

① 모든 모발의 길이를 한 레벨에 맞추어 시술한다.

② 두상이 곡면체라 하더라도 외형상 보여지는 일직선을 연출해야 한다.

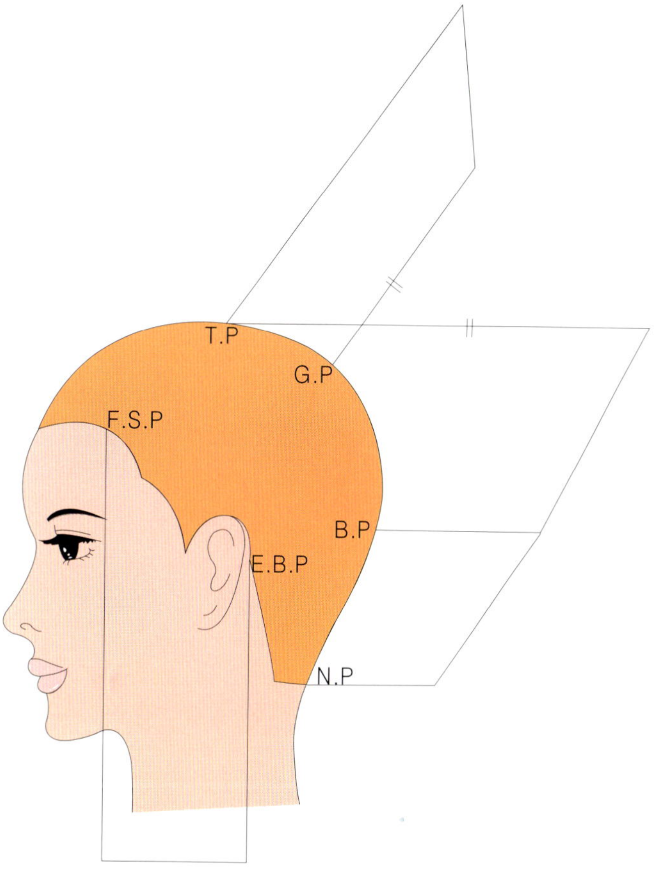

4) 시술방법

① N.P~B.P까지 일직선 만들기를 위한 시술을 한다.

② B.P~G.P까지 수직 섹션으로 자연 시술각 45°로 온더베이스로 시술한다.

③ G.P~T.P까지 방사형 섹션으로 일반 시술각 45°로 시술한다.

④ E.B.P~F.S.P선은 일직선을 시술한다.

⑤ F.S.P~T.P~F.S.P 가르마를 나누고 일직선을 시술한다.

⑥ 분할하여 예쁜 스타일 만들기를 한다.

1. N.P~B.P를 나누어서 일자 파팅을 뜬다.

2. 고운살 빗살의 10cm를 C.L 중심부에 맞추어 빗질각도 45°로 두피면을 밀착하여 시술한다.

3. 원하는 길이가이드를 1cm를 남기고 빗질이 일직선이 되게 빗등을 세운다.

4. 고운살 10cm를 일직선을 커트하는데 빗에서 1cm를 띄워서 시술하면 선이 정확하다.

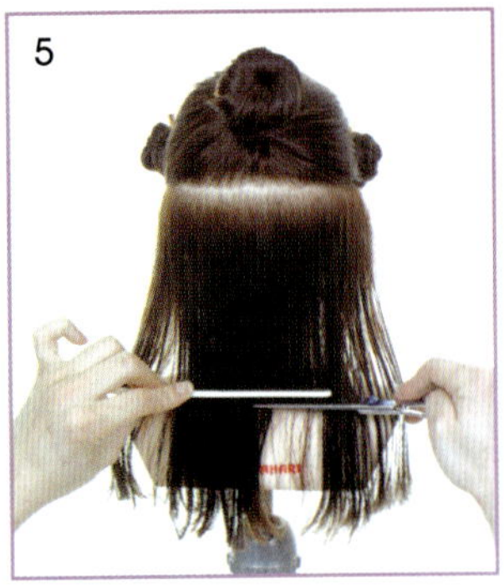

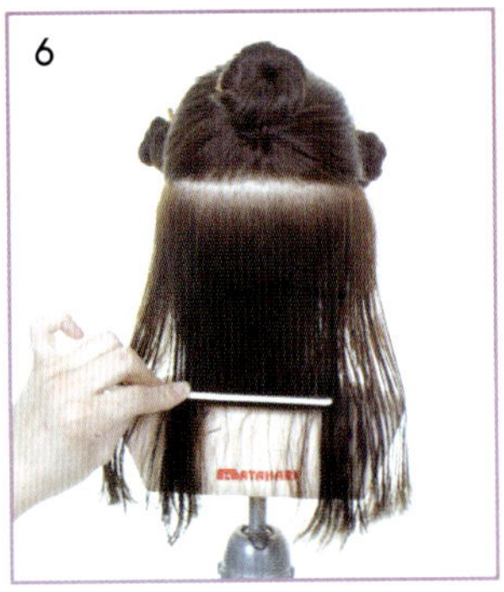

5~6. E.P~E.P까지 보통사람은 20~22cm정도길이가 되니까 중심부 10cm를 커트해야만 양쪽에서 트위스트베이스를 시술하기가 쉽다.

7. 중심부 10cm를 시술해 놓은 상태이다.

8. 떨어지는 모발을 따라 빗질각도 45°로 빗질한다.

9. 중심부에 가이드를 맞춘후 빗을 C.L쪽으로 틀어서 B.P에서 일직선을 맞춘다.

10. 빗에서 1cm떨어져서 시술한다.

11~15. C.L부분에서 고운살 10cm를 일직선을 자른후 빗살을 두피에 밀착시켜 빗질하여 C.L에서 온 가이드에 맞추어지면 베이스를 C.L쪽으로 틀어서 빗 1cm를 간격을 두고 일직선을 만든다.

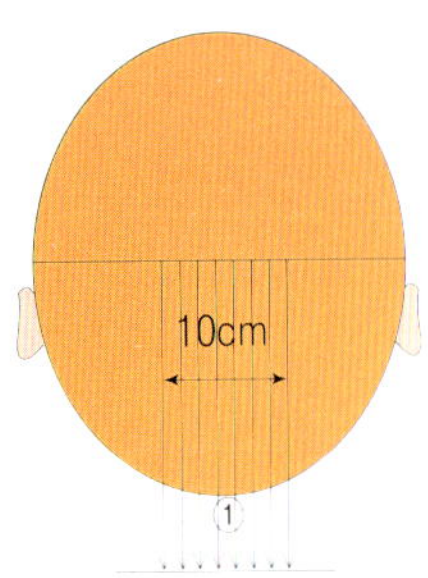

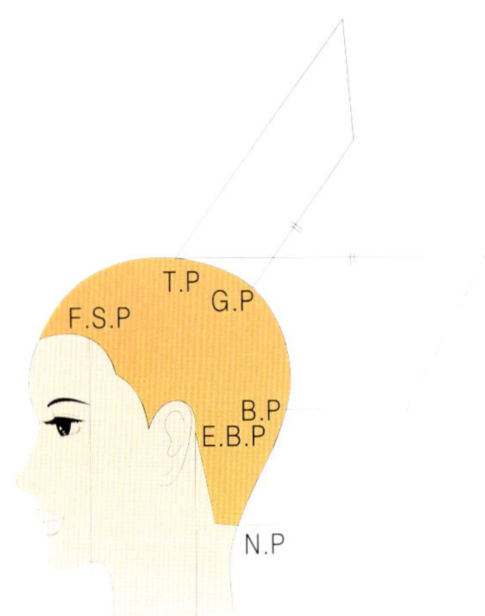

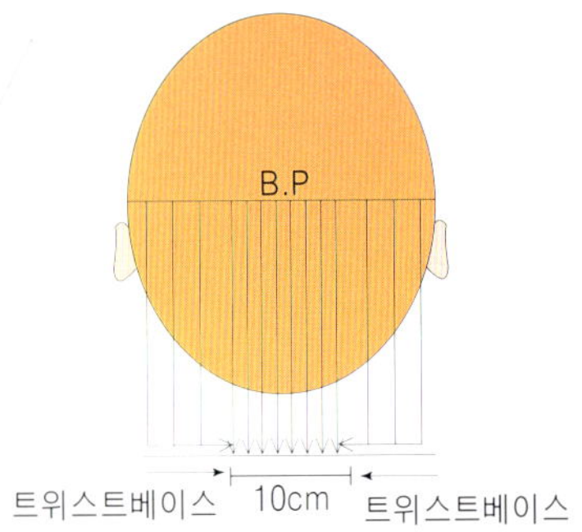

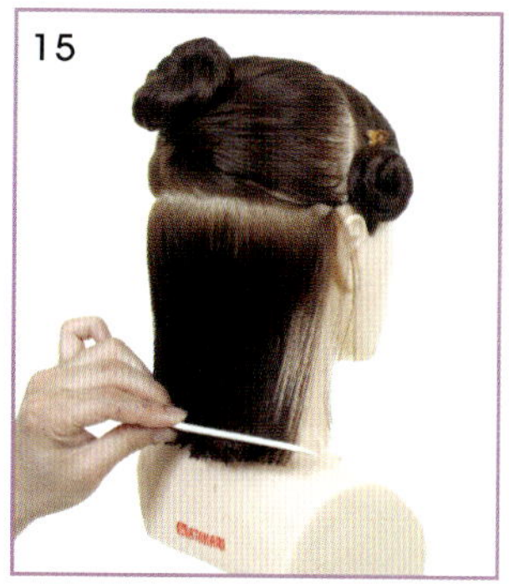

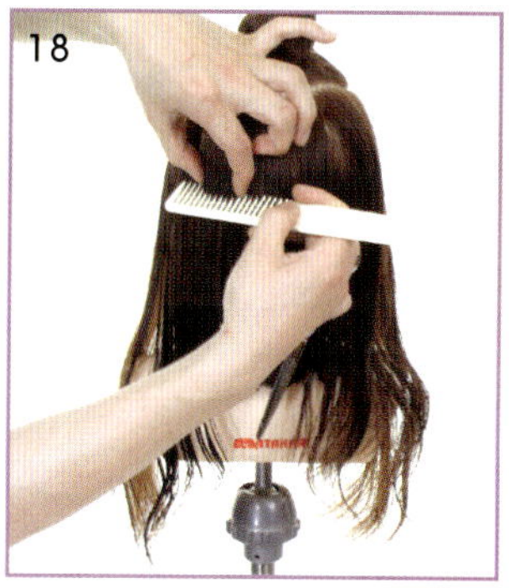

16~20. B.P~G.P 수평 파팅에 수직 섹션으로 자연 시술각 45°로 하여 온더 베이스로 시술한다. 낮은시술각 45°시술시에는 베이스를 낮추어서 시술하면 편리하게 커트할 수 있다.

21~23. S.C.P~F.S.P의 사이드는 얼레살로 텐션을 주지 않고 빗질하여 살짝만 E.P쪽으로 베이스를 틀어서 일직선을 만든후 빗보다 1cm를 띄워서 커트한다.

24~29. G.P~T.P까지는 방사형섹션으로서 일반 시술각 45°로 시술하고 여기에 손가락도 45°로 커트하는 것에 주의한다.

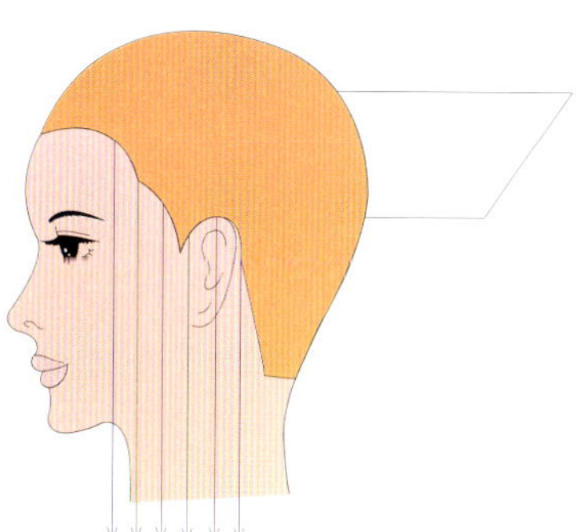

25

26

27

28

29

30

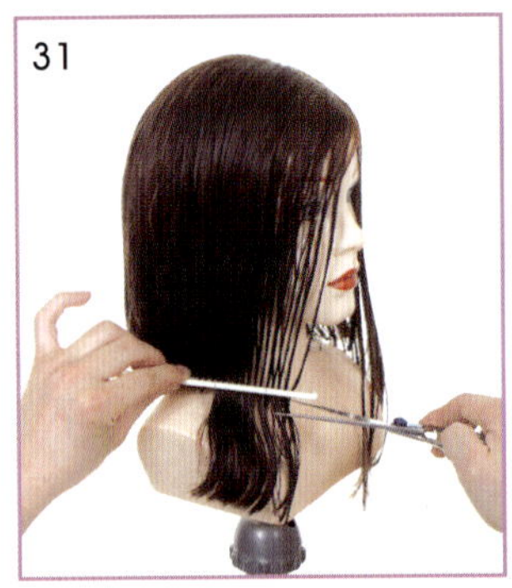
31

32

30. F.S.P~T.P~F.S.P는 가르마를 나누고 얼레살로 빗질하여 일직선을 만든다.

31~34. 양쪽에는 힘이 들어가지 않게 빗질하는 것을 주의하여야 한다. 귀의 돌출되는 부분과 모류가 들뜬 부분때문에 길이가 짧아질 우려가 있으므로 얼레살로 힘을주지 않고 빗질 후 1cm보다 길게 일직선으로 시술한다.

33

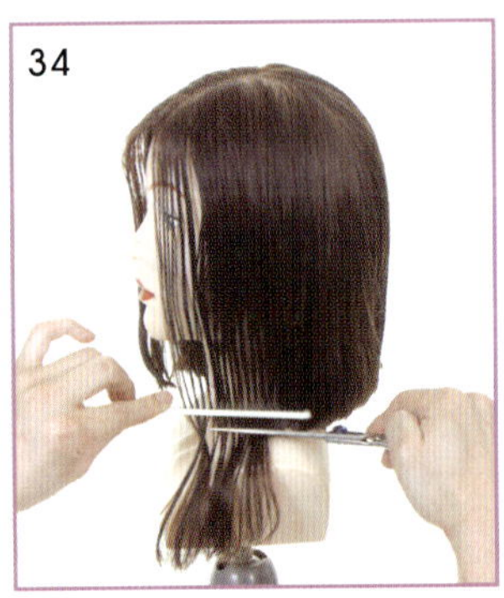
34

35

36

35~36. 시술후 일직선이 완성된 상태이다.

2. 보브 스타일(모델)

얼굴 턱선에서 ±2cm를 모발의 길이 결정하는 보브스타일을 알게하고 시술방법을 알게 한다.

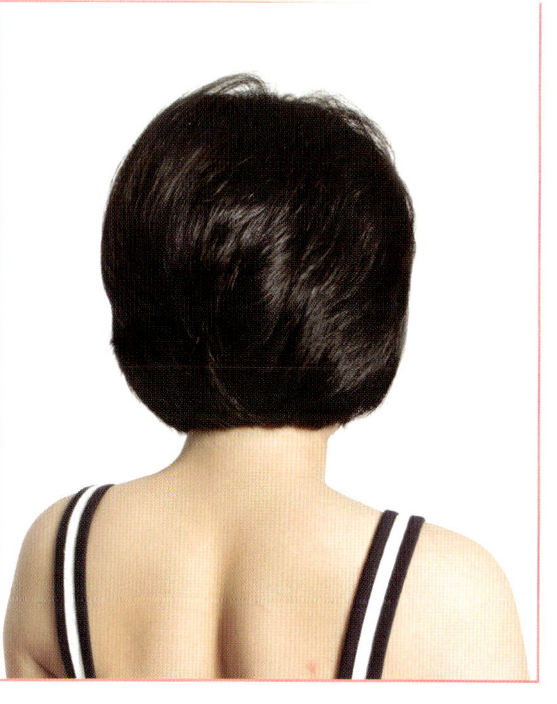

1) 특 징

깜찍하고 청순한 이미지를 표현했으며 얼굴형이 예쁘게 보이는 단발머리(길이 턱선과 입술선 사이 일직선) 보브 스타일을 연출하였다.

2) 스타일 과정

- ▶ 스타일 - 단발층
- ▶ 길이 - 미디움
- ▶ 선 - 일직선
- ▶ 베이스 - 온더 베이스, 사이드 베이스
- ▶ 시술각 - 자연시술각 90°, 일반시술각 90°
- ▶ 질감 - 루츠틴닝, 이너틴닝

3) 시술방법

① 라인선 설정(일직선 만들기)
② B.P~N.P 빗질각도 90°로 빗질하며 자연시술각 0°로 일직선 커트한다.
③ B.P~G.P(호리존탈 파팅에 버티컬 섹션) 자연시술각 90° 커트한다.
④ G.P~T.P(방사형 섹션) 일반시술각 90°로 시술한다.
⑤ N.P~B.P(버티컬 섹션) B.P 가이드와 N.P 가이드를 틴닝으로 연결한다.
⑥ E.P~F.S.P(호리존탈 파팅에 버티컬 섹션) 자연시술각 45°로 빗질하여 선 만들기
⑦ F.S.P~C.P(버티컬 섹션) 일반시술각 90°로 커트한다.
⑧ 분할하여 예쁜 모양 만들기를 한다.

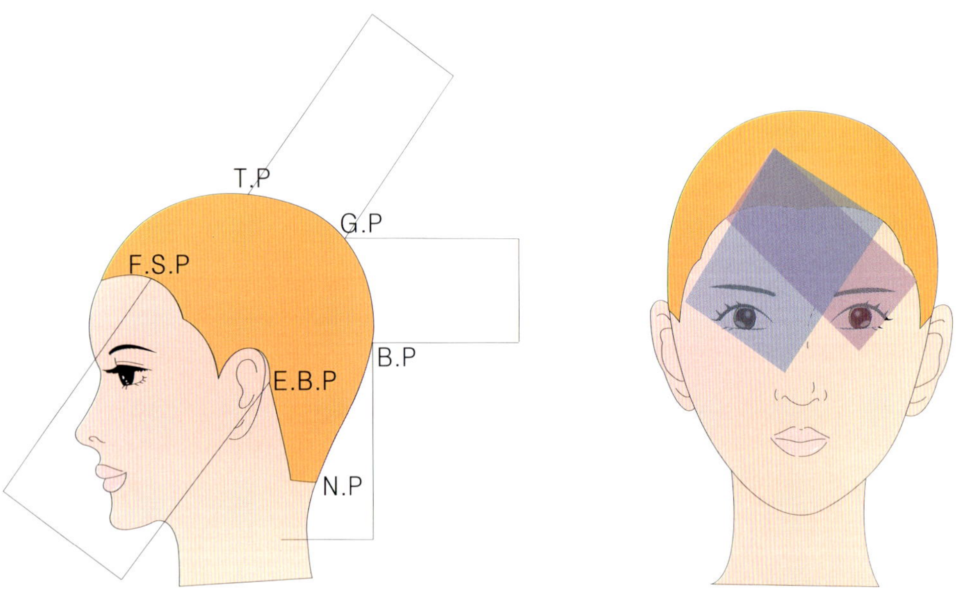

1. 일직선 만들기, 빗을 1㎝ 떨어져서 가이드 설정한다.

2. 사이드는 C.L쪽으로 트위스트 베이스하여 일직선 커트한다.

3. B.P에서 가이드 설정하여 G.P까지 자연시술각 90° 커트한다.

4. 온더베이스로 연결하여 커트한다.

5. 탑부분을 유니폼레이어로 커트한다.

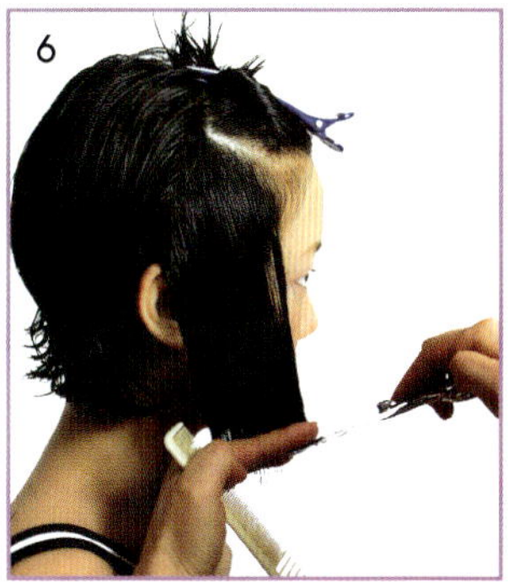

6. 라인선 만들기, 뒷부분을 가이드로 하여 옆선 만들기를 한다.

7. 두상을 연장하여 온더베이스로 커트한다.

8. 탑부분은 방사형으로 섹션을 나누어 커트한다.

9. 앞머리는 가르마를 탄 후 반대쪽에서 파팅과 나란히 커트한다.

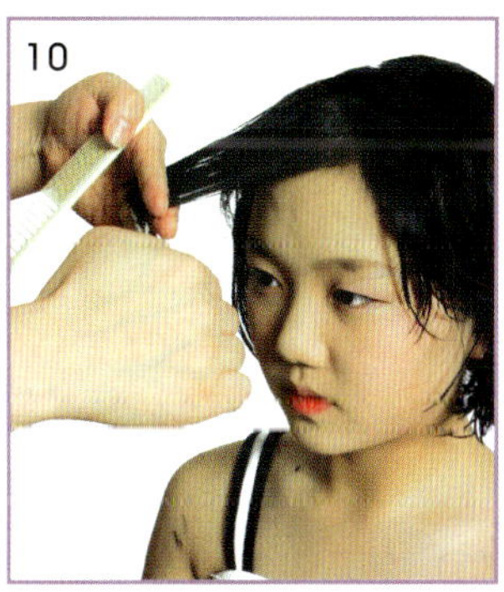

10. 앞머리 흐름을 자연스럽게 하기위해 교차하여 F.S.P 가이드에 맞추어서 커트한다.

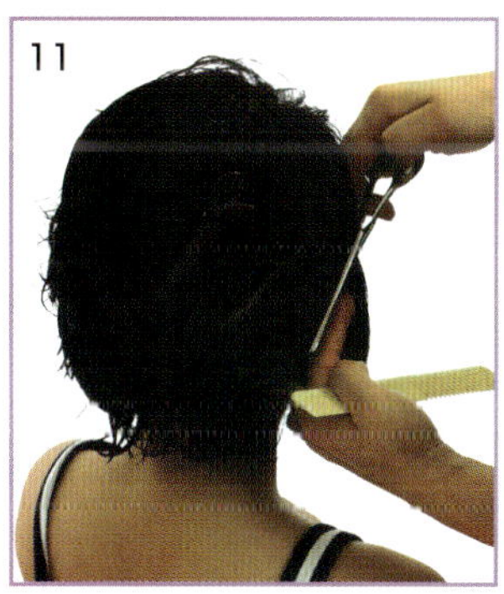

11. 모류보정과 골격보정을 위해 앞쪽으로 끌어당겨서 루츠틴닝를 한다.

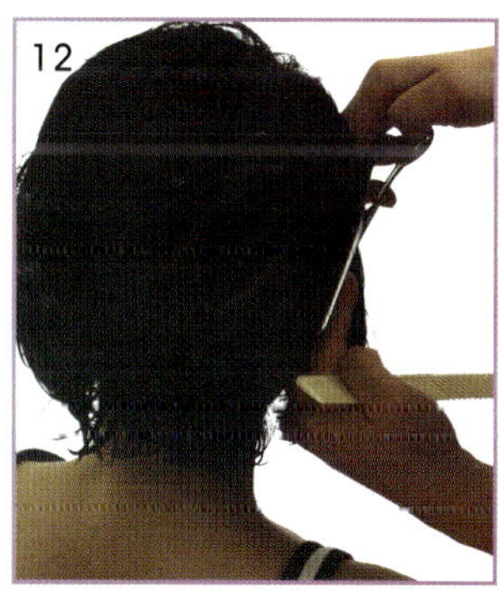

12. 가운데 손가락으로 귀를 누르면서 뿌리의 모류 제거를 위해 루츠틴닝을 한다.

8장 … 유니폼 레이어

학습 목표 커트의 기본베이직인 유니폼 레이어 시술을 알게 한다.

1. 유니폼 레이어(마네킹)

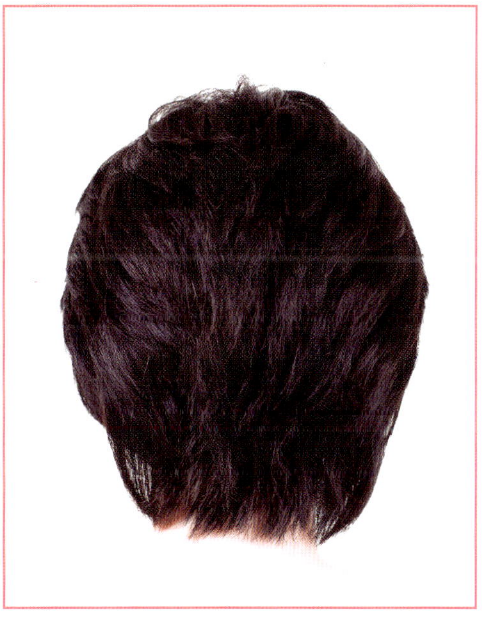

① 두상의 곡면과 동일한 길이로 커트한다.
② 커트의 기본이라고 한다.
③ 무게감이 없다(단 길이가 길었을때는 다르디).
④ E.P에서 떨어지는 길이가 길어지면 두상표현은 되지 않는다(10cm 이하의 길이).

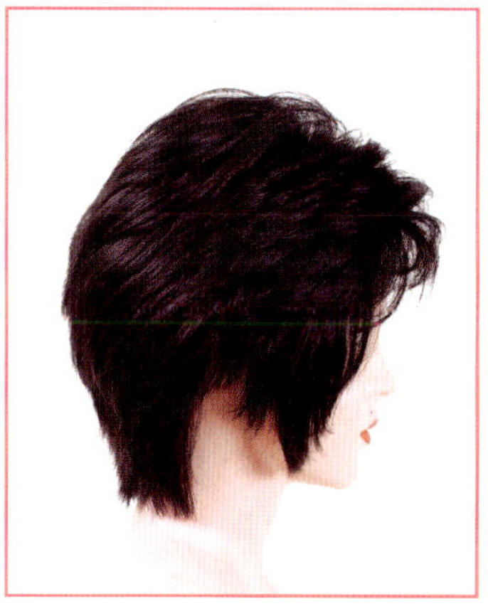

1) 이미지

유니폼 레이어 커트는 모든 사람에게나 어울리며 커트의 기본스타일이라고 하며 베이직 레이어라고도 한다.

2) 시술순서

① 후하부에서 길이가이드를 설정한다.

② 전두부 C.P에서 시작하여 양쪽에서 2cm씩 4cm 판넬을 뜬다. 길이가이드를 빗으로 설정하여(10cm) G.P까지 일반시술각 90°로 시술한다(U라인 영역은 모두다 일반시술각 90°).

③ 후중부의 B.P에서 G.P까지는 일반시술각 90°로 온더베이스로 시술하고 후중부 양면은 사선베이스로 뜨고 C.L쪽으로 사이드 베이스로 시술한다.

④ 후하부에는 곡면의 경사도가 심하기 때문에 E.B.P에서 나누어 시술한 후 E.B.P와 B.P를 연결하면서 커트한다.

⑤ 고객에게 맞게 드라이 한 것처럼 질감처리 한다.

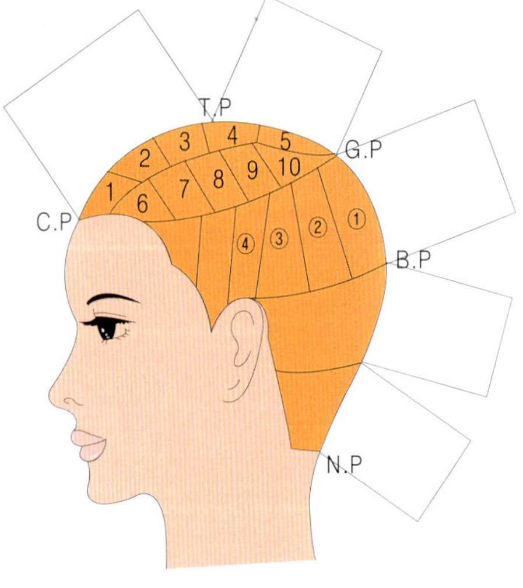

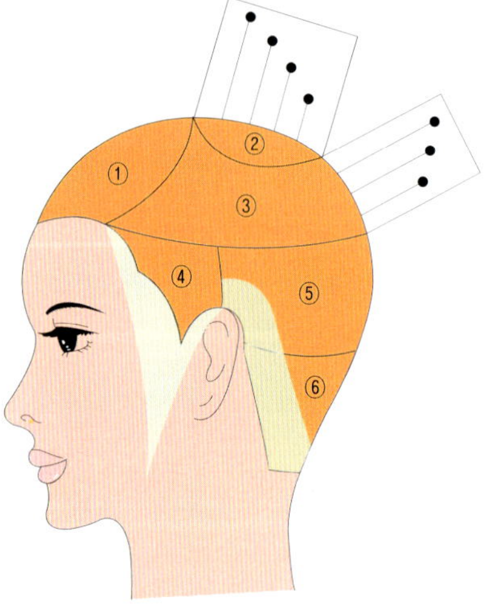

질감처리방법

가. 앞머리 표정만들기
나. 볼륨을 주기 위해서 그라데이션 틴닝
다. 볼륨을 주기 위해서 그라데이션 틴닝
라. 옆선 만들기
마. 모량제거와 모류보정, 골격보정을 위해 루트틴닝과 이너틴닝
바. 선을 다시 한 번 확인 하면서 마무리한다.

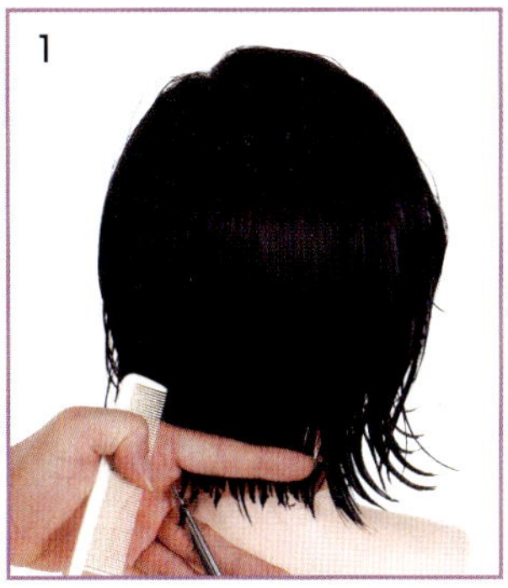

1. 후하부에서 빗질하여 길이 가이드를 설정한다.

2. 곡면에 밀착하면서 빗질한다.

3~5. 곡면에 밀착하여 빗질하고 길이 가이드를 설정한다.

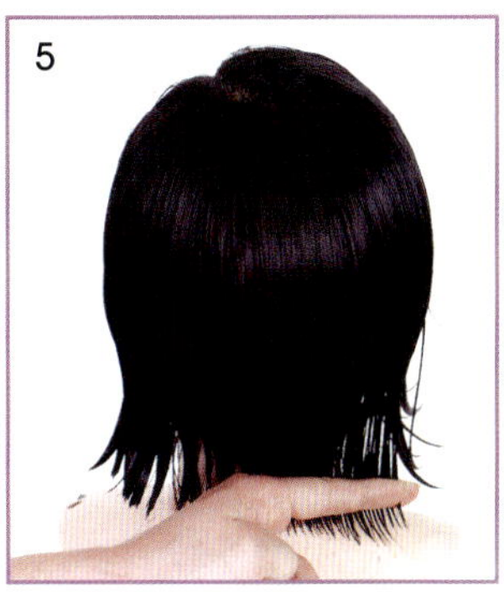

6. 가르마를 중심으로 양쪽에서 2cm씩떠서 4cm의 모발의 판넬을 뜬다.

7. 전두부 첫번째 판넬을 일반시술각 90°로 들어서 빗으로 길이가이드 10cm를 설정한다.

8, 7.에서 설정한 판넬을 일반시술각 90° 커트한다.

9, 10. 전두부에서 후상부까지 일반시술각 90°로 이동해 가면서 동일한 방법으로 시술한다.

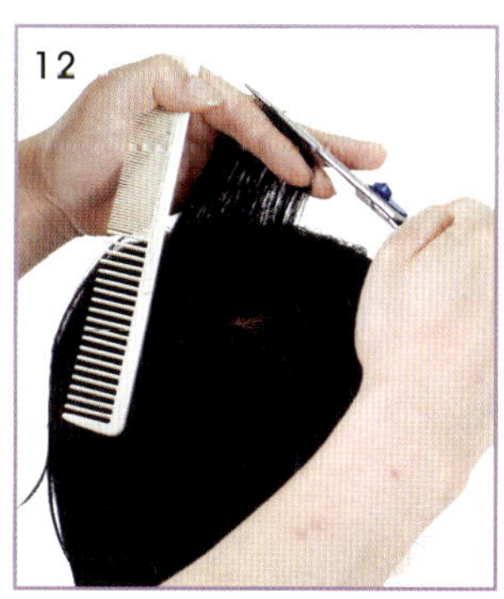

11, 12. C.L에서 시술한 판넬을 본래의 가르마대로 모발을 빗질한 후 U라인 영역까지 C.L에서 가져온 모발 길이에 맞추어 일반시술각 90°로 시술한다.

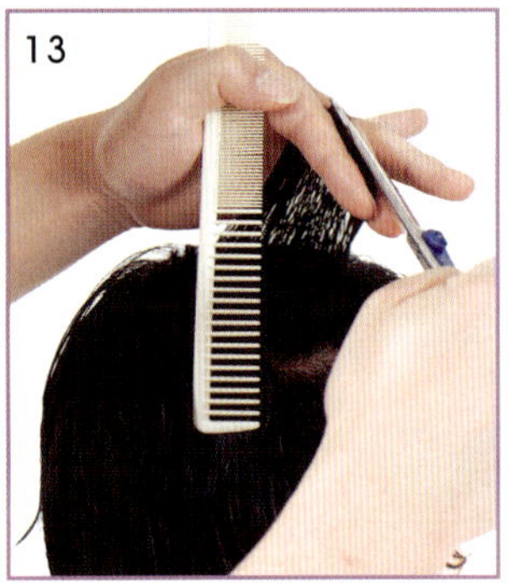

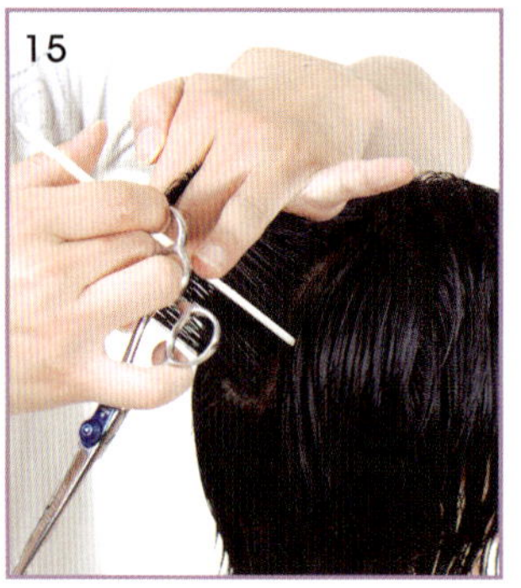

13, 14. U라인 영역의 모든 모발을 위와 같은 방법으로 연결시켜 가면서 시술한다.

15, 16. G.P에서나온 모발의 가이드에 맞추어서 G.P~B.P까지 일반시술각 90° 로 시술한다.

17, 18. 후중부의 중심부는 세로로 판넬을 떠서 베이스는 온더 베이스로, 시술각은 일반시술각 90° 로 시술한다.

19, 20. 다음 판넬로 이동해서 시술한다. 후중부 양면 두상이 함몰된 부분은 사선으로 판넬을 뜨고, 밑모발이 조금 길어지게 커트하는 것이 밑선이 잘리지 않는다.

21. 두상이 함몰된 부분은 사선으로 섹션을 뜬다.

22. 귀가 있는 부분에 모발이 없기때문에 일반시술각 90° 보다 밑모발이 조금 더 길어지게 인크리스레이어 상태로 모발의 판넬을 잡는다.

23~25. 두상이 함몰된 부분은 사선으로 판넬을 떠서 커트 선의 흐름대로 시술하는 것이 좋다.

26. 후하부 U라인을 시술하기위해 E.B.P~E.B.P까지 파팅을 나눈 후 제일 중심부에서 4cm 판넬을 떠 밑길이를 맞추어 시술각을 조절한다. 밑길이가 길면 시술각이 높아 판넬이 들어지고, 밑길이가 짧으면 시술각이 낮아져 판넬을 내려 시술하게 된다.

27. 왼쪽부분에서 판넬을 뜨고 중심부에 있는 모발의 가이드에 맞추어 시술한다.

28. 오른쪽도 동일한 방법으로 시술 한다.

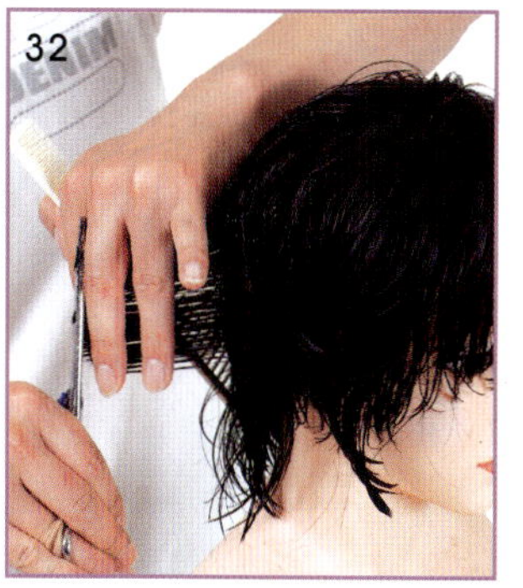

29. E.B.P와 B.P를 연결하여 시술한다.

30. 양쪽은 사선으로 모발의 판넬을 떠서 길이를 연결하여 시술한다.

31. 후하부에도 곡면이 들어간 부분은 사선으로 판넬을 뜬다.

32. 후하부의 B.P와 B.N.M.P를 잡고 튀어나온 모발의 길이를 커트한다.

33. 후하부의 E.P까지는 사선으로 판넬을 떠서 시술한다.

34, 35. 전두부에서 앞머리 표정만들기를 한다. F.S.P에 있는 모발을 가르마 쪽으로 빗어서 파팅과 평행하게 손가락판넬을 잡고 아랫모발부터 윗모발을 향해 낫칭하여 커트한다.

36. 모발의 길이를 섞어서 모발의 자연스러움을 만든다.

37~38. 모발의 길이를 섞어서 모발의 자연스러움을 만들고 표현하기위해 그래쥬에이션틴닝을 넣고 C커브를 그리면서 6cm 길이부터 세 번에 나누어서 시술한다.

39, 40. 후상부 영역에서도 볼륨을 주기위해 그래쥬에이션틴닝을 넣고 세 번에 나누어서 C커브를 그리면서 시술한다.

41, 42. 후중부 중심부에 있는 두 판넬 정도만 볼륨형태를 시술하기위해 그래쥬에이션틴닝을 넣고 세 번에 나누어 원을 그리면서 모발이 빠져나와야만 모발의 동일한 길이가 잘리지 않아 틴닝자국도 없이 자연스러움을 연출할 수 있다.

43~48. 측두부에 옆선을 시술하기 위해 귀를 중심으로 2cm, 2cm씩 모발을 나누고 S.C.P와 E.P에서 가이드를 설정한 후 일반시술각 90°로 연결한 후 E.P와 E.B.P는 두피에 밀착하여 가이드를 연결한다.

49, 50 모발의 자연스러움을 연출하기 위해 선을 제외한 모발은 틴닝가위를 사선으로 넣고 원을 그리면서 세 번에 나누어서 시술한다.

51~53. 이너틴닝과 루트틴닝을 위해 뒷 모발을 앞쪽으로 당겨서 틴닝 가위를 두피에 밀착하여 시술한다.

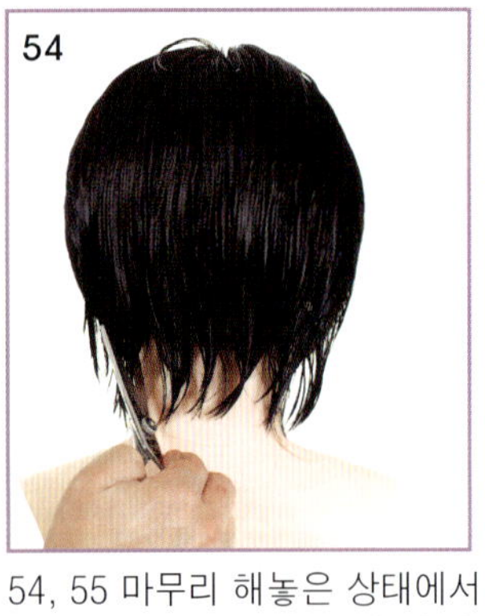

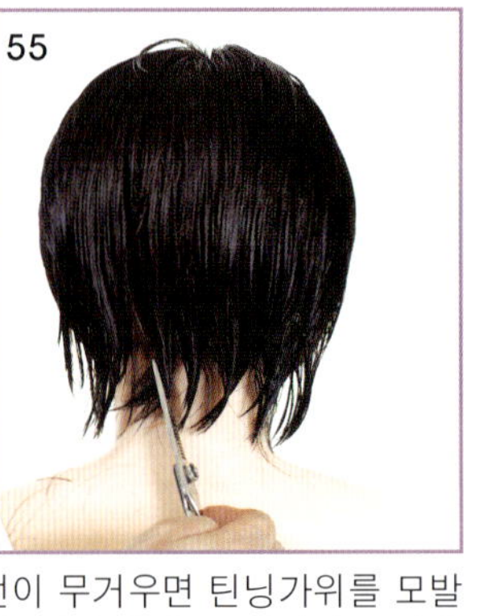

54, 55 마무리 해놓은 상태에서 선이 무거우면 틴닝가위를 모발에 사선으로 넣고 세 번에 나누어서 원을 그리면서 모발을 뺀다.

2. 유니폼 레이어(모델 1)

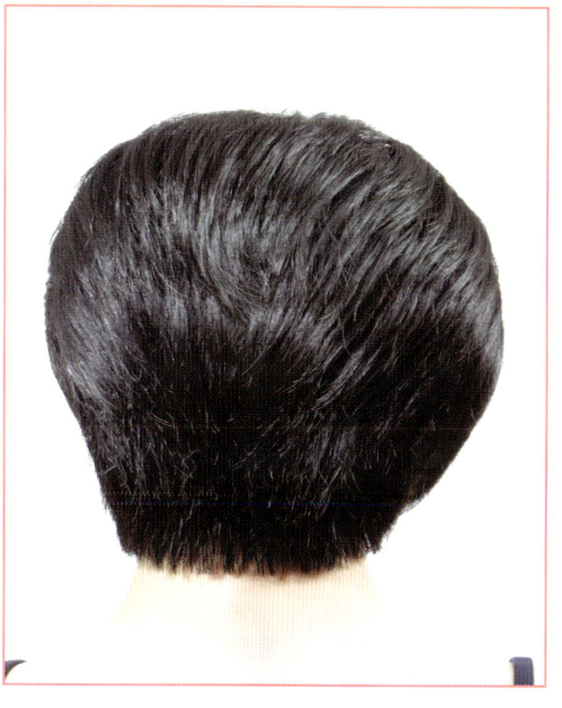

1) 특 징

얼굴선을 강조한 귀여운 스타일로 모류와 골격을 보정하면서 두상에서 자연스럽게 연장된 커트선을 보이게 재현한 디자인이다.

2) 스타일 구성

▶ 스타일 - 유니폼 레이어

▶ 길이 - 미디움 쇼트

▶ 선 - U 라인

▶ 시술각 - 일반시술각 90°, 자연시술각 90°

▶ 베이스 - 온더 베이스, 사이드 베이스

▶ 질감 - 루츠틴닝, 이너틴닝

3) 시술방법

① 길이가이드 설정(두상의 연장선 라인 만들기)한다.

② 2섹션 분할(U라인 블로킹)을 한다.

③ G.P~B.P(호리존탈 파팅에 버티컬 섹션) 일반시술각 90°로 커트한다.

④ G.P~T.P(방사형 섹션) 일반시술각 90°로 커트한다.

⑤ F.S.P~C.P(버티컬 섹션) 일반시술각 90°로 커트한다.

⑥ N.P~B.P(버티컬 섹션) 튀어나온 부분을 연결하여 커트한다.

⑦ 분할하여 예쁜 스타일 만들기(모류모정과 골격보정 라인 만들기 강조)

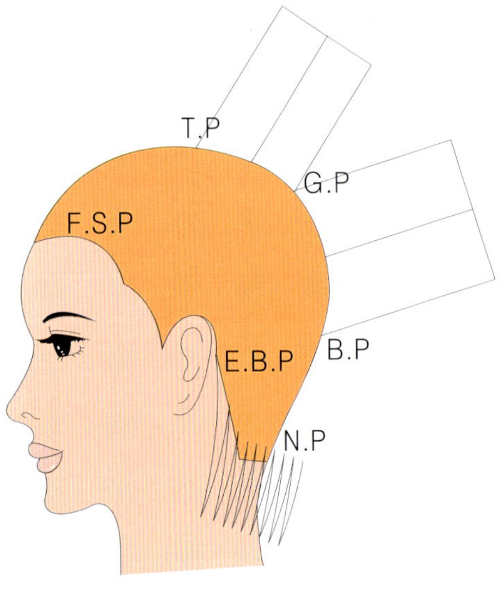

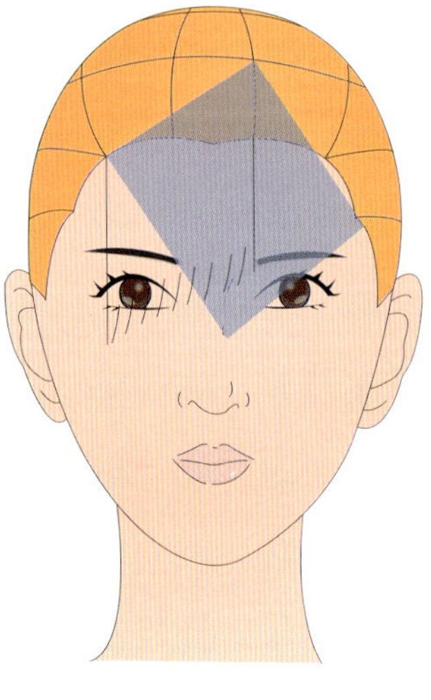

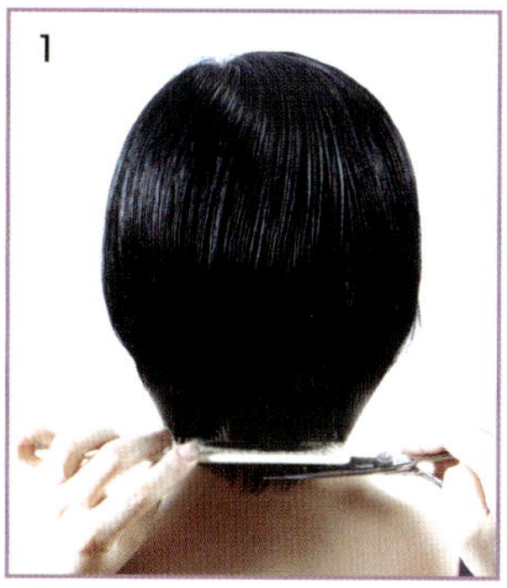

1. 길이결정(일직선 만들기)을 한다.

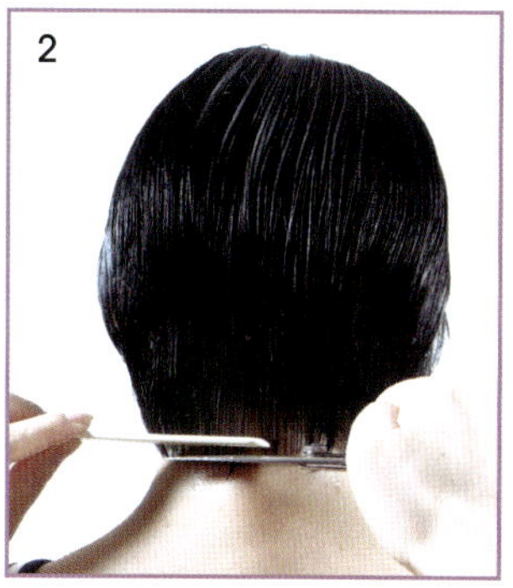

2. C.L쪽으로 트위스트베이스 하여 일직선 만들기를 한다.

3. G.P에서 가이드 설정(10㎝ 까지 두상곡면이 나타난다.) 하여 커트한다.

4. G.P~B.P까지 일반시술각 90° 커트한다.

5. 두상연장선을 만들기위해 온더베이스로 커트한다.

6. G.P~T.P 탑에 유니폼 레이어를 위해 방사형으로 연결하여 커트한다.

7. F.S.P~C.P 일반시술각 90°로 커트한다.

8. B.P~N.P 일반시술각 90°로 커트한다.

9. B.P~N.P 양쪽사이드는 C.L쪽으로 사이드베이스하여 커트한다.

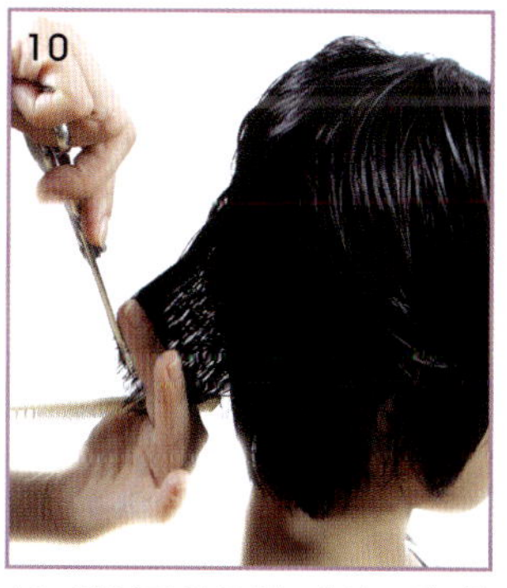

10. 길이가이드와 네이프의 섹션을 세로로 연결하여 커트한다.

11. 라인선 만들기, S.C.P에서 가이드 설정하고 손가락을 비평형으로 하여 옆선 라인선 만들기를 한다.

12. 앞선과 뒷선 연결한다.

3. 유니폼 레이어(모델 2)

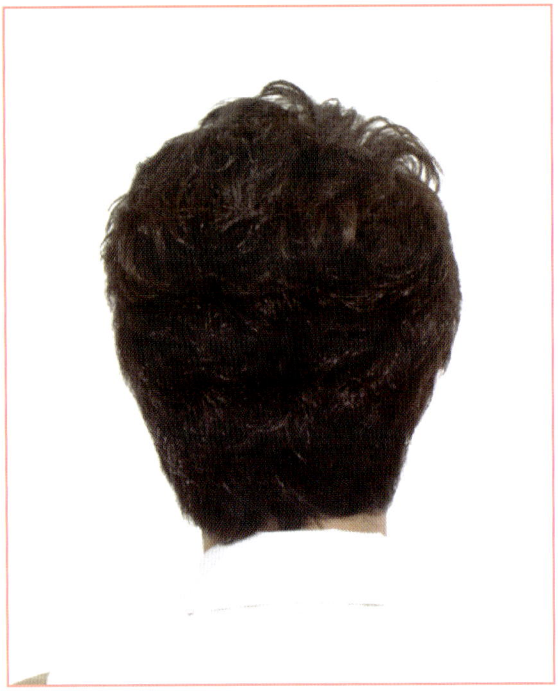

1) 특 징

시술방법 전체에 유니폼 레이어 커트. 귀를 파는 동작이나 네이프라인 연결선을 쉽게 하여 전체적인 두상의 연장선 흐름을 자연스럽게 연출하고 손질이 편한 질감처리를 이용해 모발을 표현한 스타일이다.

2) 스타일 구성

▶ 스타일 - 유니폼 레이어

▶ 길이 - 미디움 쇼트

▶ 선 - U라인

▶ 시술각 - 일반시술각 90°

▶ 베이스 - 온더 베이스, 사이드 베이스

▶ 질감 - 이너틴닝, 루트틴닝

3) 시술방법

① 질감처리를 한다.

② 오버섹션 U라인 유니폼 레이어 연결하여 커트한다.

③ G.P~B.P(호리존탈파팅에 버티컬섹션) 일반시술각 90°로 커트한다.

④ B.P~N.P(호리존탈파팅에 버티컬섹션) 일반시술각 90°로 커트한다.

⑤ S.C.P~F.S.P 옆선만들기를 한다.

⑥ 분할하여 예쁜모양만들기를 한다.

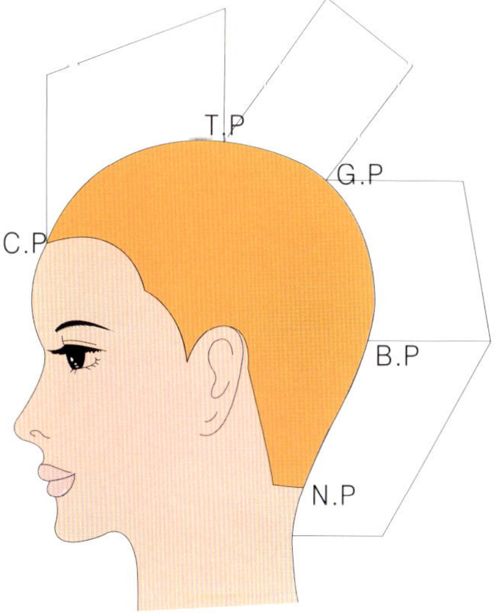

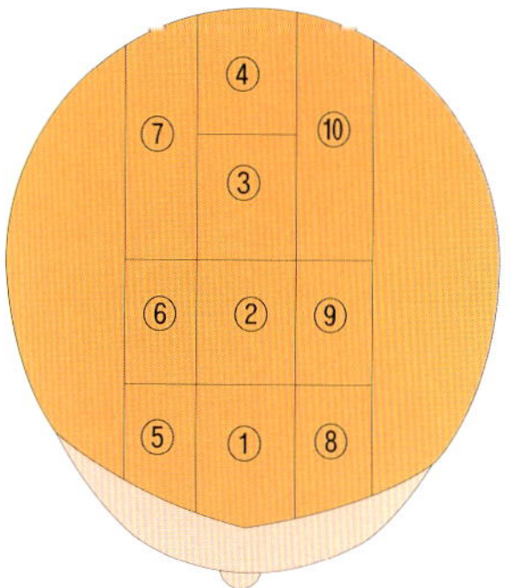

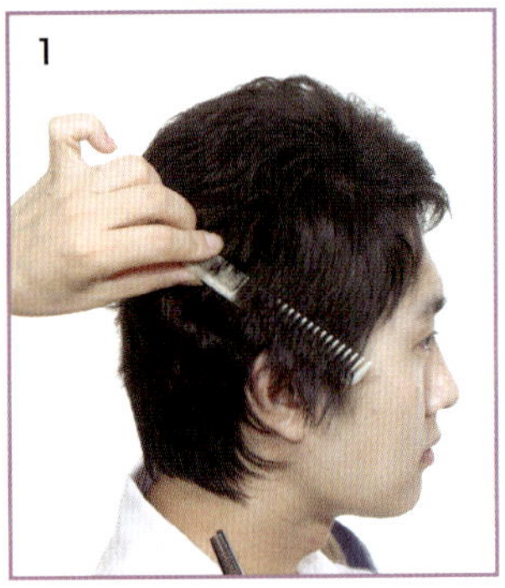

1. 사이드의 약간을 볼륨을위해 전대각45°로 질감처리한다.

2. 빗등에서 4㎝만 자른다.

3. 2번시술후 1㎝간격을 띄우고 틴닝처리한다.

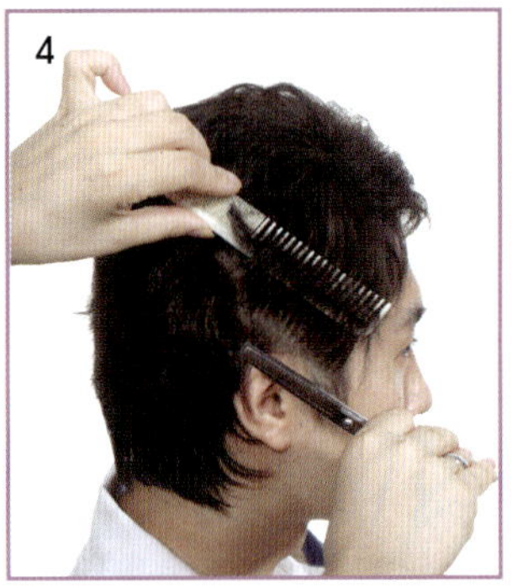

4. 다음 판넬을 뜨기 위한 자세 이렇게 가위와 빗이 리듬을 타고 이동해야 한다.

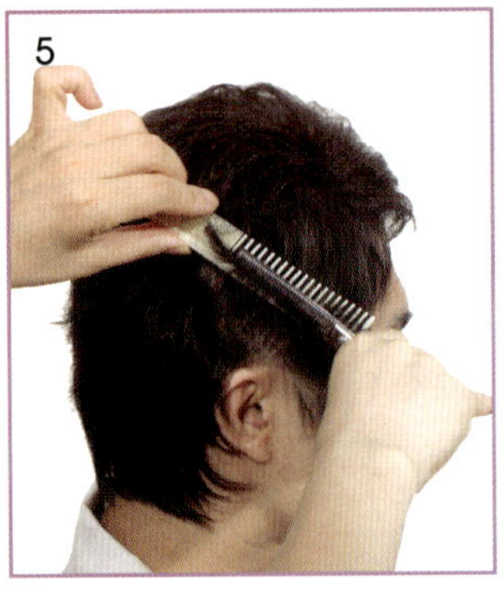

5. 전대각으로 빗을대고 그래쥬에이션 틴닝처리한다.

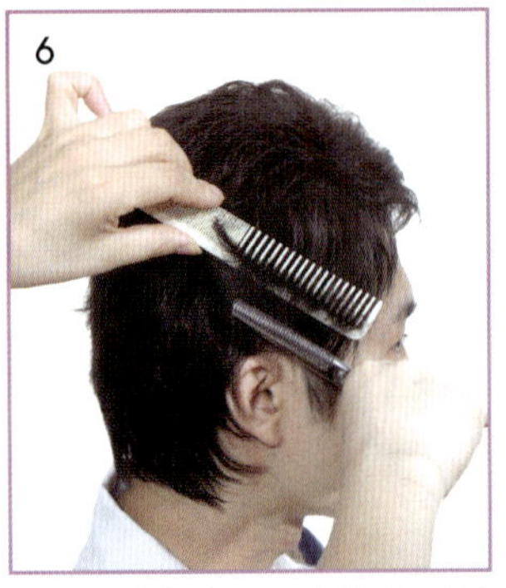

6. 5번시술후 1㎝간격을 띄우고 질감처리한다.

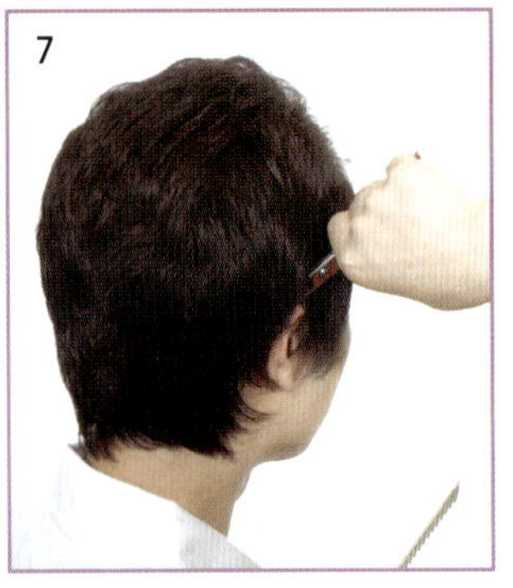

7. 후대각 판넬을 뜨기위해 가위를 모발쪽으로 넣는 자세이다.

8. 볼륨을 주기위해 빗이 그래쥬에이션 상태로 들어간다.

9. 후대각 45°로 그래쥬에이션 상태 빗을 넣었고 빗등에서 4㎝만 자른다.

10. 9번 시술 후 1㎝간격을 띄우고 틴닝처리한다.

11. 다음 판넬을 뜨기위한 자세이다.

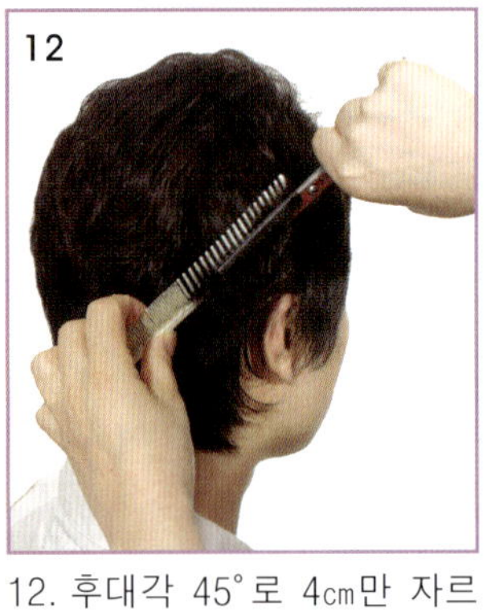

12. 후대각 45°로 4㎝만 자르고 이동한다.

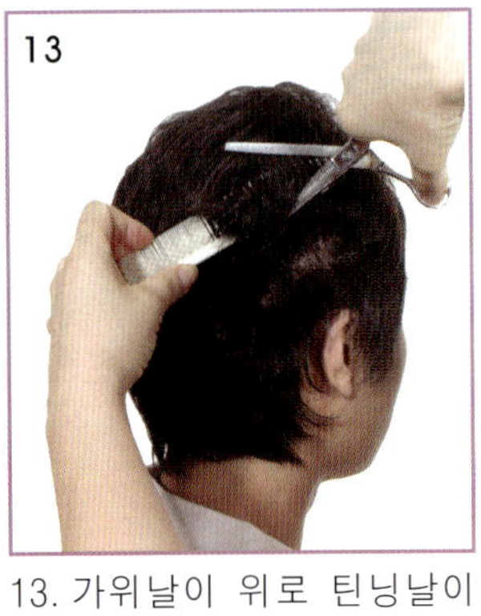

13. 가위날이 위로 틴닝날이 아래로 틴닝처리한다.

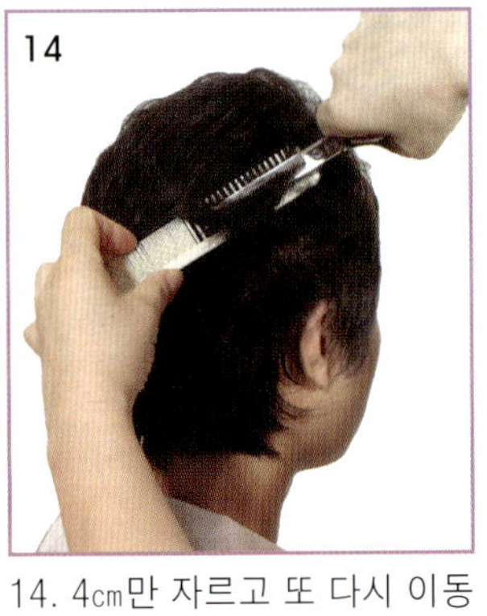

14. 4㎝만 자르고 또 다시 이동하여 커트한다.

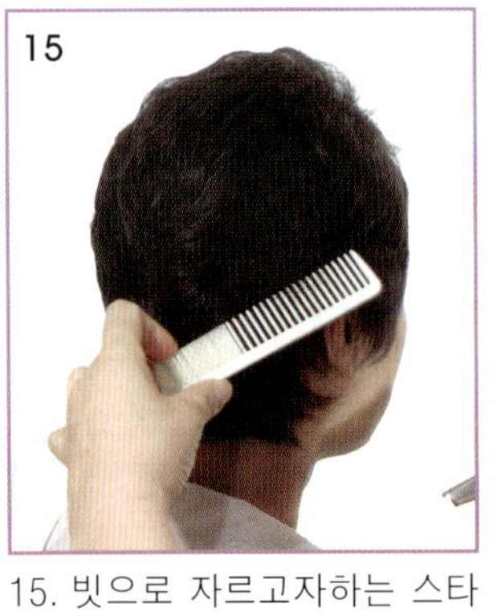

15. 빗으로 자르고자하는 스타일의 시술각을 조절한다.

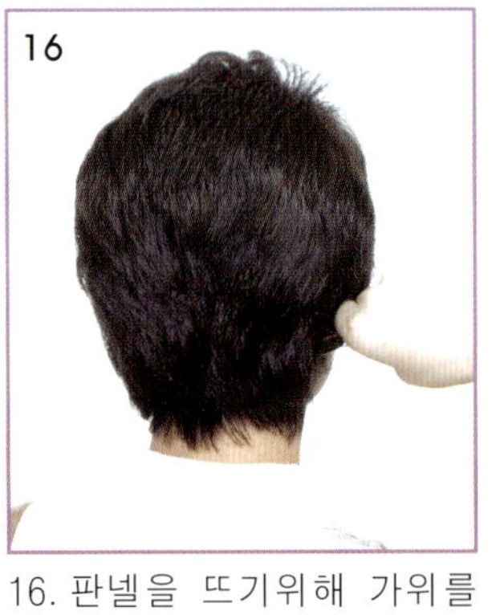

16. 판넬을 뜨기위해 가위를 모발한테 넣는다.

17. 빗이 후대각45°로 넣고 그래쥬에이션 상태로 둔다.

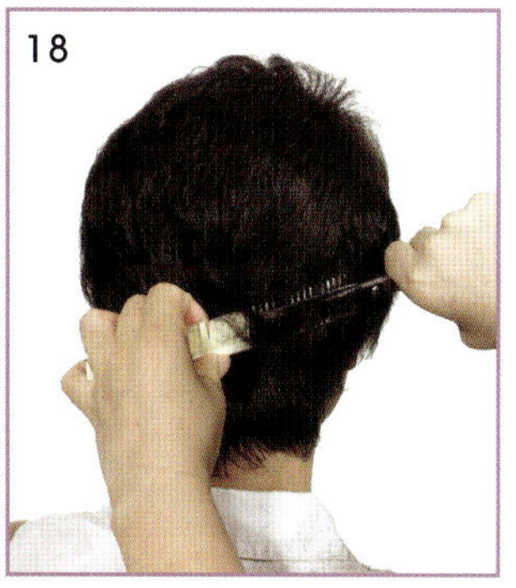

18. 빗등에서 4㎝만 자른다.

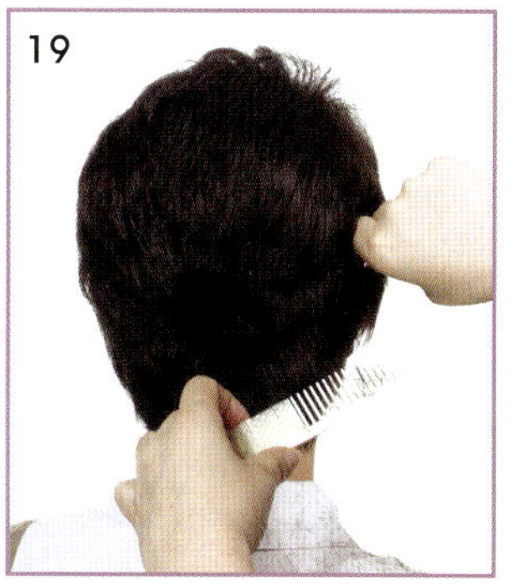

19. 다음판넬을 뜨기위해 가위를 모발에 넣는다.

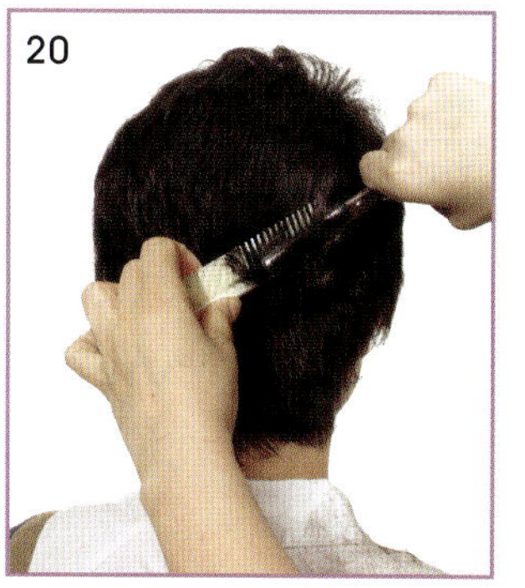

20. 빗을 후대각 45°로 놓고 빗등에서 4㎝만 자른다.

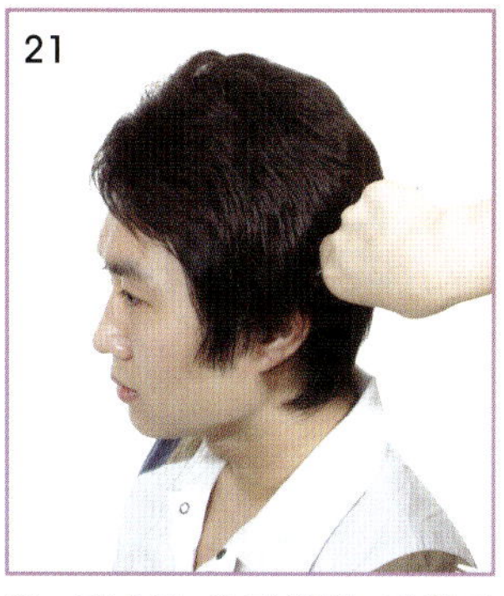

21. 판넬을 뜨기위해 가위를 모발안에 넣는다.

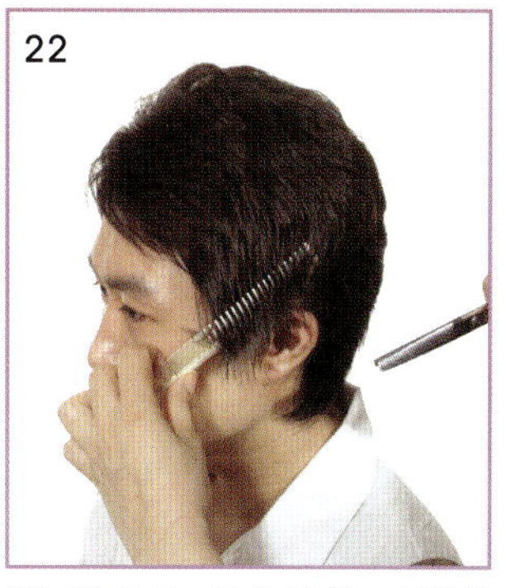

22. 빗으로 시술각을 조절한다.

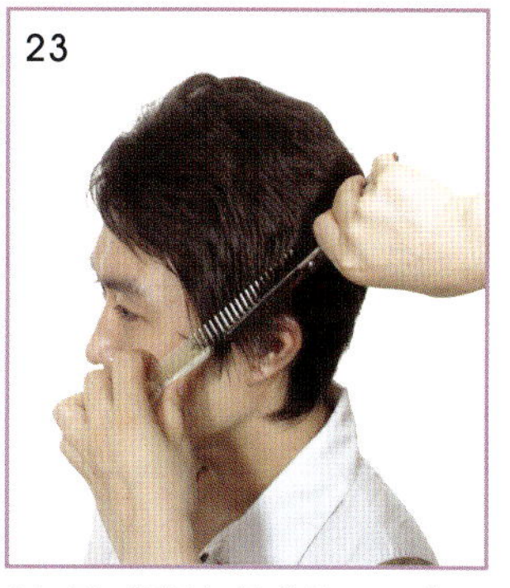

23. 전대각의 상태를 4㎝만 모발을 자른다.

24. 모발을 자르고 다음자리로 이동하여 빗으로 시술각을 조절한다.

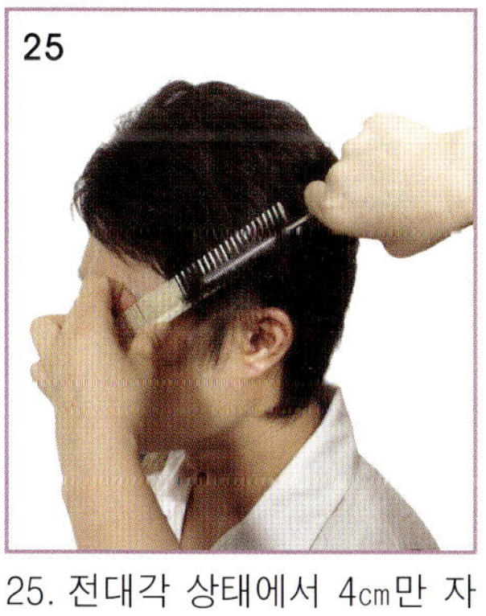

25. 전대각 상태에서 4㎝만 자른다.

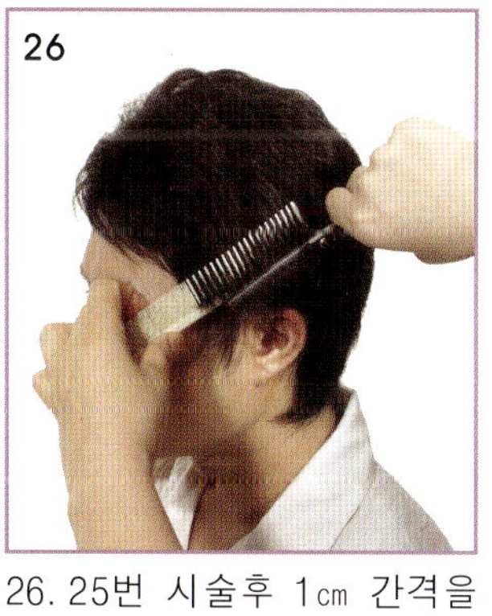

26. 25번 시술후 1㎝ 간격을 띄우고 시술한다.

27. 윗판넬로 25, 26번과 동일하게 시술한다.

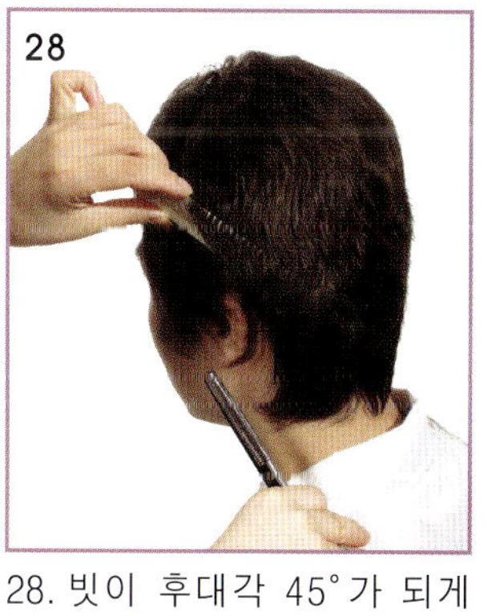

28. 빗이 후대각 45°가 되게 빗을 넣는다.

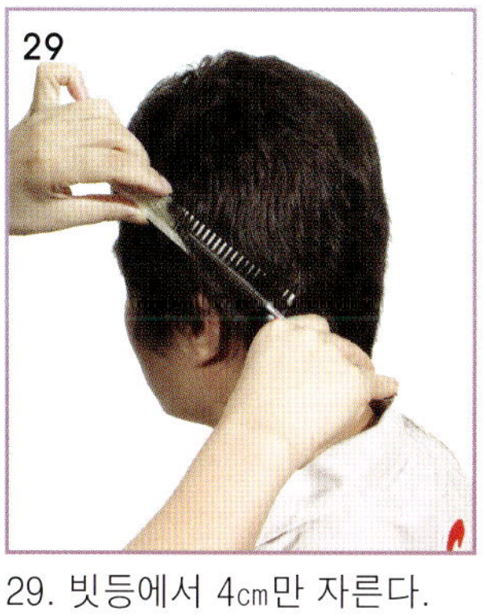

29. 빗등에서 4㎝만 자른다.

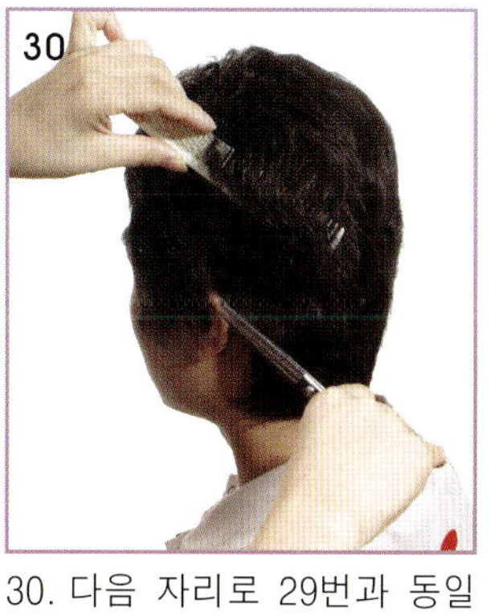

30. 다음 자리로 29번과 동일하게 시술한다.

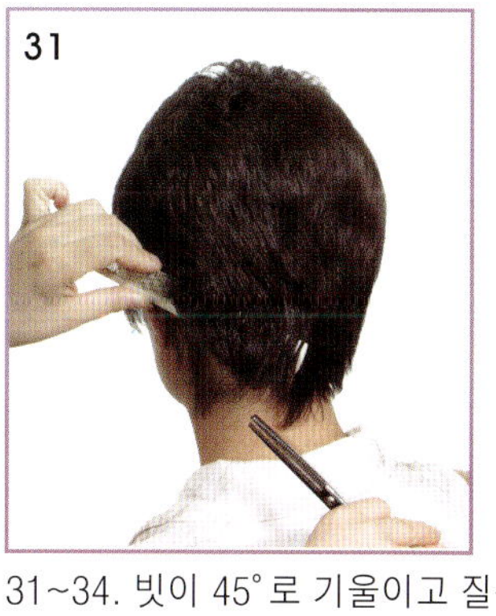

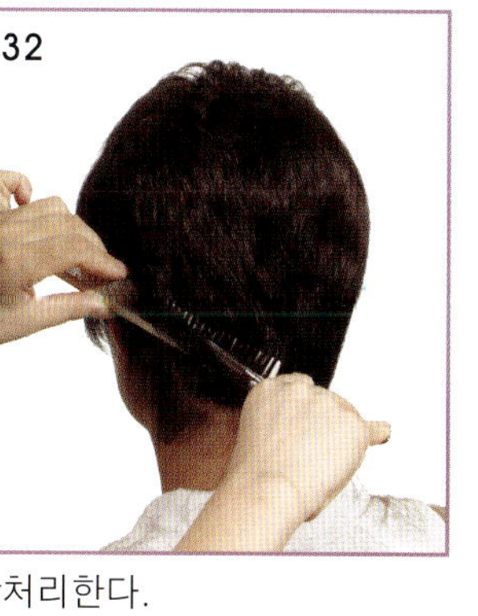

31~34. 빗이 45°로 기울이고 질감처리한다.

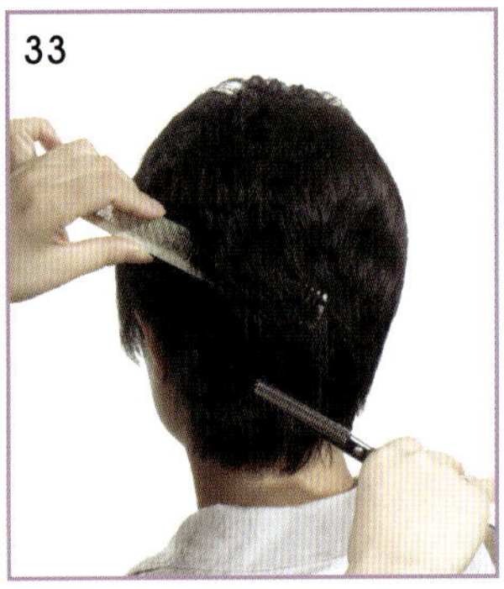

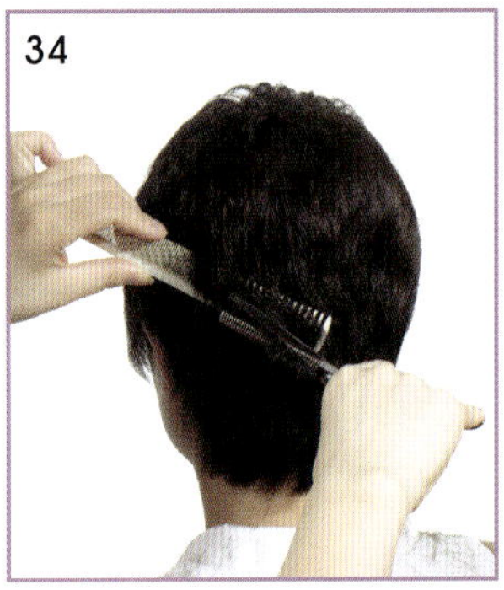

35. 일반시술각 90˚ 1/3영역에서부터 틴닝처리한다.

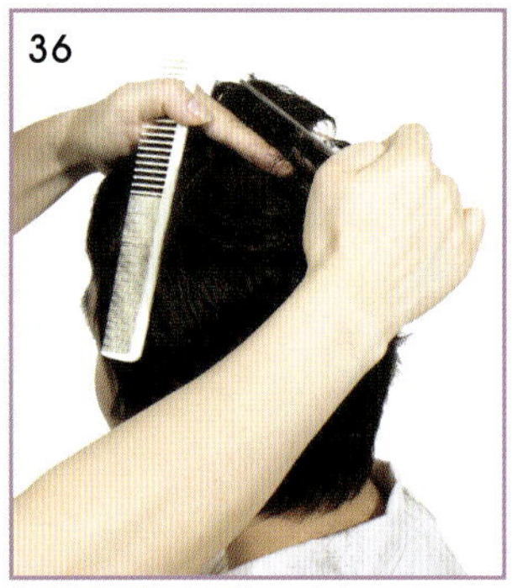

36. 35번 시술후 1cm간격을 띄우고 시술한다.

37. U라인영역은 모발의 1/3 영역에서부터 일반시술각 90˚로 시술한다.

38. 37번 시술후 1cm 간격을 띄우고 또한번 시술한다.

39. 38번 시술후 1cm 간격을 띄우고 또한번 더 시술한다.

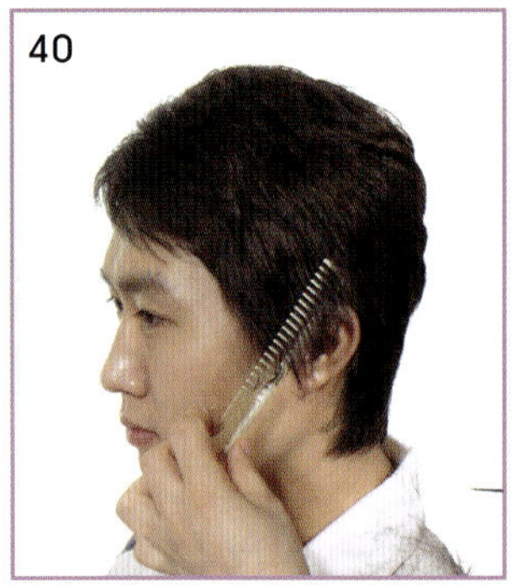

40. 옆선만들기를 한다.

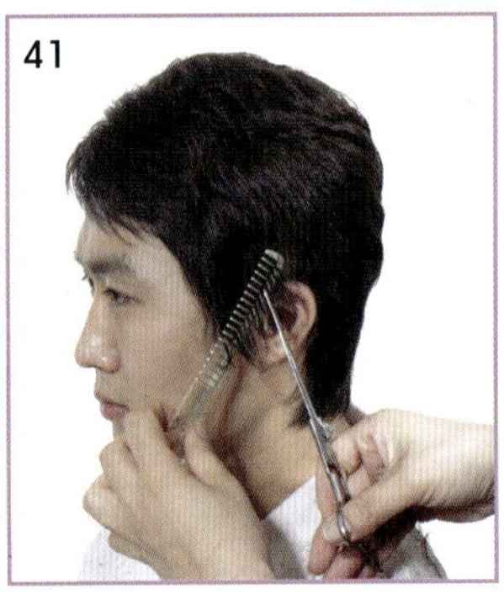

41. 빗으로 시술각을 조절하여 옆선 만들기를 한다.

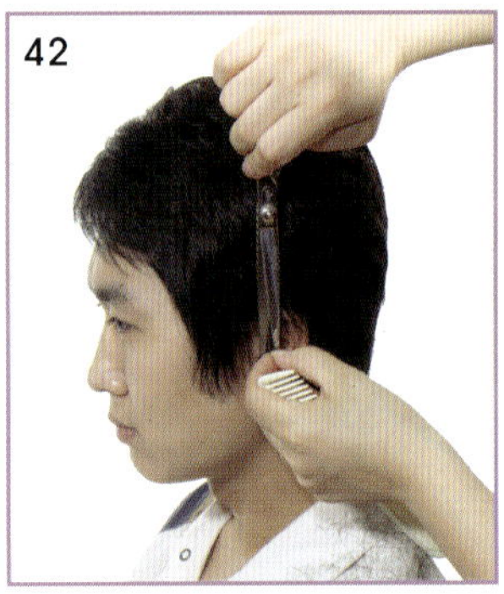

42. 옆선을 만들고 난 후 무거운 부분은 위에서 아래로 질감처리하여 가볍게 만든다.

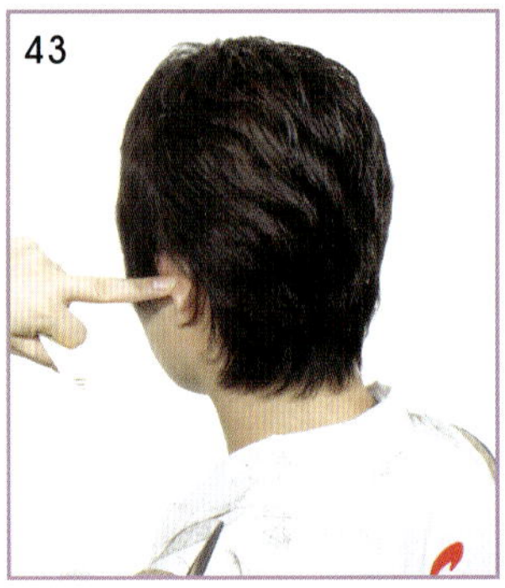

43. 뒷선을 만들기 위해서 귀를 보호한다.

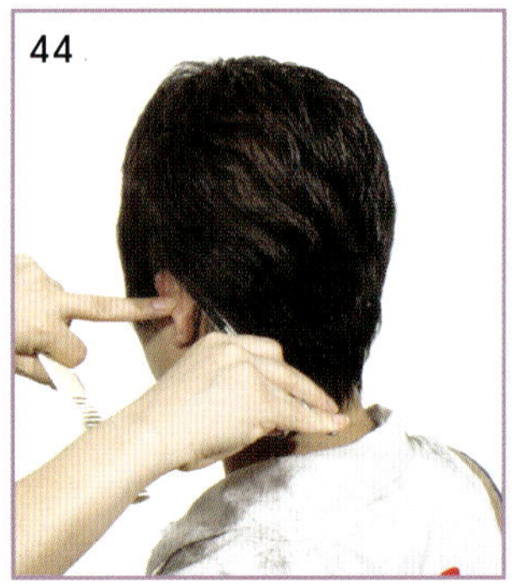

44. 뒷선을 만들기위해 가위를 모발안에 넣는다.

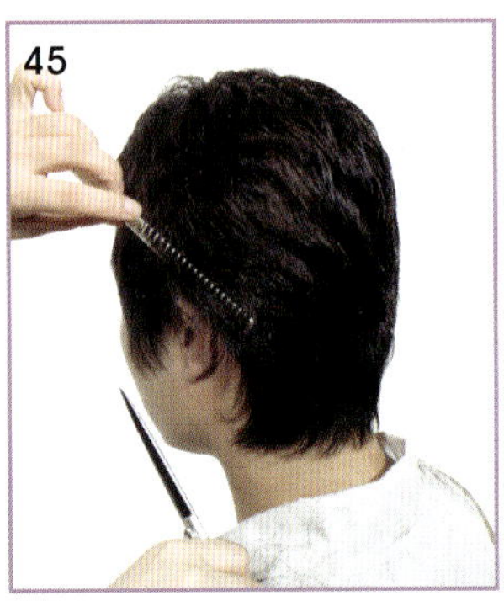

45. 빗으로 시술각을 조절하여 뒷선 만들기를 한다.

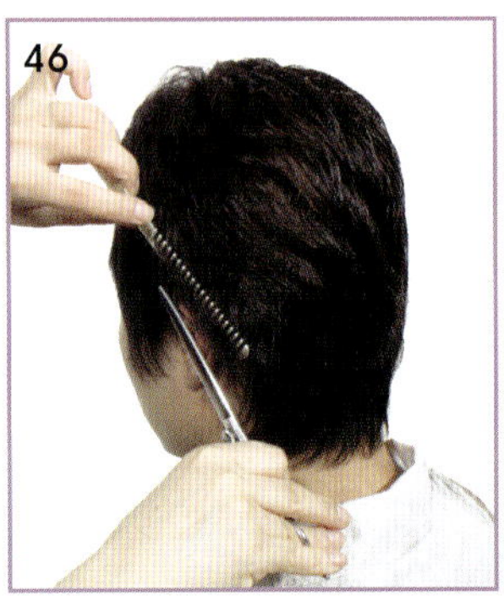

46. 4cm씩 이동하여 뒷선을 만든다.

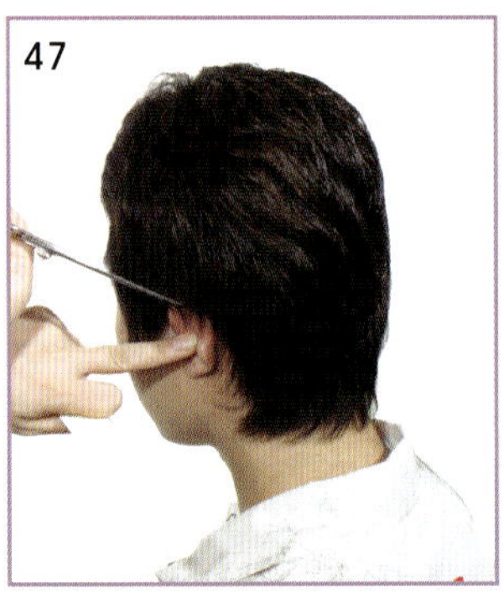

47. 빗등 만큼 잘리지 않은 모발은 귀를 보호하면서 잘라낸다.

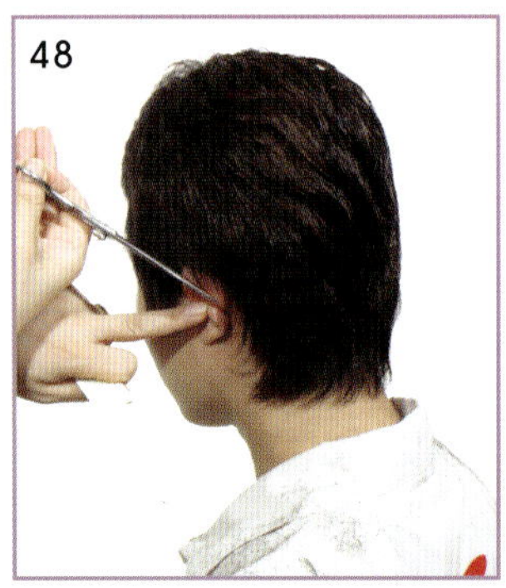

48. 모발을 잘라내어 선을 분명히 만든다.

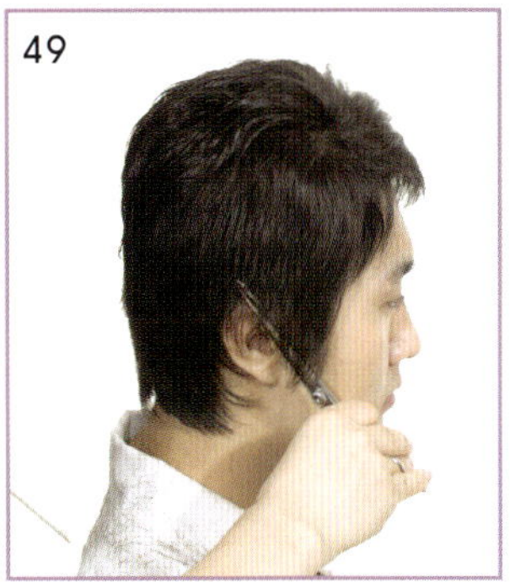

49. 다른쪽 옆선 만들기위해 가위로 판넬을 잡는다.

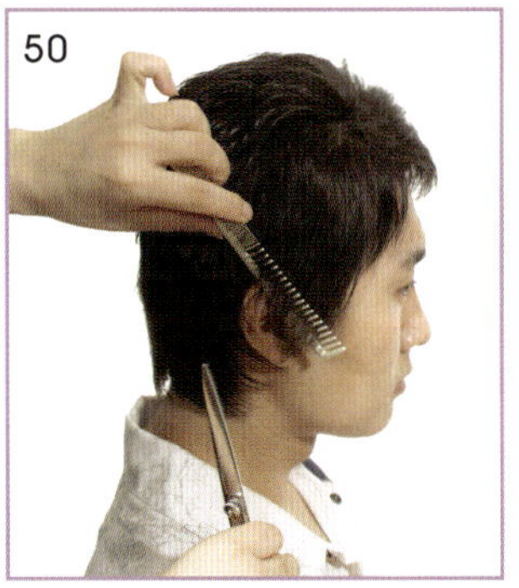

50. 가위를 빼고 빗을 넣어 시술각을 조절한다.

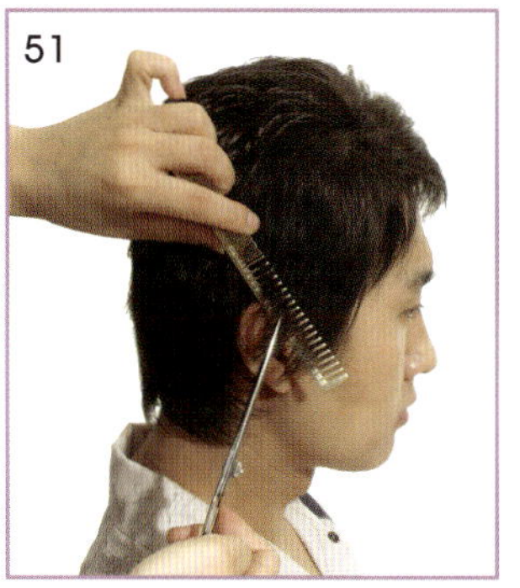

51. 가이드에 맞추어 모발을 잘라낸다.

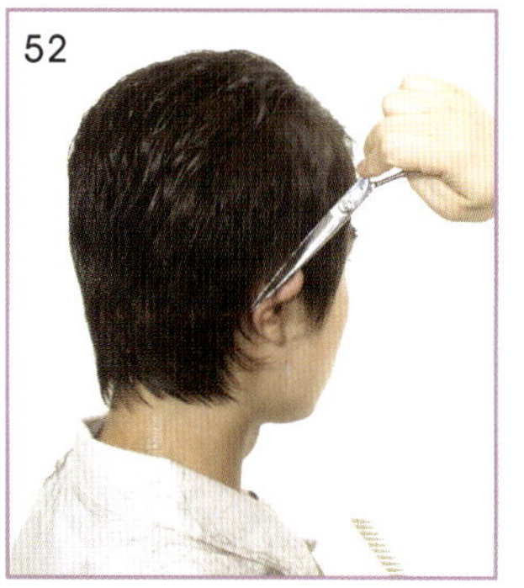

52. 뒷선을 만들기위해 모발안에 가위를 넣는다.

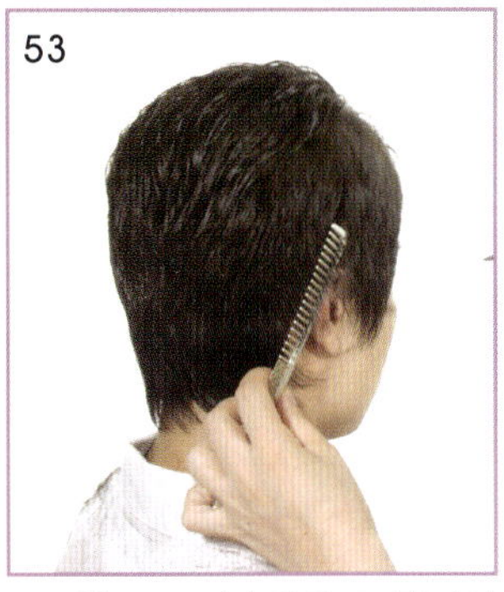

53. 빗으로 시술각을 조절하여 선 만들기를 한다.

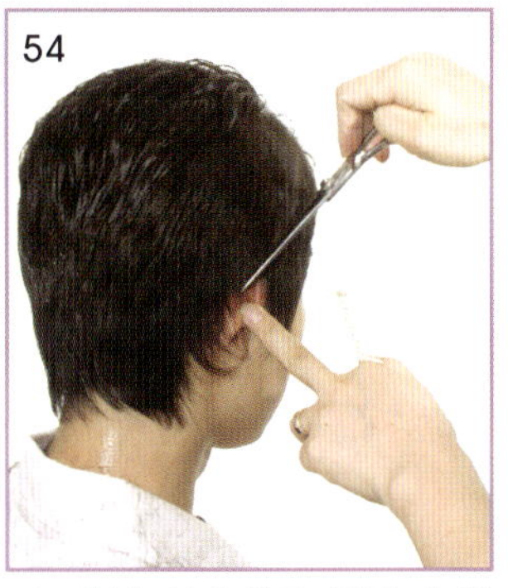

54. 귀를 보호하고 잘리지 않은 모발을 잘라낸다.

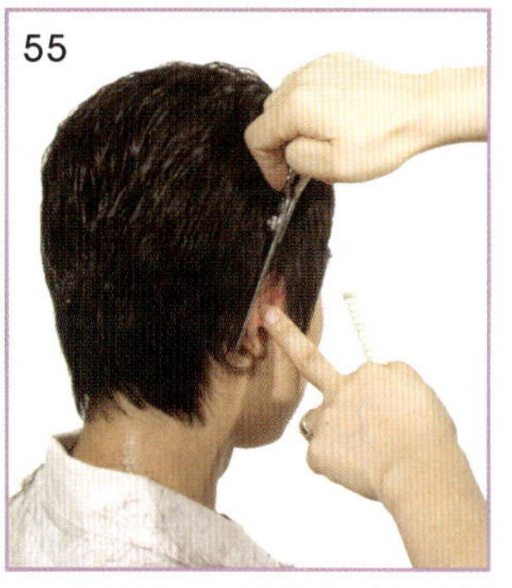

55. 곡면을 연결하여 선 만들기를 한다.

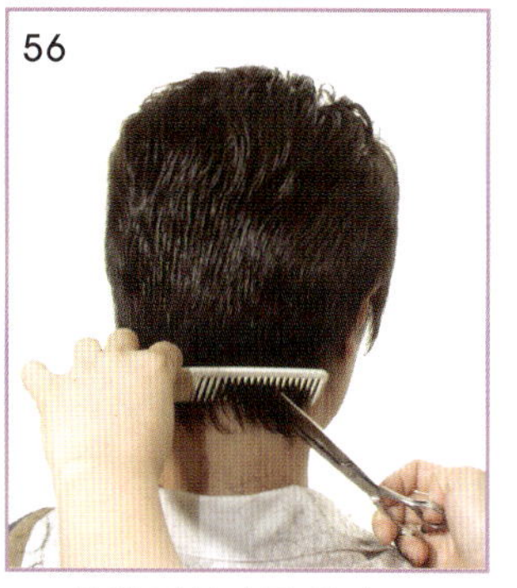

56. 뒷선 만들기를 한다.

57. 가볍게 하기위해 빗을대고 틴닝을 사선으로 넣고 선 만들기를 한다.

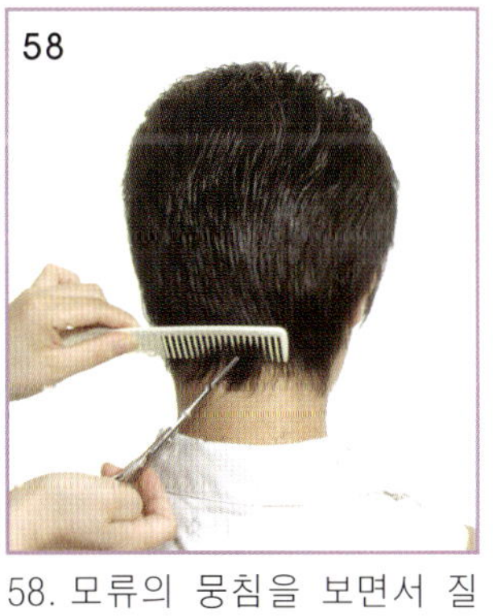

58. 모류의 뭉침을 보면서 질감처리를 한다.

59. 모류가 강한 부분은 보정해 가면서 선 만들기를 한다.

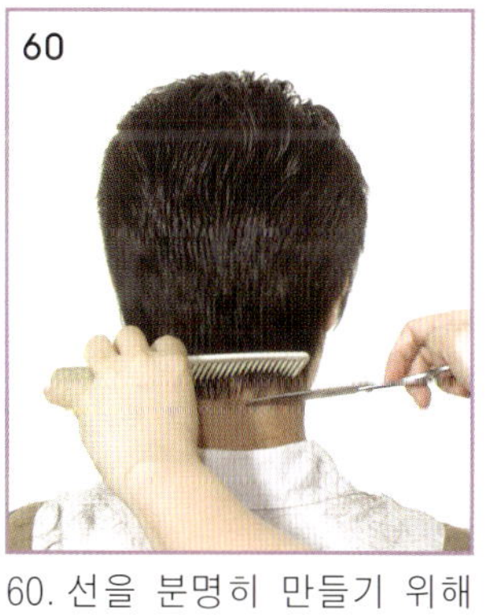

60. 선을 분명히 만들기 위해 필요없는 모발은 잘라낸다.

9장 … 상 고

학습목표

1. 남성커트에 필요한 빗의 사용법을 알아본다.
2. 시술각에 따른 상고스타일을 알고 커트할 수 있게 한다.

1. 빗의 자세와 시술방법

모발이 길면 손가락이 자가 되지만 길이가 짧았을 경우에 빗을 자로 이용하여 남성커트을 시술하여야 한다.

기본형

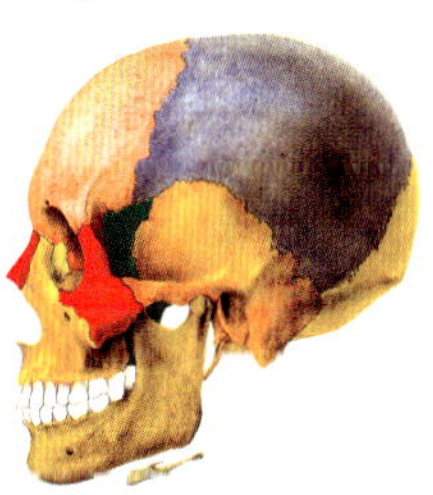

두상연장 스퀘어
(틴닝사용의 경우 무난한 모발)

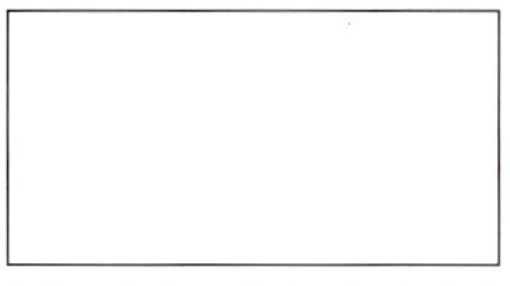

두상을 자연스럽게 연장하며 제일 많이 활용한다. 선을 만들때 이용하기도 힌다.

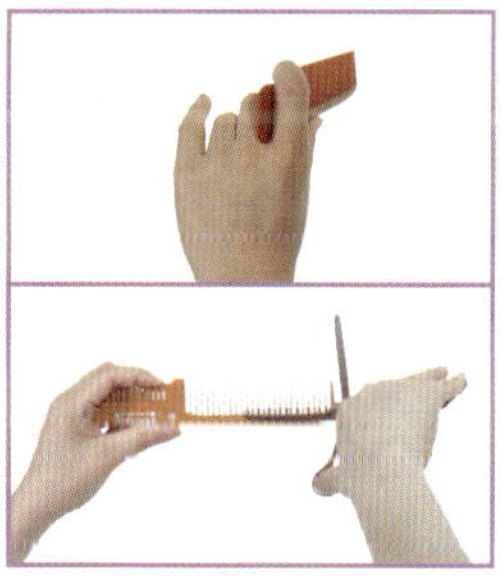

두상이 튀어나왔을때

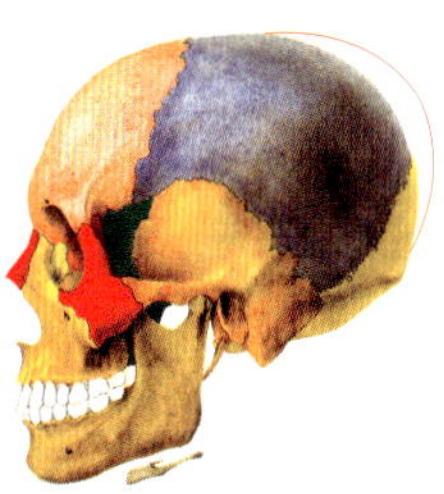

인크리스 레이어(틴닝사용의 경우 모량이 많을때)

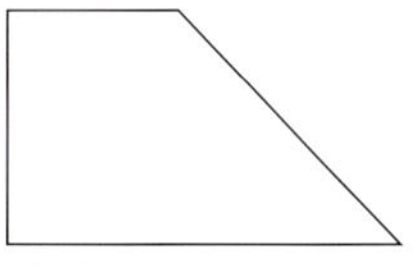

윗머리가 짧고 아래가 긴 모발의 형태에 이용하고, 자연스런 층을 원할때 튀어나온 골격을 깍아낼때 사용한다.

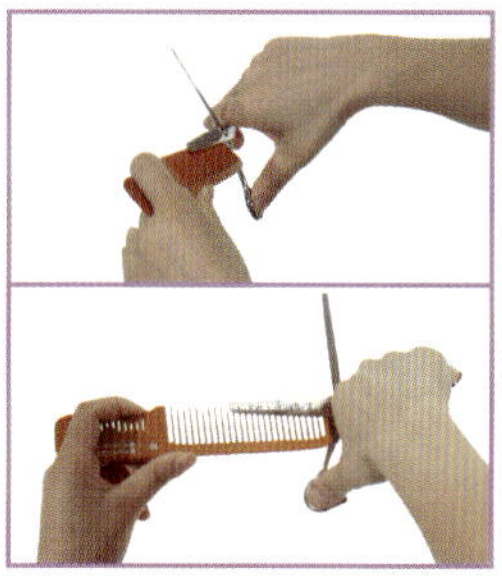

함몰되었을때

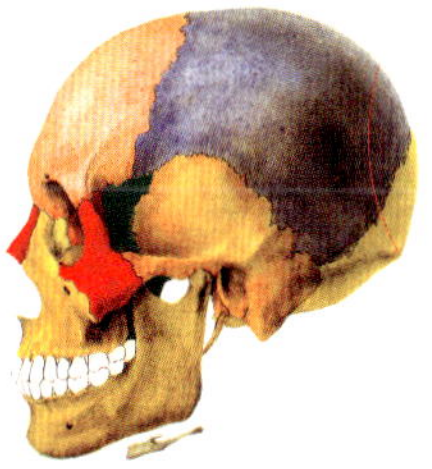

그래쥬에이션(틴닝사용의 경우 모량이 적을때)

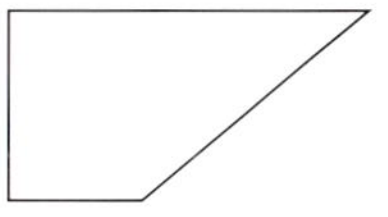

윗머리가 길고 아랫머리가 짧게 컷을 한 형태이다. 볼륨을 주고자 할때 함몰되어 있는 골격을 보정할 때사용된다.

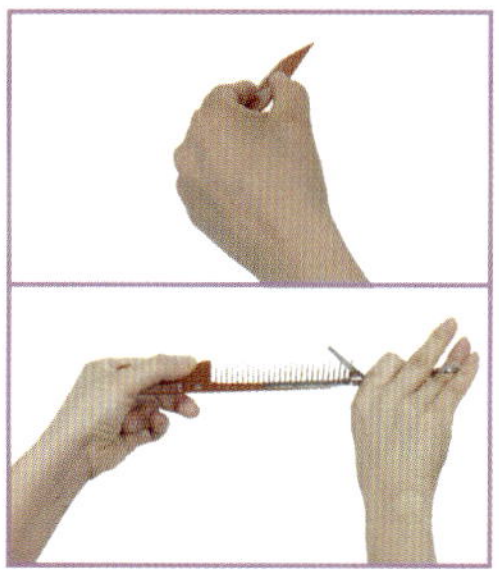

2. 시술각에 따른 상고 스타일 선 만들기

1) 높은 상고

검정선 U라인이 G.B.M.P에 오고 최대한 두피가 노출되어 있다. 빗을 대고 가이드를 설정할 때는 일반 시술각 90° 상태에서 시술하고 그 다음 판넬부터는 그래쥬에이션으로 시술한다. 높은 상고는 처음 가이드가 짧기 때문에 모량이 많은 사람들이 깔끔하게 처리되기 때문에 많이 하는 스타일이다.

선 만드는 방법은 중간 상고와 동일.

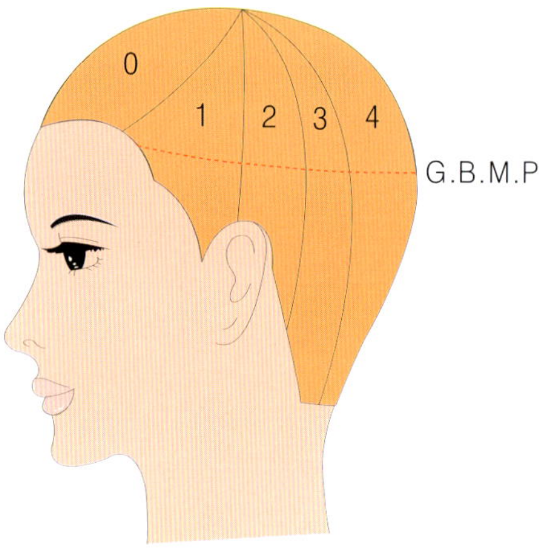

45° 보다 1cm 높게 가이드를 설정한다.

2) 중간 상고(기본상고 제일 많이 활용한다)

1번 영역에서 빗등과 눈썹산과 나란히에서 후대각 20° 기울기로 스퀘어 상태에서 클리퍼로 시술한다. 선을 만든 후 빗을 그래쥬에이션 상태로 대고 점점 짧게 하여 그라데이션 처리를 한다. 1번 영역 가이드에 맞추어 2번 영역도 동일하게 시술하고 3번, 4번 영역까지 연결하여 U라인을 자연스럽게 연결하여 만들어야 한다.

이때 주의할 점은 빗을 대고 한꺼번에 많이 시술하면 안된다.

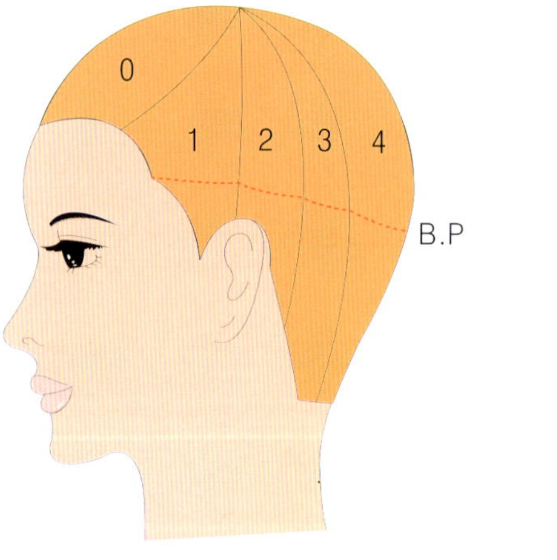

빗등과 눈썹산과 20° 후대각으로 빗을 댄다.

3) 낮은 상고

헤어라인 선만 깔끔하게 처리한다(40~50대 중년 신사들이 많이 하는 스타일).

밑부분이 무겁게 처리되면 모량제거는 틴닝으로 자연스럽게 시술한다.

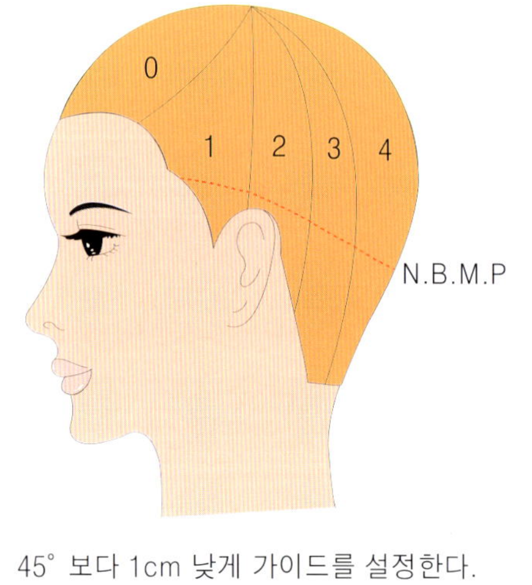

45° 보다 1cm 낮게 가이드를 설정한다.

3. 뒷머리 쳐 올리기의 3가지 변형방법

클리퍼로 쳐 올리기를 시술할때는 클리퍼를 일자로 시술하는 것보다 사선으로 놓고 커트하는 것이 빠르고 정확하다.

1) 스트레이트하게 쳐올리는 방법

앞으로 머리를 숙인 상태에서 피부색과 검정선까지 빗을 아래에서 위쪽까지 일직선으로 움직인다. 흔들리지 않도록 빗을 확실히 잡고, 쳐 올리기 전에 피부색과 검정선까지 똑바로 라인을 잡는다. 빗등 때문에 피부색의 길이가 길 경우 클리퍼로 조절한다.

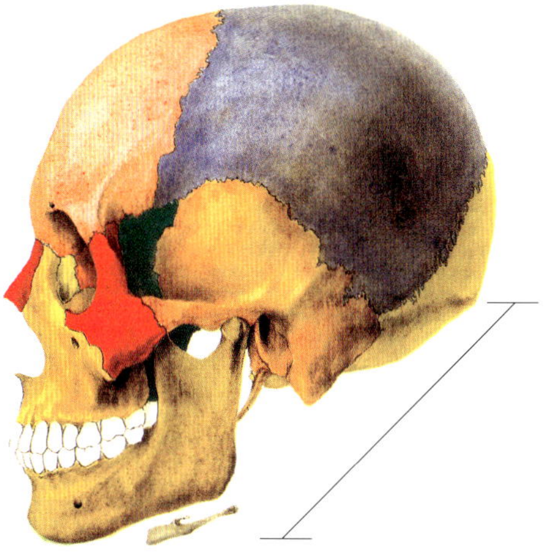

2) 도려내듯이 쳐 올린다.

단차가 적은 스타일이나 샤프한 인상을 만들 때에는 스트레이트하게 쳐올릴 때보다 고개를 앞으로 숙여서 시술을 하면 되고, 클리퍼로 시술 시에는 C커브로 한 번 줄여서 커트하면 된다.

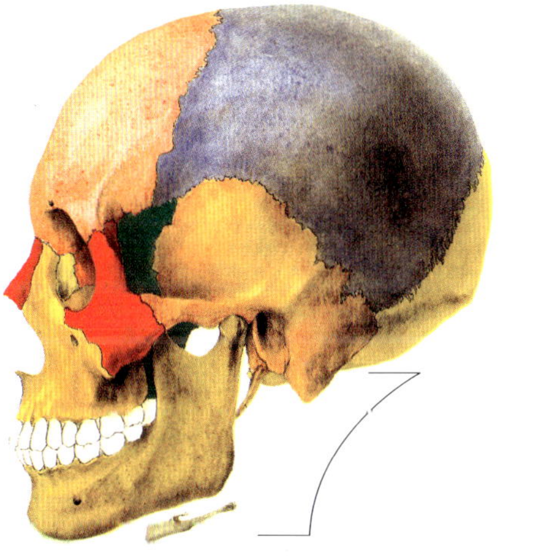

3) 긴듯하게 쳐올린다.

무게의 위치가 낮은 스타일이나 라인이 둥근스타일에 어울린다. 이미지 라인을 따라 빗등을 대주고 서서히 각도를 바꾸어 가면서 쳐올리면 된다.

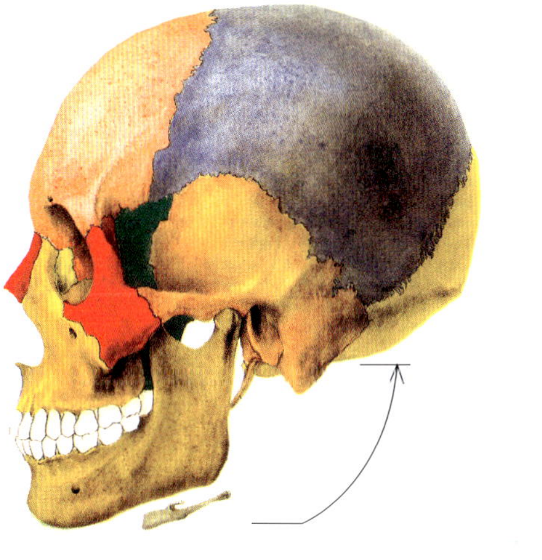

4. 상고(마네킹)

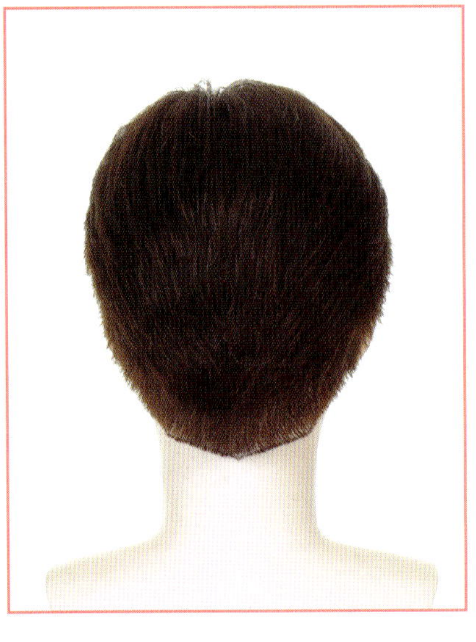

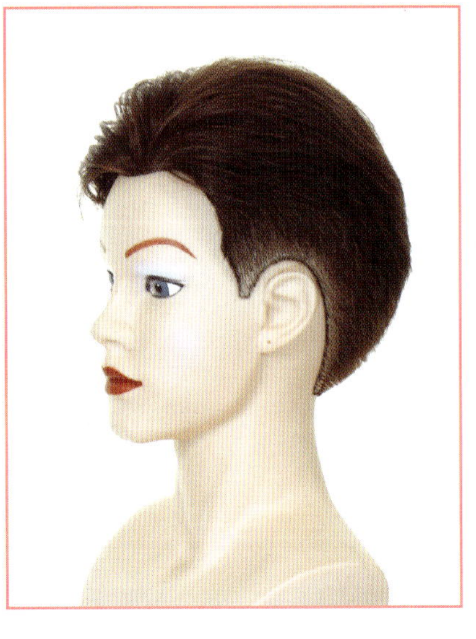

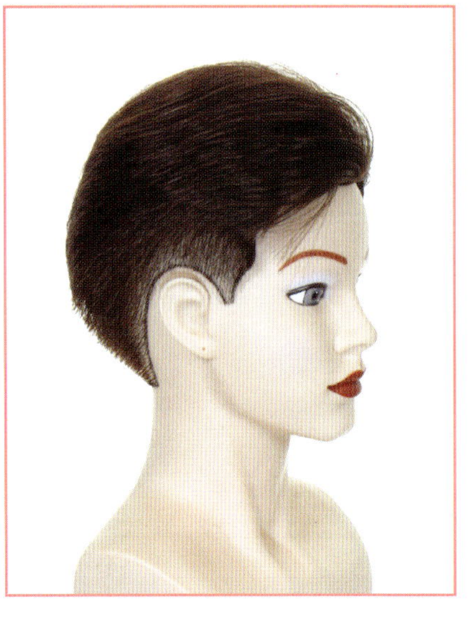

1) 특 징

남성 커트는 삼색의 조화를 잘 이루어야 남성적인 이미지를 연출할 수 있다. 여기서 말한 **삼색이란**

① 검정색(본래의 머리색깔)
② 그라데이션되어 연결된 색깔
③ 흰색(피부색)

질감처리를 먼저하는 이유

① 모류가 두꺼운 지루성 모발일때가 많다.
② 질감처리 후에는 디자이너가 작업하기 용이하다.
③ 남성 커트는 0.5㎝만 짧아도 매우 짧다는 느낌이 든다. 마무리가 끝나고 더 짧아지지 않기 위해 질감처리를 먼저한다.

2) 도해도

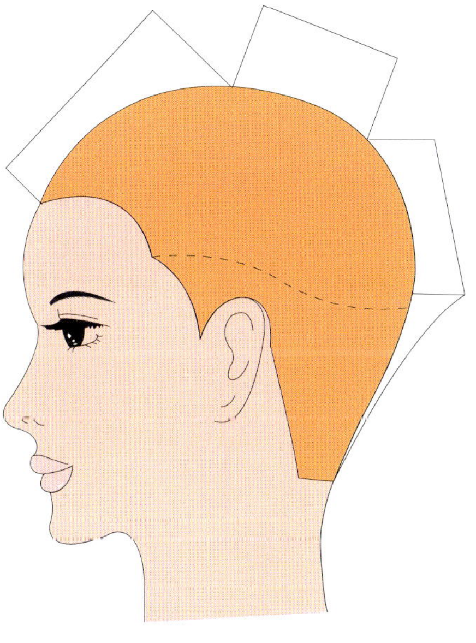

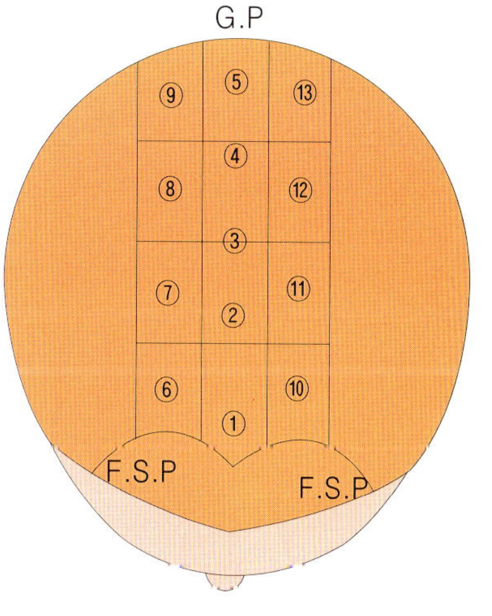

U라인 영역은 가로로 시술하는 경우

3) 시술방법

① 질감처리를 먼저 전체적으로 시술한다.
② U라인 영역을 유니폼레이어로 시술한다.
③ B.P~G.P 수직 섹션으로 온더 베이스하여 일반 시술각 90˚로 시술한다.
④ F.S.P~B.P~F.S.P선까지 빗을 이용하여 검정선을 만든다.
⑤ F.S.P~B.P~F.S.P선까지 그라데이션 처리를 한다.
⑥ F.S.P~B.P~F.S.P선까지 피부색을 만든다.

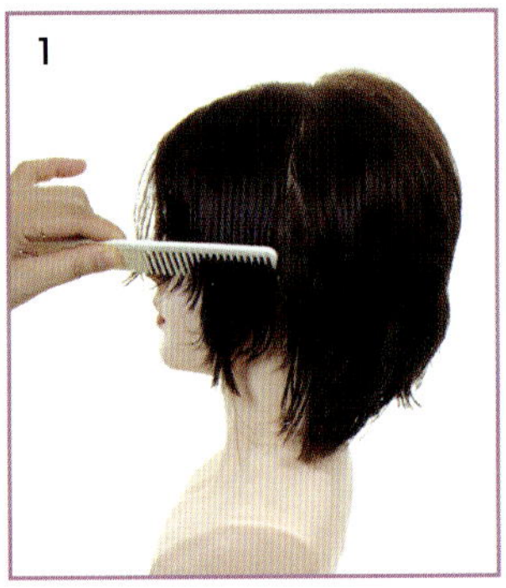

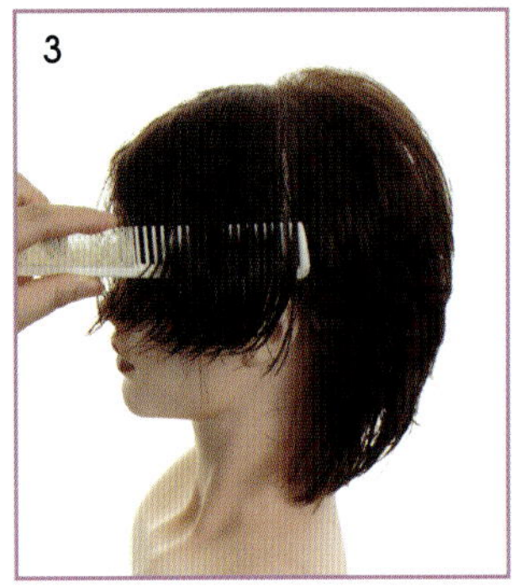

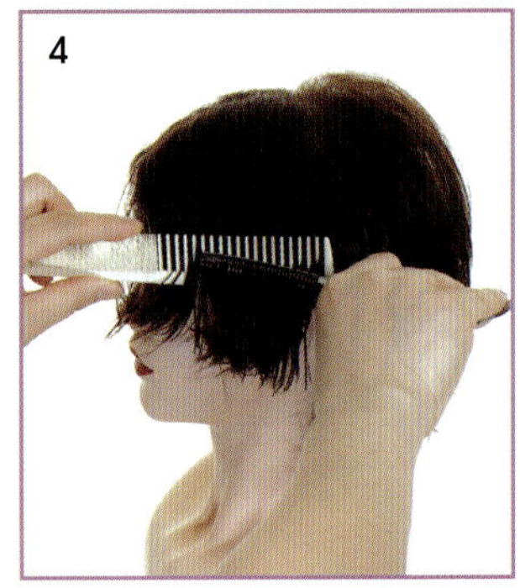

1~5. ①번 영역만 빗질을 하고 모발을 자연 시술각 90° 로 끌어내어 틴닝가위로 1cm씩 간격을 두고 3번 시술한다.

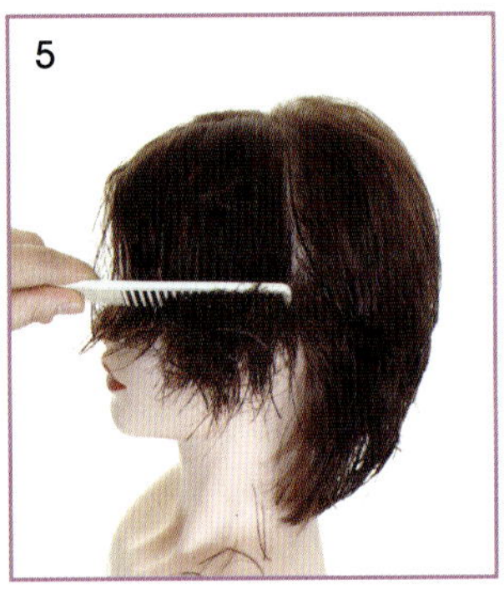

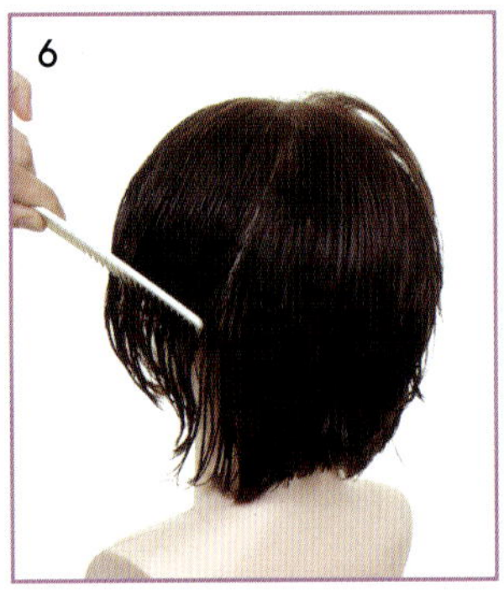

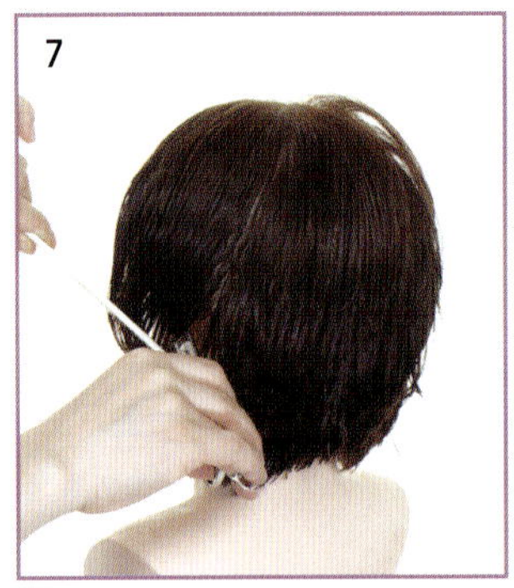

6~10. ②번 영역을 빗질하여 2번 판넬만 떠서 질감처리 한다. 이때 모발의 판넬은 자연 시술각 90° 로 끌어낸다.

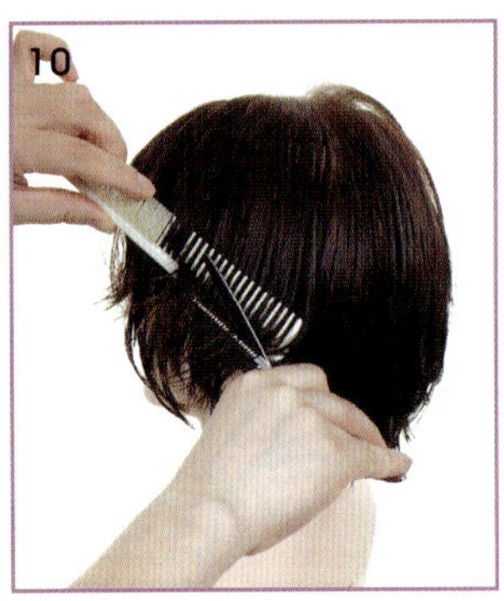

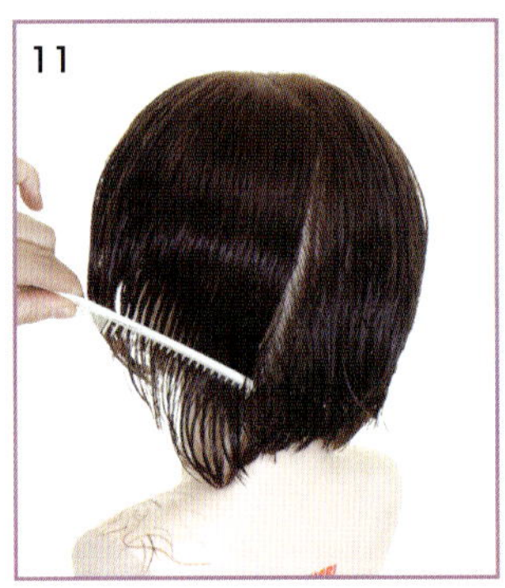

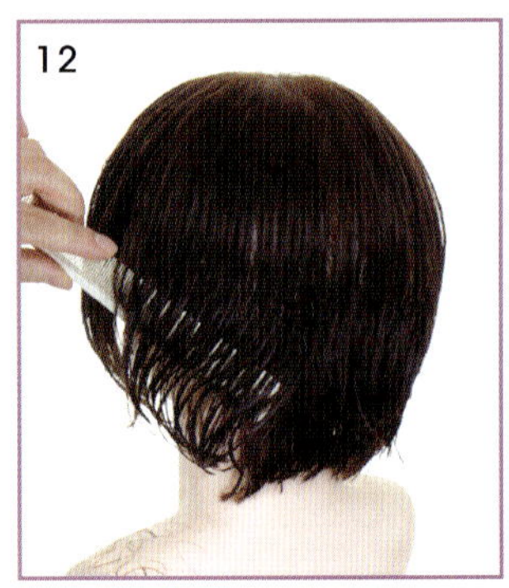

11~12. ③번 영역을 빗질하여 자연 시술각 90° 로 틴닝처리한다. 리듬을 타면서 빗과 가위로 판넬을 이동시킨다.

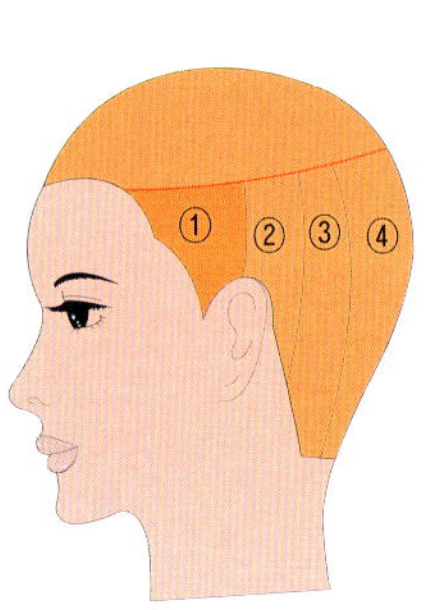

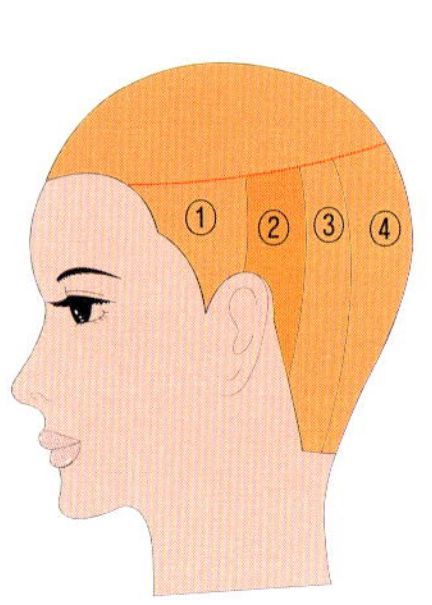

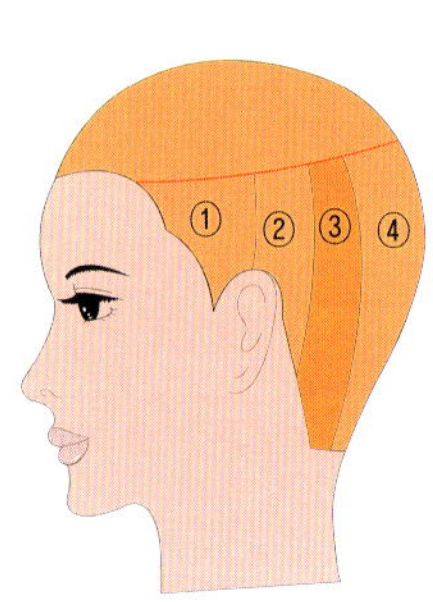

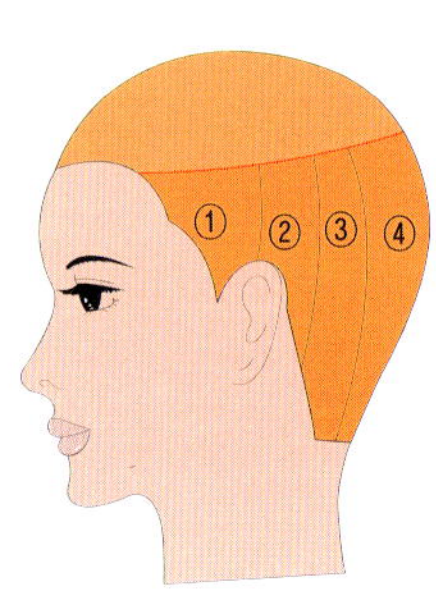

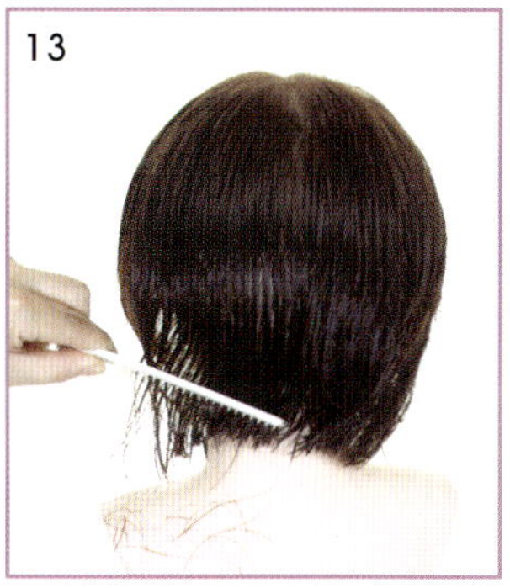

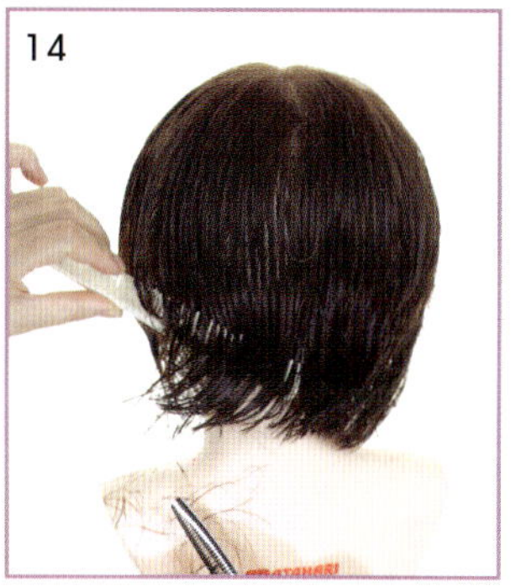

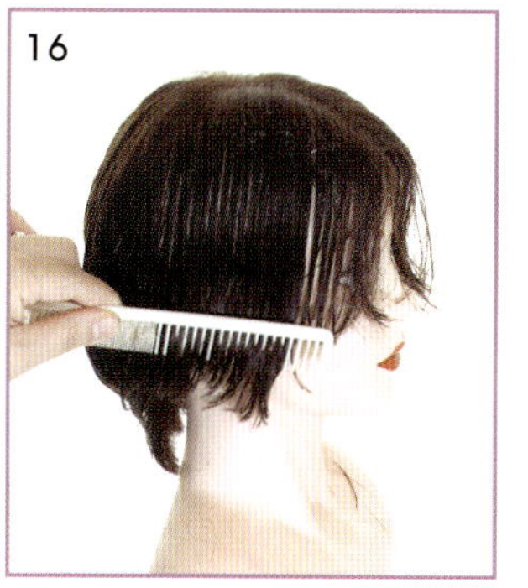

13~15. ④번영역을 빗질하여 자연 시술각 90°로 틴닝처리한다. 이때 C.L을 잘 잡아서 좌우의 밸런스를 맞춘다.

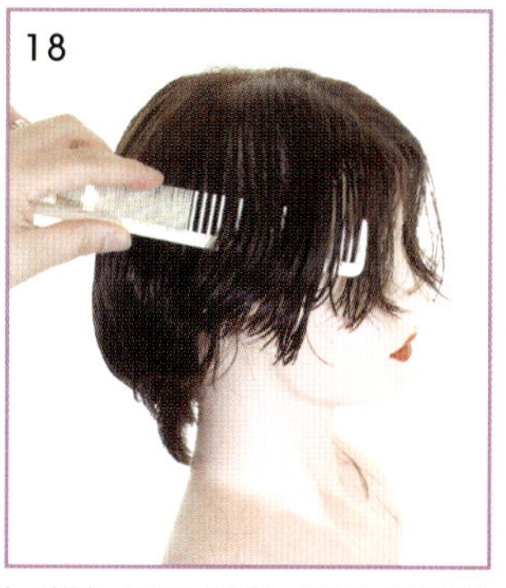

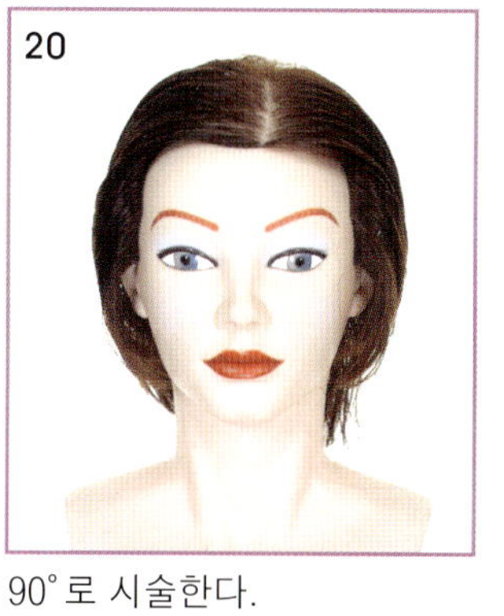

16~20. 반대쪽도 ①번 영역, ②번 영역, ③번 영역, ④번 영역을 차례로 이동해 가면서 자연 시술각 90°로 시술한다.

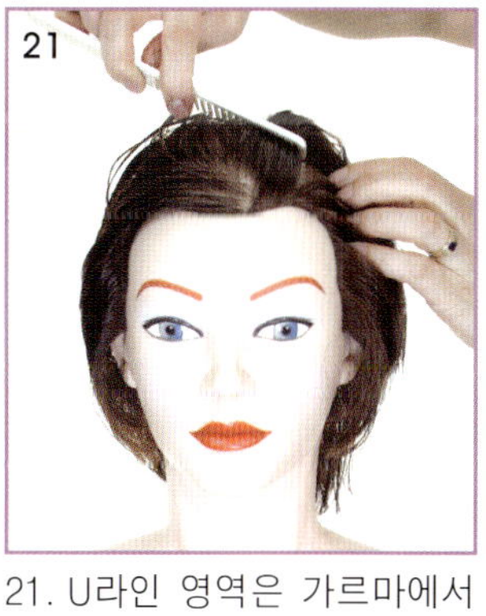

21. U라인 영역은 가르마에서 2cm를 이동하여 한 판넬을 뜬다.

22. 길이를 10cm를 결정하면 그 길이에 반(5cm)부터 틴닝을 넣을 계산을 한다.

23~25. 5cm부터 1cm 간격을 3번에 나누어서 틴닝을 시술한다.

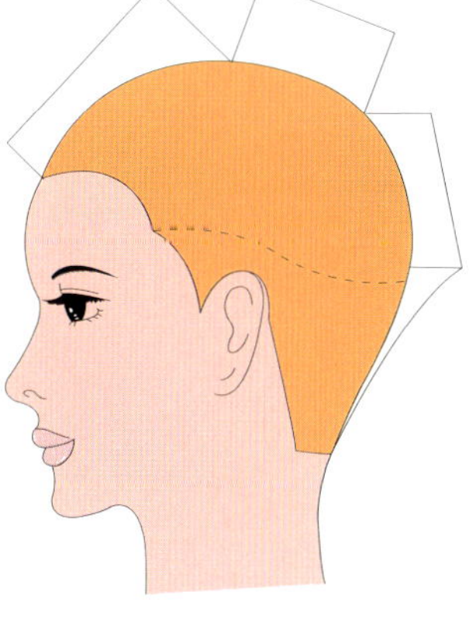

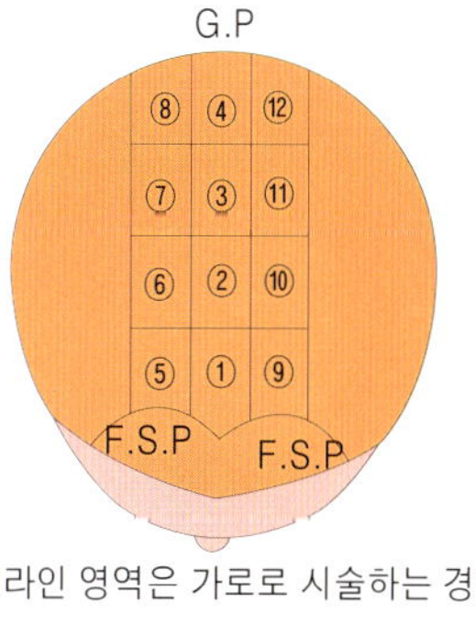

U라인 영역은 가로로 시술하는 경우

특 징

남성 커트는 삼색의 조화를 잘 이루어야 남성적인 이미지를 연출할 수 있다. 여기서 말한 삼색이란

① 검정색(본래의 머리색깔)
② 그라데이션되어 연결된 색깔
③ 흰색(피부색)

질감처리를 먼저하는 이유

① 모류가 두꺼운 지루성 모발일때가 많다.
② 질감처리 후에는 디자이너가 작업하기 용이하다.
③ 남성 커트는 0.5cm만 짧아도 매우 짧다는 느낌이 든다. 바리가 끝나고 더 짧아지지 않기 위해 질감처리를 먼저한다.

26~28. U라인을 유니폼레이어로 시술한다.

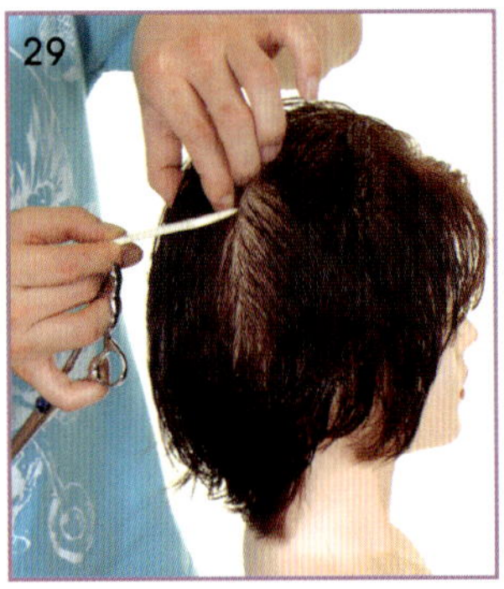

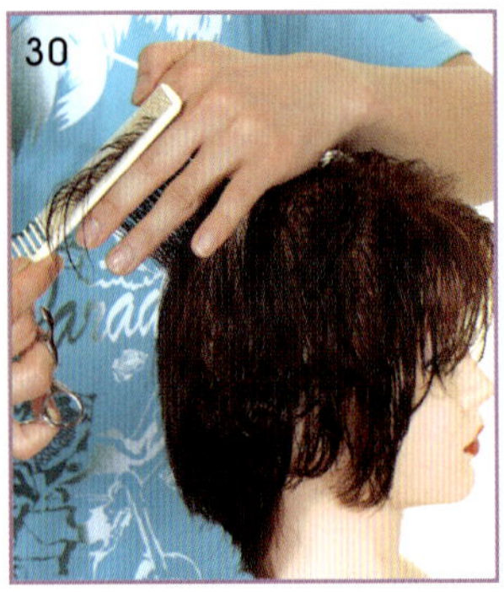

29~30. B.P~G.P 수직섹션에 온더베이스로 일반 시술각 90° 로 시술한다. E.P쪽에서 두상이 기우는 쪽은 사선으로 파팅을 뜬다.

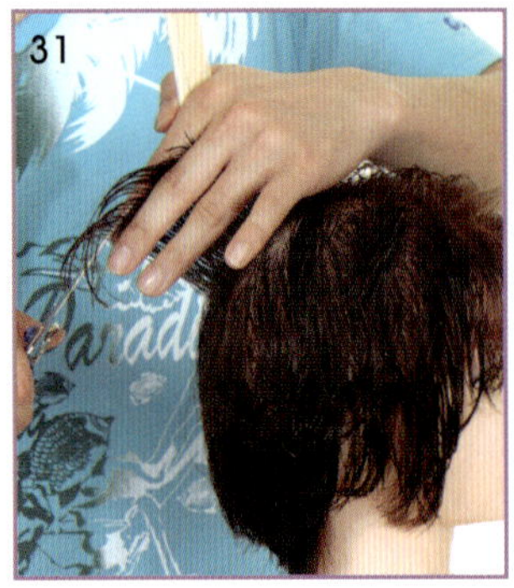

31~34. B.P~G.P 사선과 세로섹션으로 일반 시술각 90° 로 시술한다. 두상이 함몰된 부분은 사선베이스를 뜬다.

35. 빗등과 눈썹선과 나란히하여 선을 만들 준비를 한다.

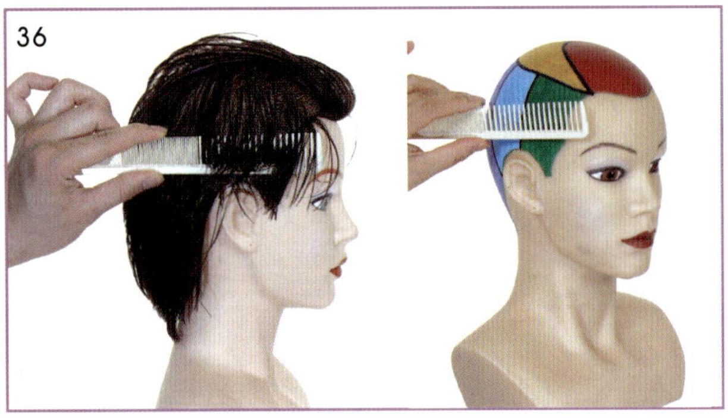

36~40. ①번 영역을 후대각 20° 기울기로 빗을 일반 시술각 90° 로 하여 클리퍼로 모발을 잘라내어 검정선을 만든다.

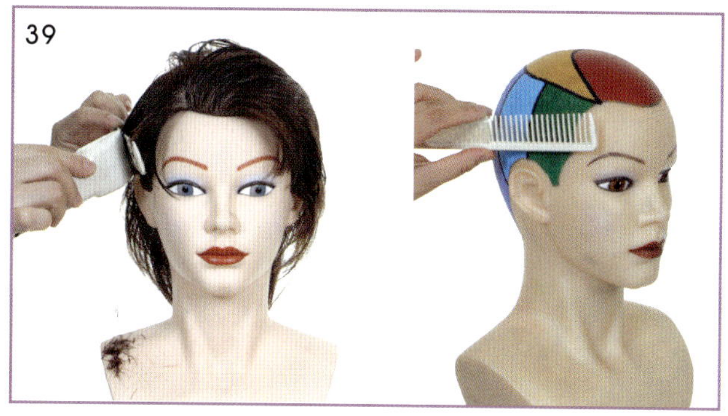

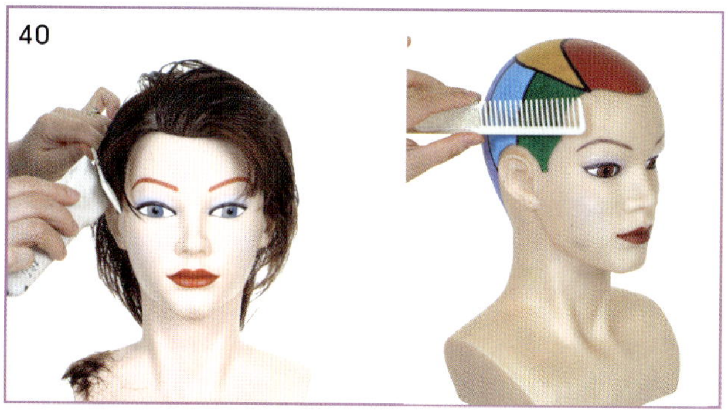

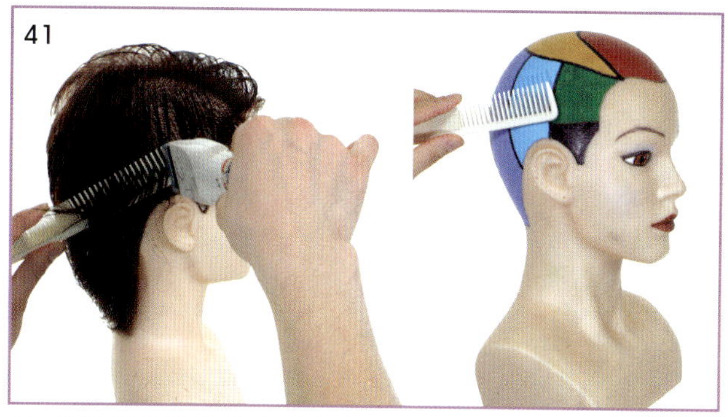

41. ②번 영역에서 일반 시술각 90°로 빗을 대어 선을 만든후 빗을 그래쥬에이션으로 빗을 대어 점점 짧게 시술한다.

42. 머리카락 나기 시작점은 빗으로 시술각을 시술시 빗등길이 만큼은 길어지기 때문에 빗끝을 두피에 대고 클리퍼를 45°로 기울려서 시술한다.

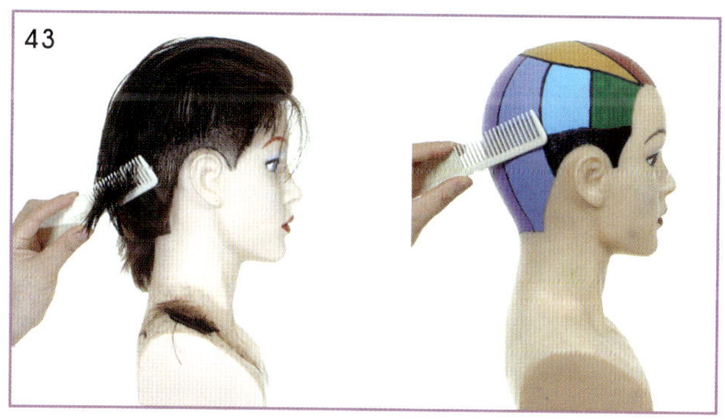

43~44. ②번 영역에서 가이드를 찾아 ③번 영역에서 일반 시술각 90°로 선을 만들고 그래쥬에이션으로 빗을 대어 점점 짧게 시술한다. 선을 만드는 곳부터 시작하여 빗이 점점 그래쥬에이션 형태로 5번 정도 반복하면 모발이 나기 시작점까지 시술하게 된다.

주의사항

선을 만들 때는 빗을 4cm을 이동해 가면서 선을 만들고 더 이상의 모발은 자르지 않는다.

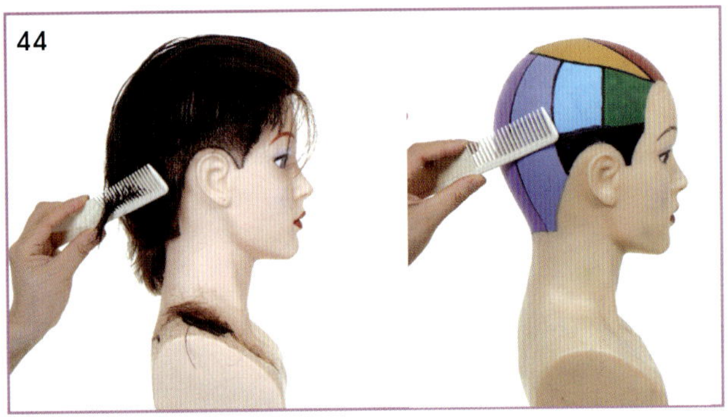

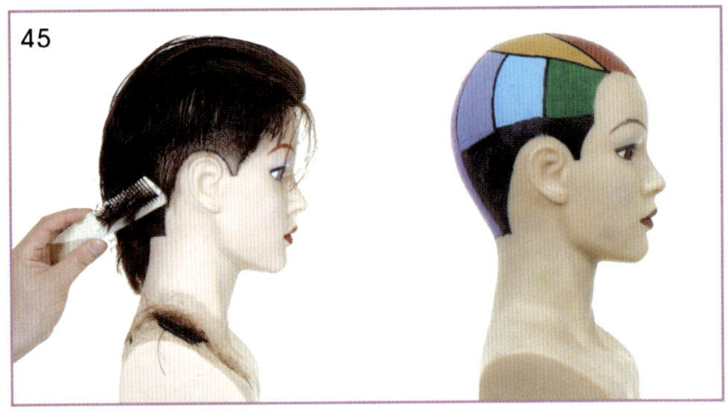

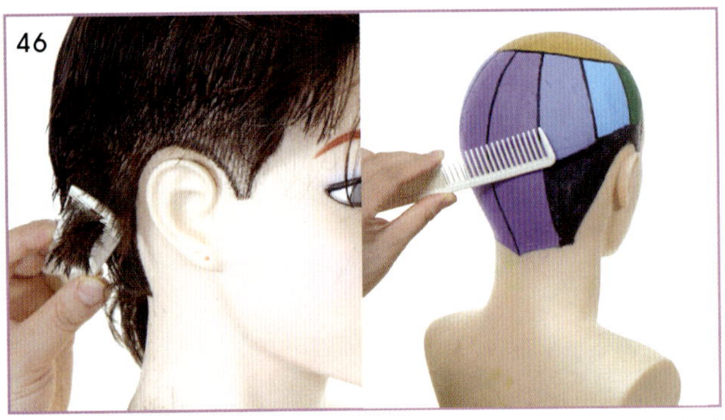

46. 그래쥬에이션 상태로 빗을 댈 때 모발이 나기 시작점에서 빗을 대어 주어야 한다.

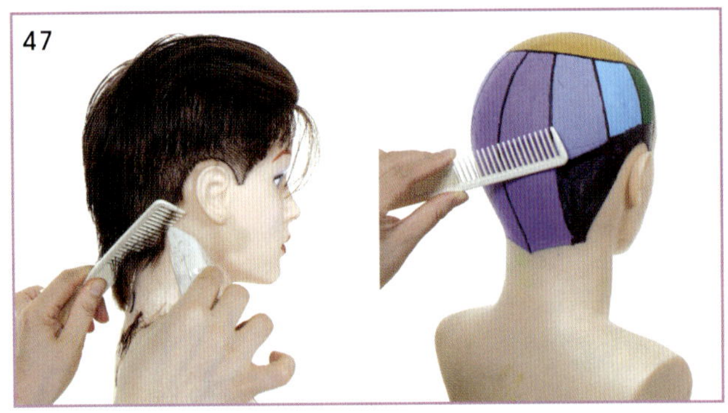

47. 모발이 나기 시작점은 빗등만큼 잘리지 않으므로 두피면에는 빗살끝을 두피면에 대어 시술각을 조절한다.

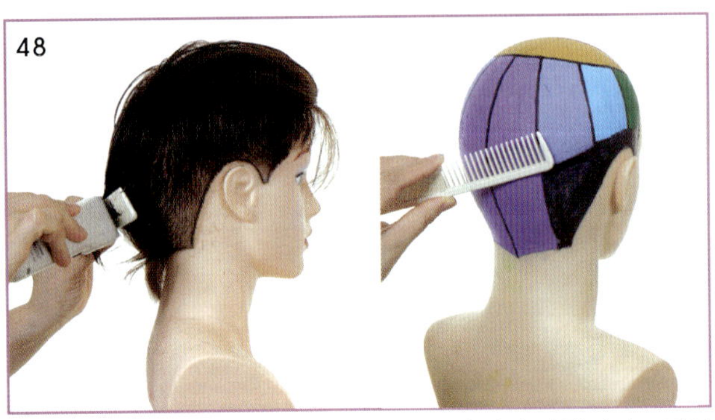

48. ③번 영역에서 나온 가이드를 번 영역에서 연결하여 U라인을 만든다.

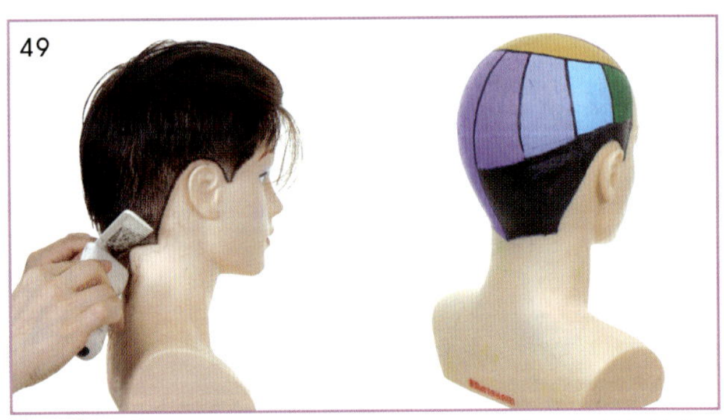

49. 선이 만들어지면 점점 짧아지게 빗을 그래쥬에이션 상태로 연결하여 그라데이션 상태를 만든다. 반대편도 동일한 방법으로 시술한다.

50

50. ②번 영역에서 가이드를 선택하여 일반 시술각 90°로 ③번 영역에 선을 만든다.

51

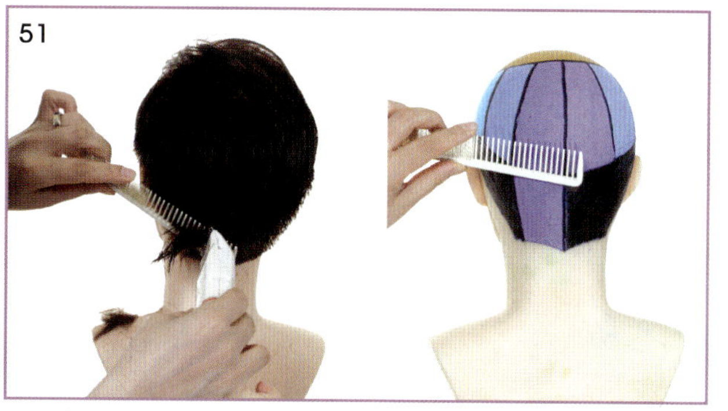

51. 점점 짧게 빗을 그래쥬에이션으로 옮겨가면서 시술한다.

52

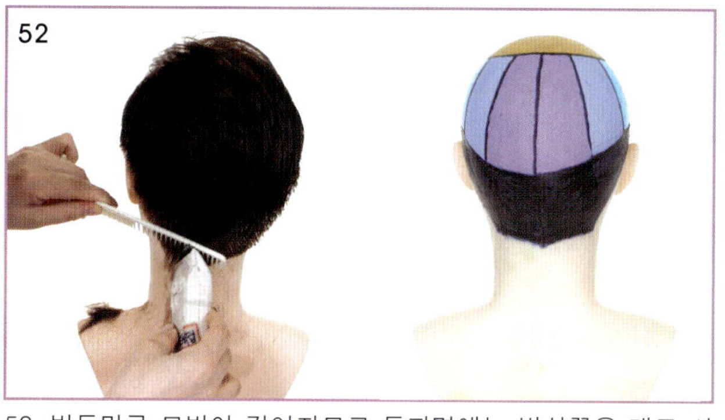

52. 빗등만큼 모발이 길어지므로 두피면에는 빗살끝을 대고 시술각을 조절한다.

53

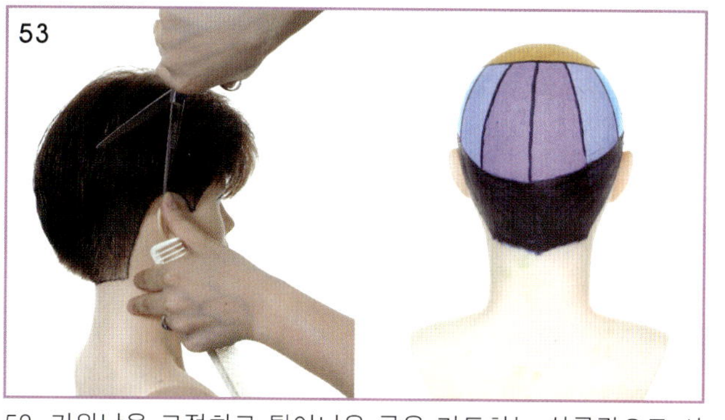

53. 가위날을 고정하고 튀어나온 곳은 커트하는 싱글링으로 시술한다.

5. 상고(모델)

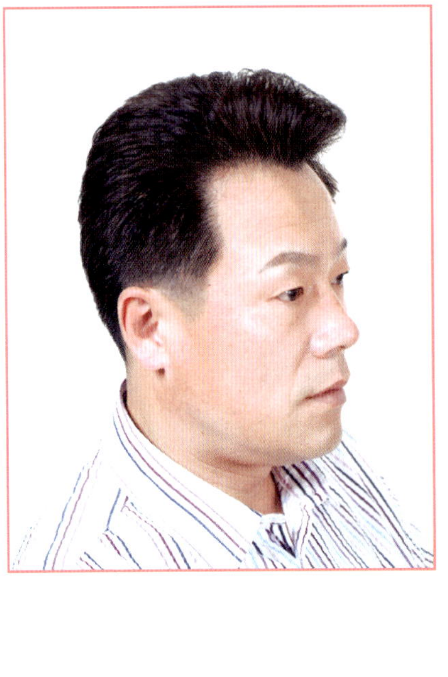

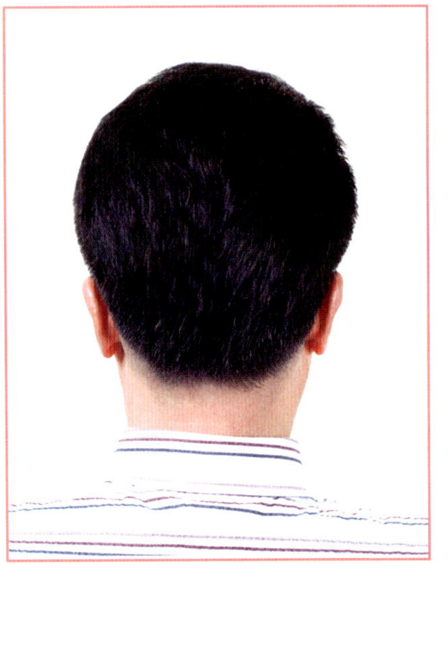

1) 특 징

짧은 모발은 모발의 힘이 다른 길이를 섞어 놓아야만 드라이한 것처럼 외형의 형태가 뭉치지 않고, 자연스러운 커트선을 연출 할 수 있다. 곡면의 영역을 나누어 질감처리 한 후, 모발의 검정색, 머리카락이 전혀보이지 않은 피부색, 피부색과 검정색을 자연스럽게 연결되는 그라데이션된 색깔의 삼색조화를 이루어야만 상고스타일을 잘 연출 했다고 할 수 있다.

2) 시술순서

① 두상영역을 세로존으로 나누어서 틴닝으로 질감 처리한다.
U라인 아래의 영역은 일반시술각 90°로 U라인 영역은 일반시술각 90°로 질감처리를 먼저 시술한다.

② 두부 C.L부터 시작하여 가이드를 설정한 후 일반시술각 90°로 시술한다.

③ 후중부, 측두부영역은 일반시술각 90°로 시술한다. 이때 곡면이 들어간 부분은 사선으로 판넬을 떠서 시술한다.

④ 측두부 아래와 후하부영역에는 90°로 선을 만들고(U라인) 다음은 빗을 그래쥬에이션 형태로 시술하고 맨 밑 모발(머리카락이 나기시작 점)은 클리퍼로 쳐올리기를 하여 깨끗한 피부색을 만든다.

⑤ 튀어나온 부분이나 선이 불안정한 부분은 체크하여 마무리한다.

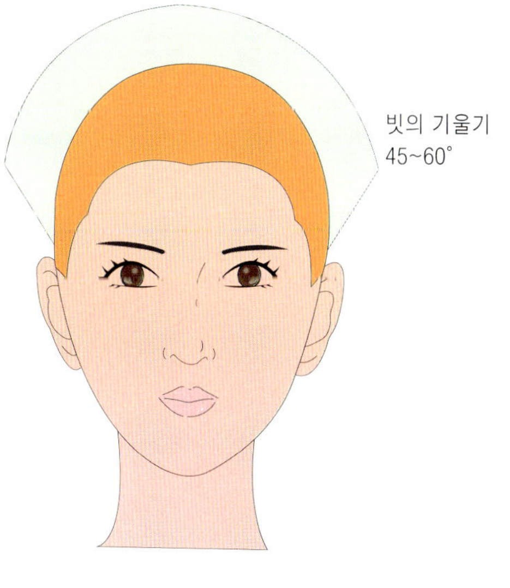

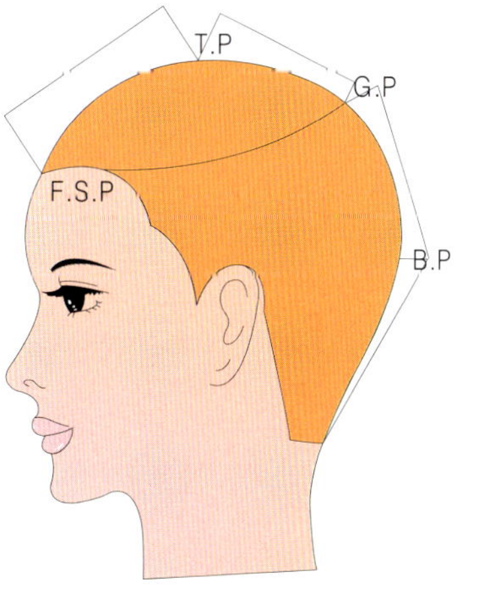

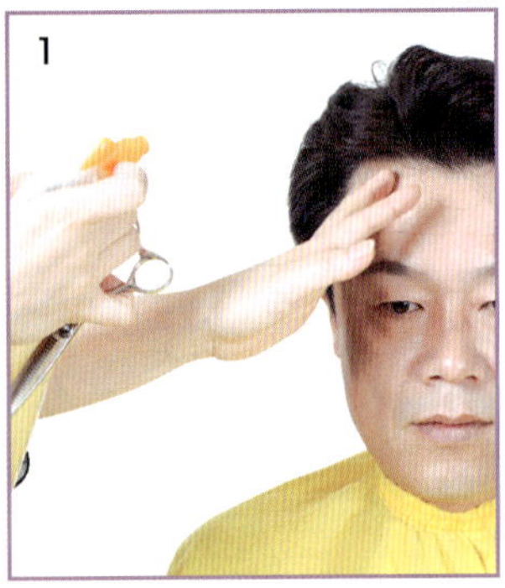

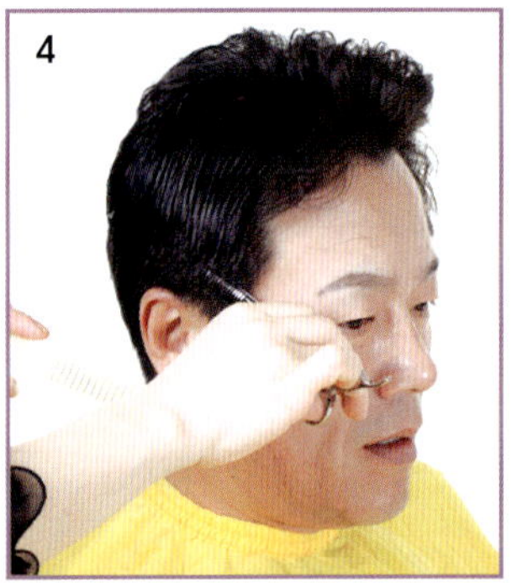

1. 물 스프레이가 얼굴에 뿌려지면 곤란하므로 손으로 얼굴을 가리고 앞에서 뒤로 물을 뿌려준다.

2. 반대쪽도 동일한 방법으로 반대쪽도 시술한다.

3~7. 세로존 ①번영역을 유니폼레이어로 빗을 대고 질감 처리한다. 밑 모발부터 윗 모발을 향해 시술한다.

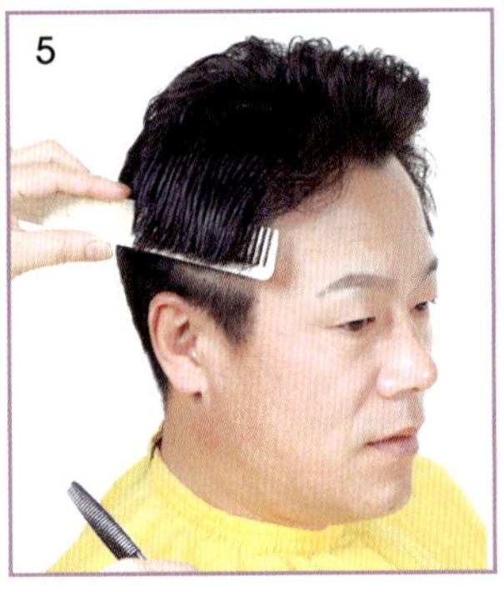

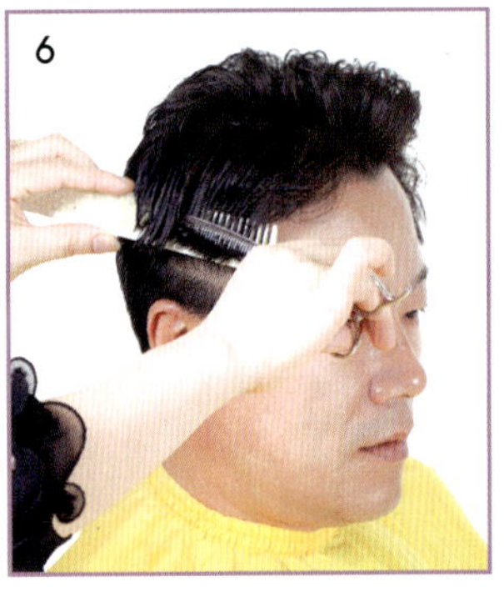

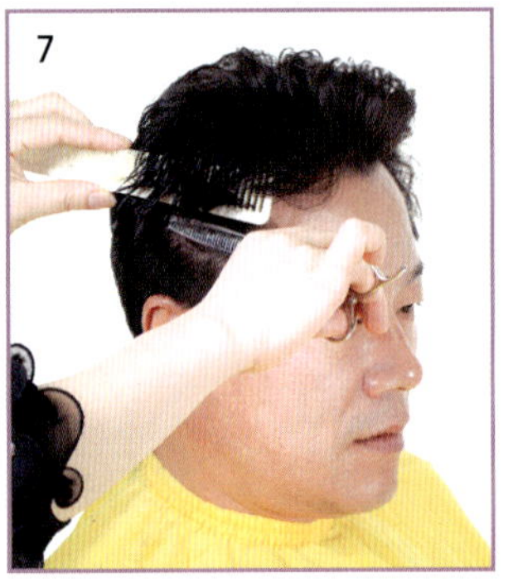

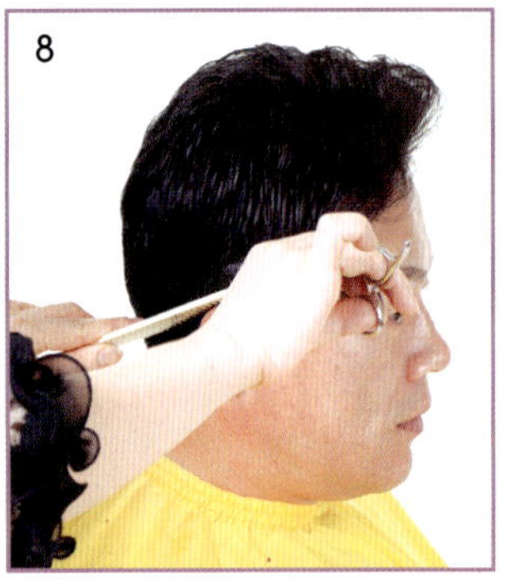

8~10. ②번 영역에 빗을 후대각으로 대고 밑 모발부터 윗 모발을 향해 시술해간다.

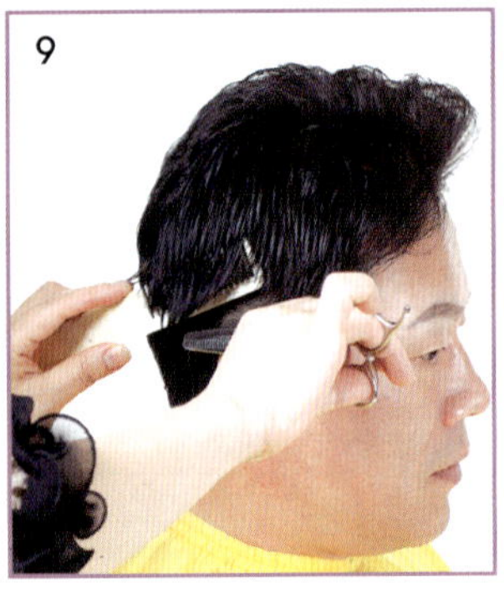

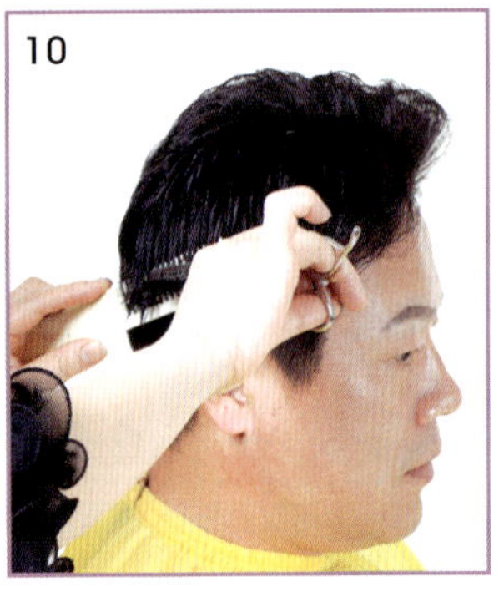

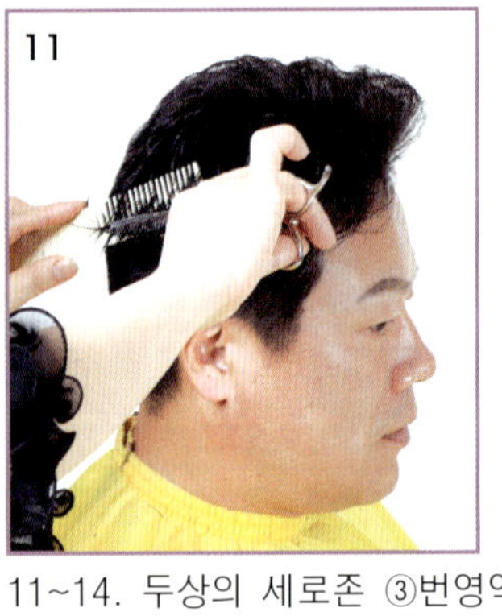

11~14. 두상의 세로존 ③번영역을 유니폼레이어로 빗을 대고 밑 모발에서 시작하여 윗 모발로 진행해가면 틴닝을 끝 부분에서 차례로 세 번에 나누어 시술해준다.

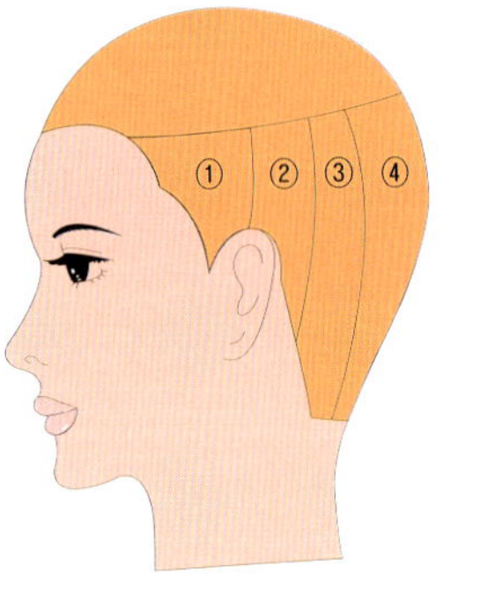

틴닝으로 질감처리할때 세로존의 영역을 지키면서 빗등에 고정날을 대고 3번씩 이동해 가면서 시술한다.

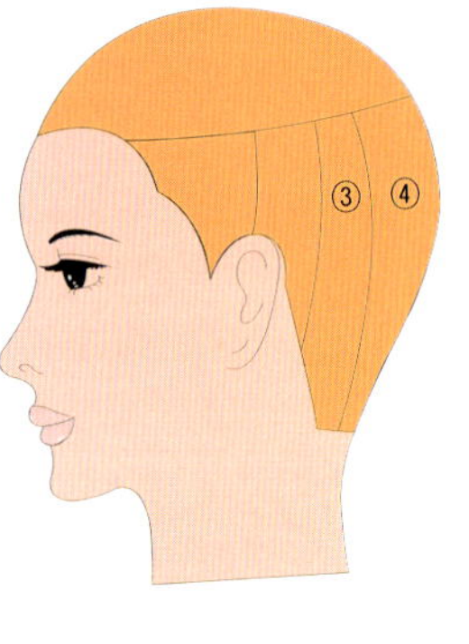

짧은 모발은 손가락으로 판넬을 뜨고 대신 가위와 빗을 이용해 판넬을 옮겨 가면서 시술한다.

13
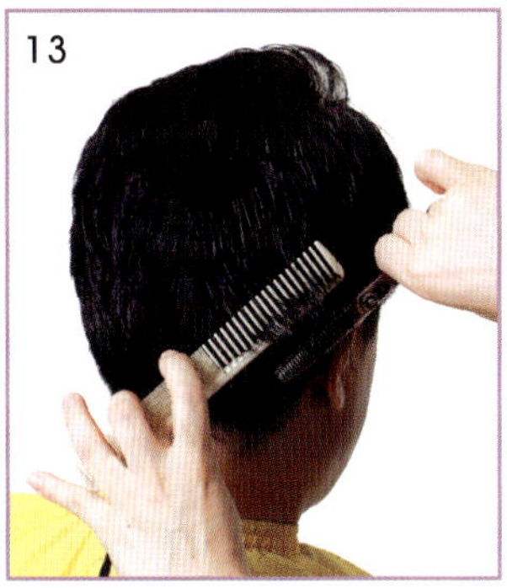
14
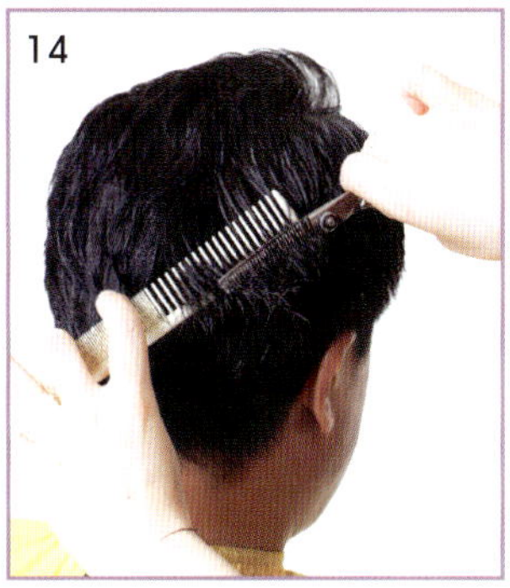
15

16

15~19. 두상의 세로존 ④번영역을 위와 동일한 방법으로 시술한다.

17

18
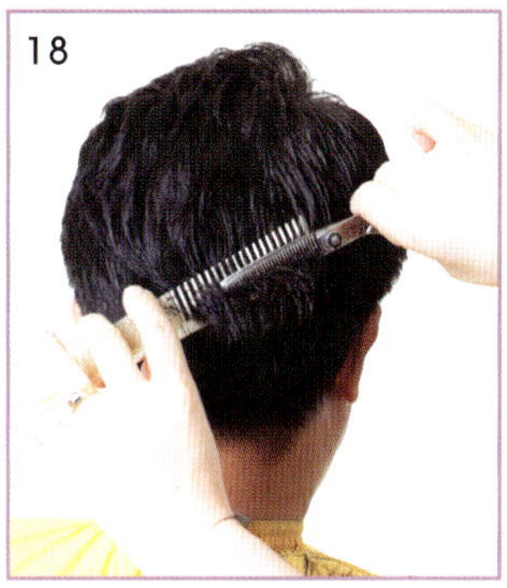
19
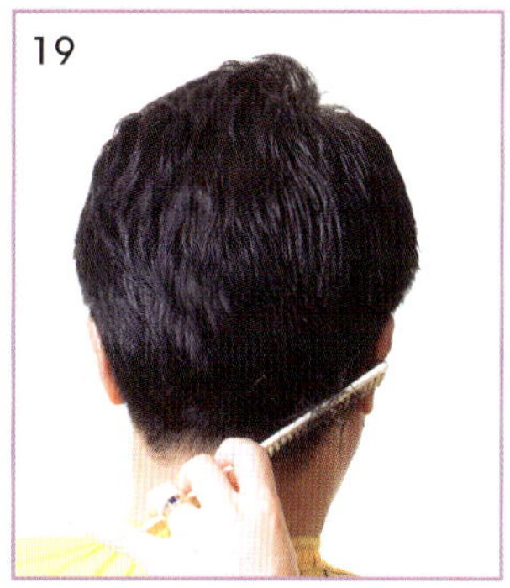
20
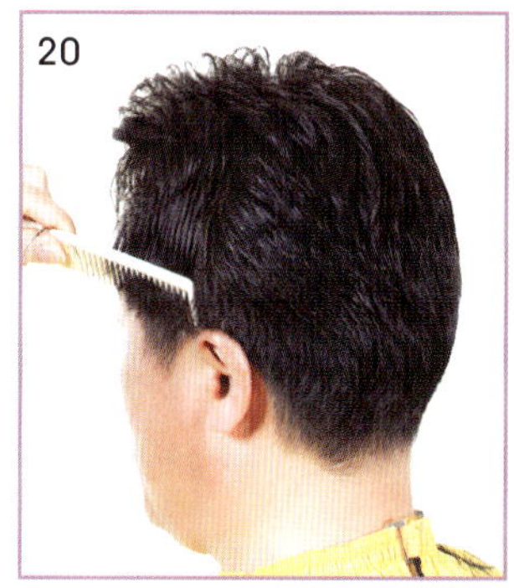

20. 반대편 두상의 세로존 ①번영역을 시술을 위해 45°로 빗질한다.

21
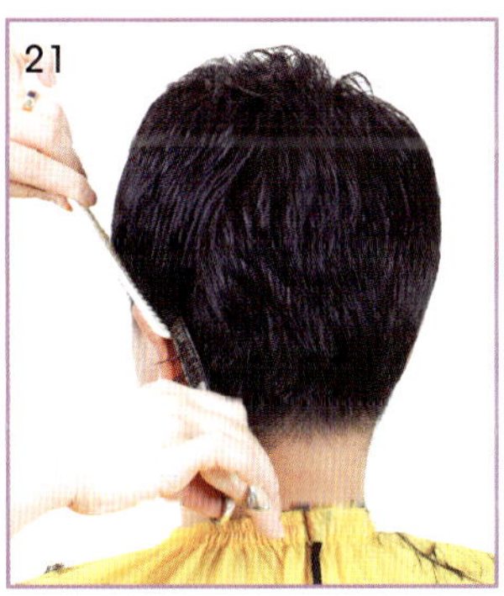
22
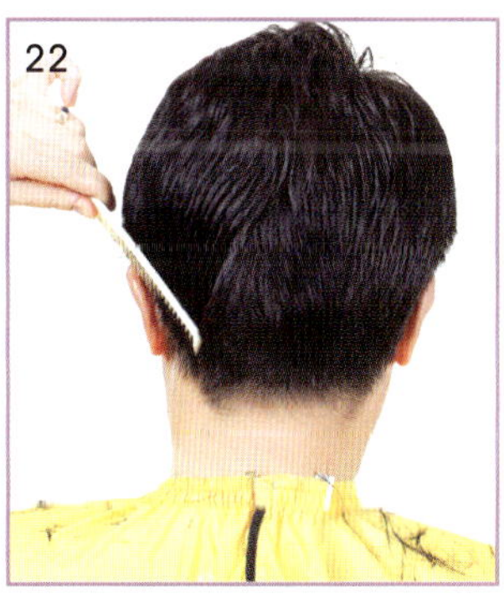
23
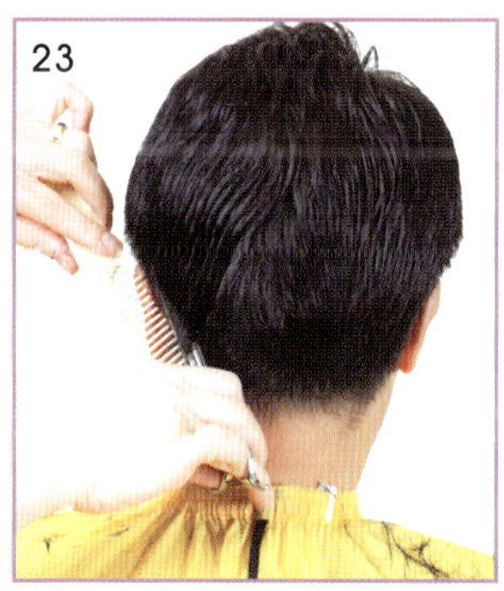
24
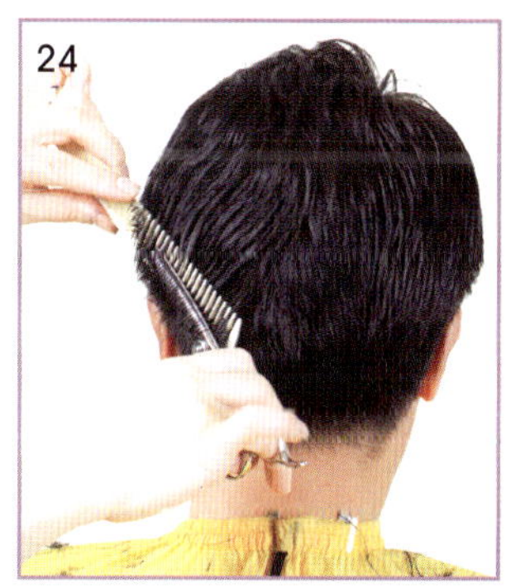

21~28. 두상을 세로존 영역으로 나누어서 밑 모발부터 윗 모발로 진행해가면서 유니폼레이어로 빗을 대고 틴닝 가위로 시술한다. 이렇게 틴닝 가위를 이용하여 유니폼레이어로 시술하게 되면 0.5~1cm 길이가 짧아지므로 한 달전에 커트한 고객은 틴닝가위만으로도 길이 조절을 하면서 자연스럽게 모발의 길이가 섞여서 쉽게 시술할 수 있다.

25
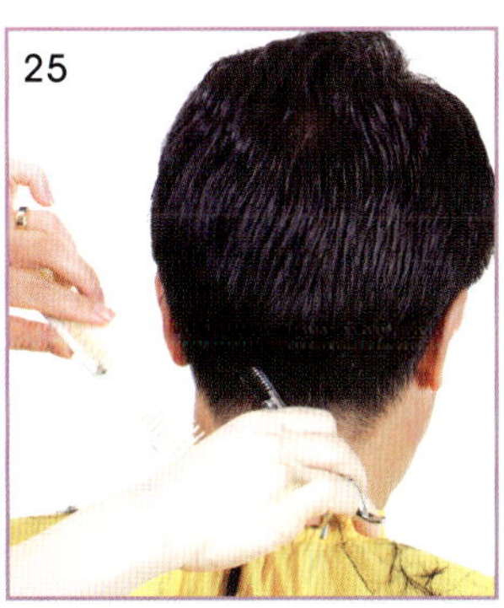
26
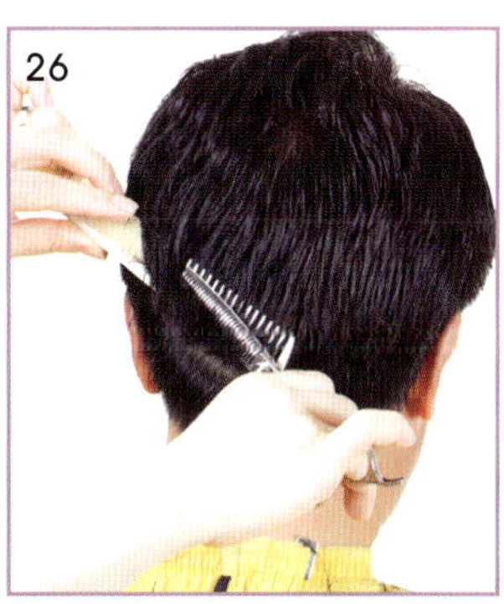
27

28
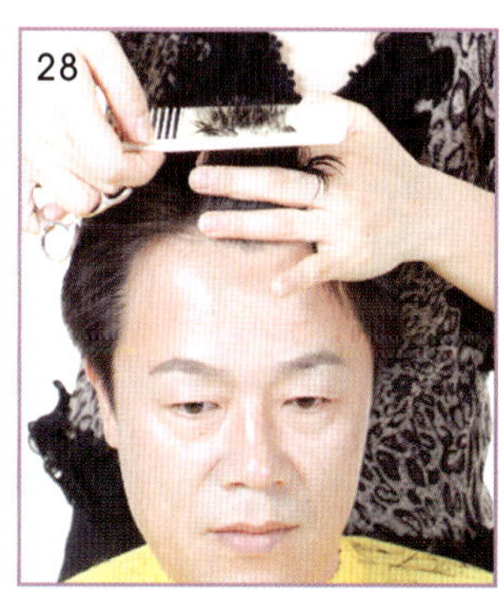

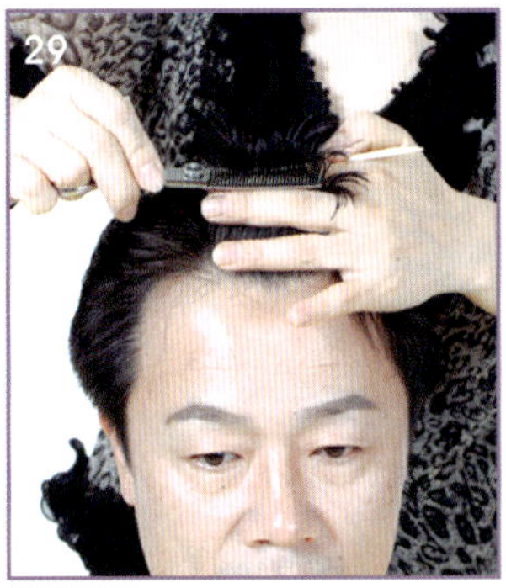

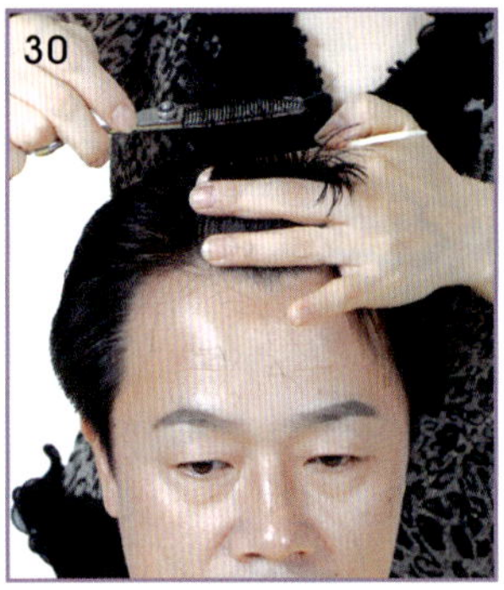

29~30. 오버섹션영역은 일반시술각 90°로 판넬을 잡고 원하는 길이의 1/2 정도 길이에서부터 틴닝을 시작하여 세 번에 나누어서 시술한다.

31~36. 오버섹션영역은 이렇게 일반시술각 90° 상태에서 틴닝을 균일하게 커트해주면 0.5~1cm 길이가 짧아져서 다시 브런트 가위로 시술 할 필요가 없다.

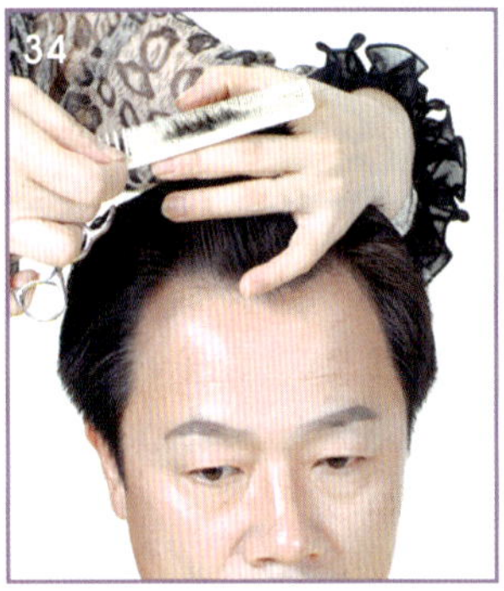

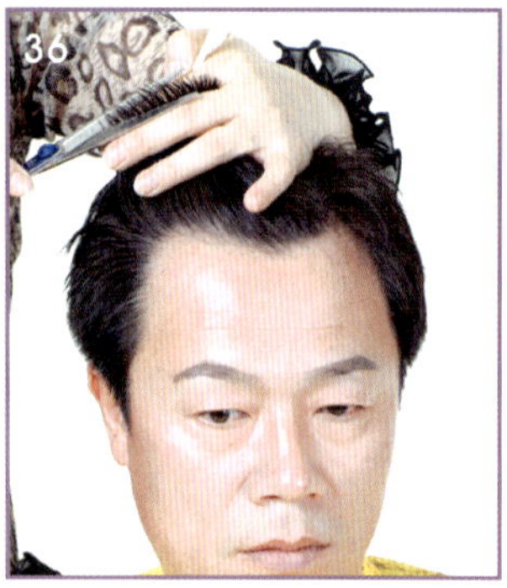

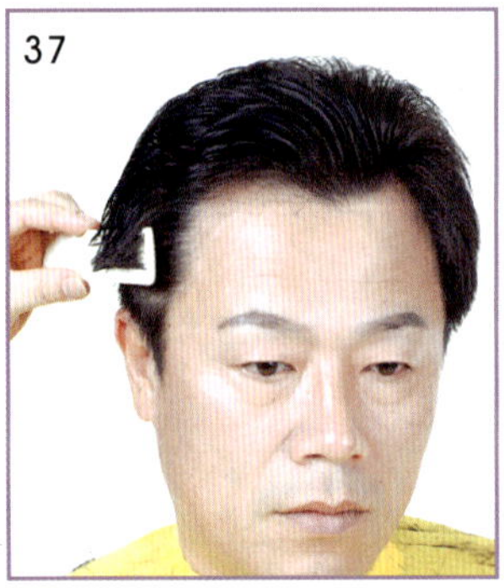

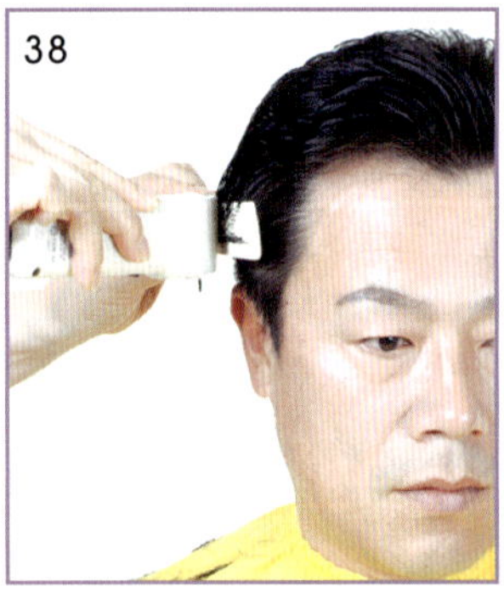

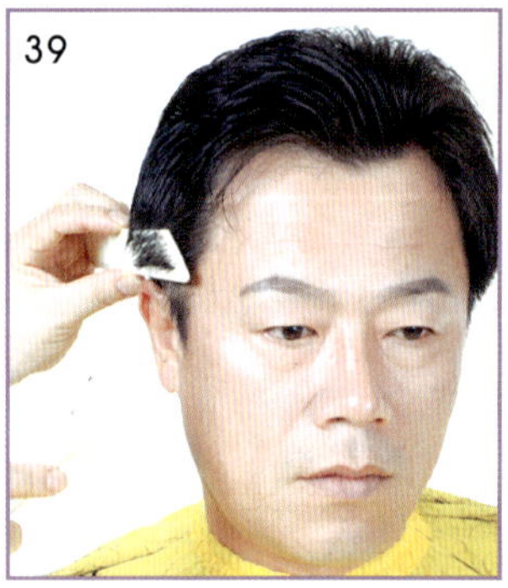

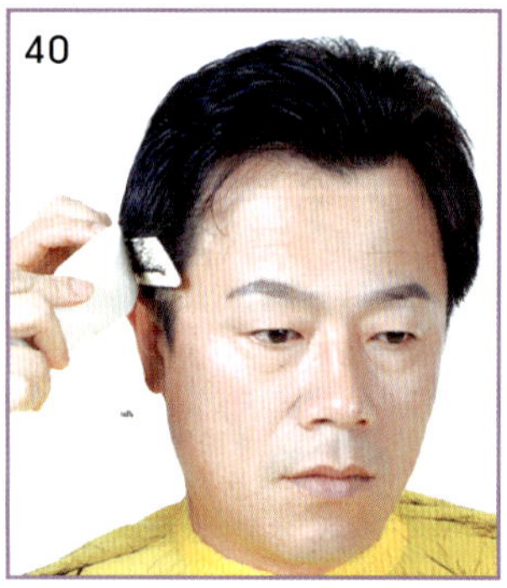

37~40. U라인 선을 시술하기 위해 빗을 눈썹산에서부터 후대각 20~30°로 일반시술각 90°로 선을 만들고 2가이드에 맞추어서 그래쥬에이션 형태로 빗을 대어 아래 모발로 내려가면서 시술하다 빗등만큼 잘리지 않은 길이로 오면 빗살을 두피에 대고 깔끔한 피부색을 클리퍼로 시술한다.

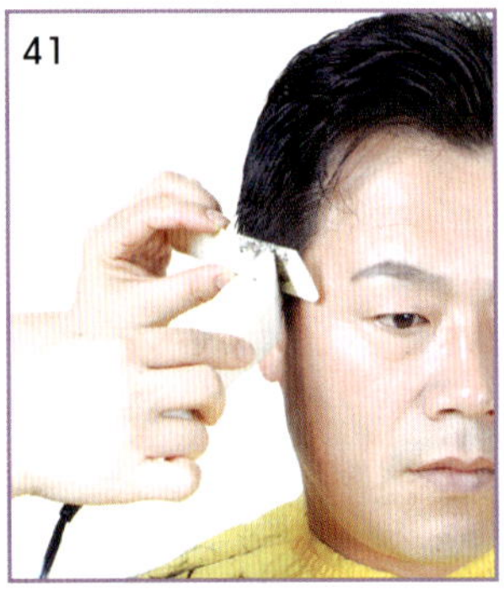

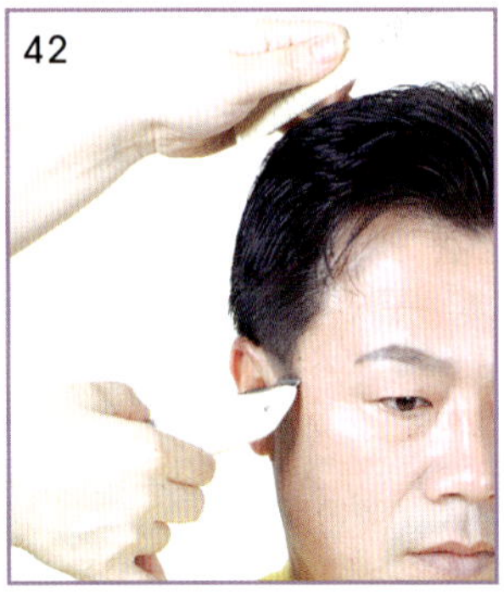

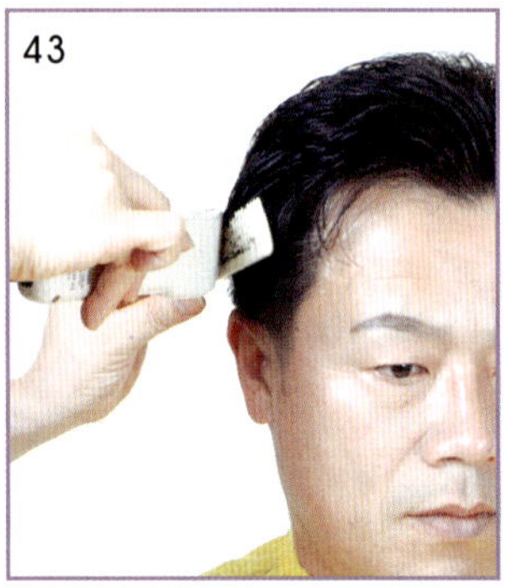

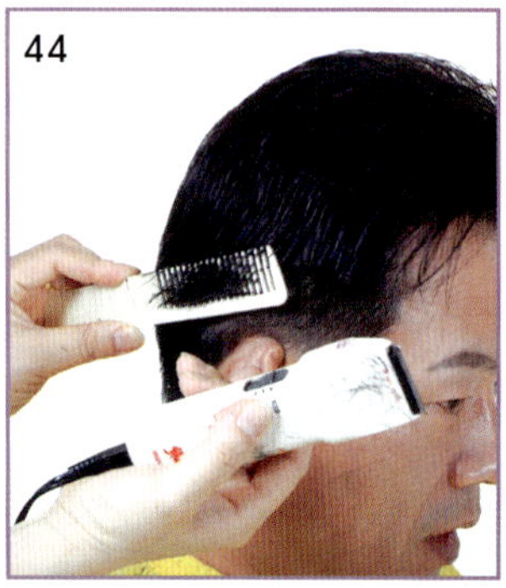

41. 두상의 세로존 ①번영역을 점점 짧게 하고 싶지만 마지막 모발은 빗등만큼 잘리지 않는다.

42. 빗등만큼 잘리지 않은 모발을 클리퍼로 쳐올리기 테크닉으로 시술한다.

43. 밑 모발부터 윗 모발을 향해 다시 한번 시술하면서 체크한다.

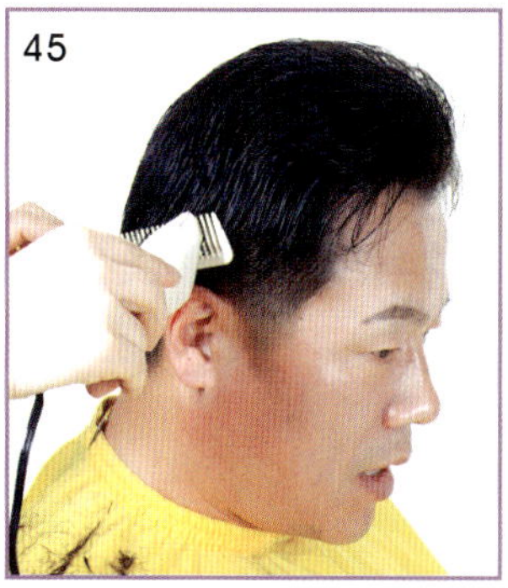

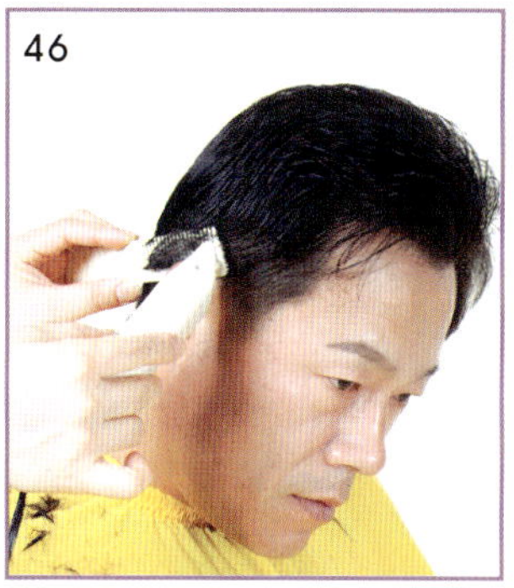

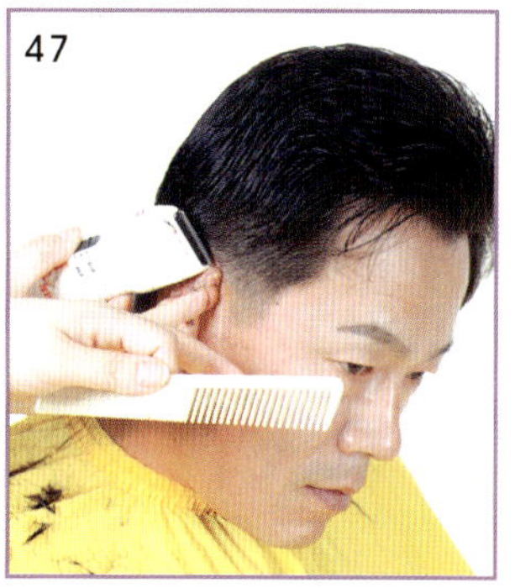

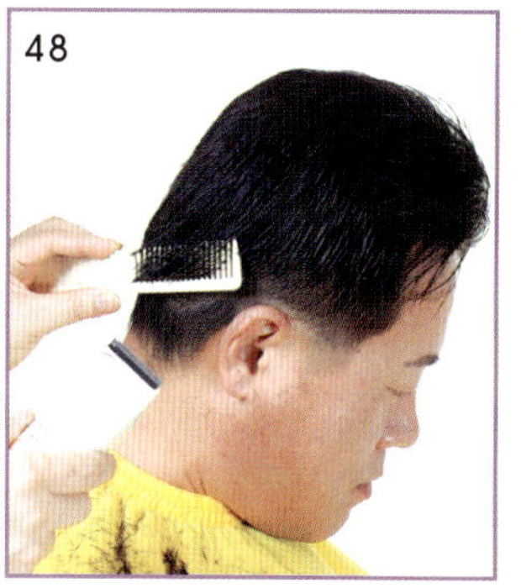

44~47. 두상의 세로존 ②번 영역을 ①번 영역가이드에 맞추어서 후대각 20~30°으로 빗을 대고 일반시술각 90°로 선을 만들고 그래쥬에이션 형태로 모발을 짧게 시술해가며 제일 밑 모발은 빗을 빼고 클리퍼로 시술한다.

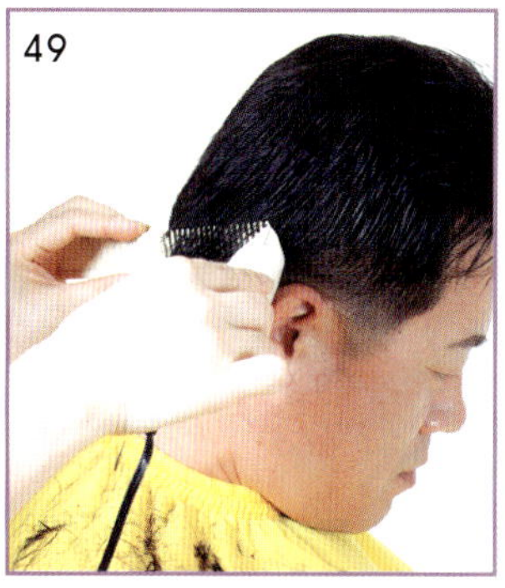

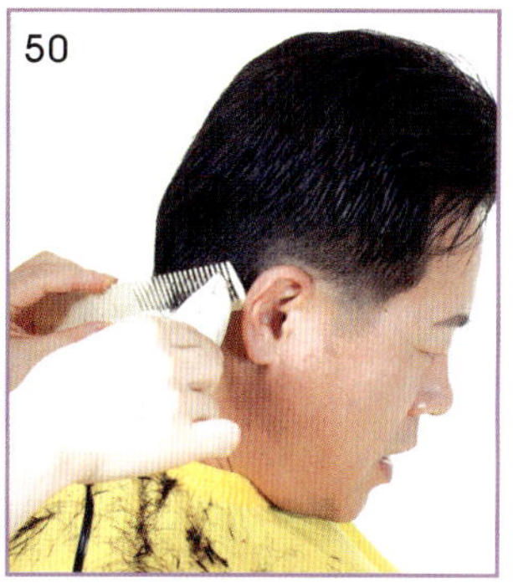

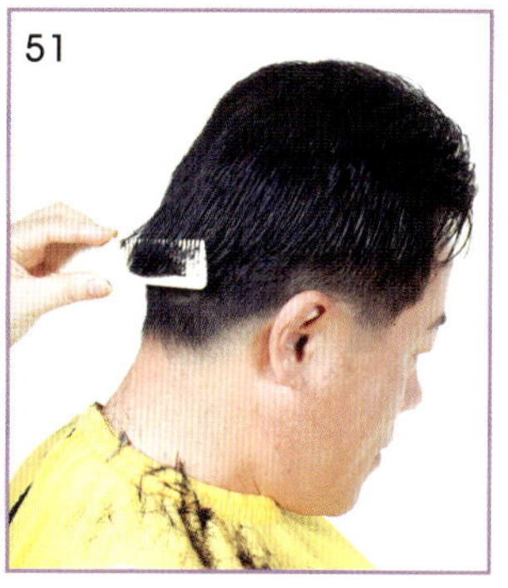

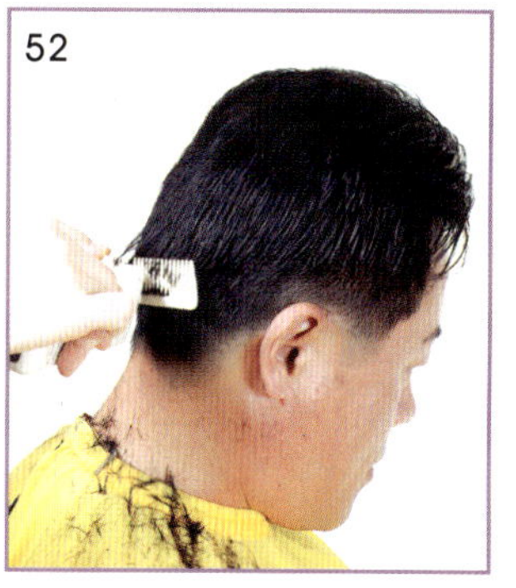

48~50. 두상의 세로존 ③번영역을 ②번영역 가이드에 맞추어서 후대각 20~30°로 빗을 대고 일반시술각 90°로 선을 만들어 그래쥬에이션 형태로 모발을 짧게한다.

51~52. 두상의 세로존 4번영역을 3번영역가이드에서 후대각 20~30° 기울기로 빗을 댄 후 일반시술각 90°로 선을 만든 후 밑 모발이 짧아지게 그래쥬에이션으로 커트해 간다.

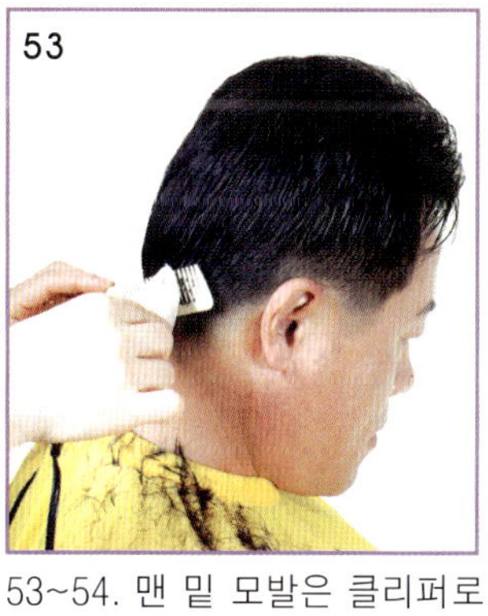

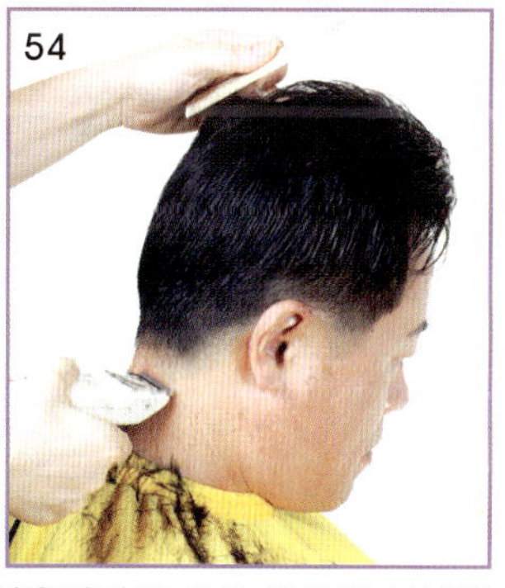

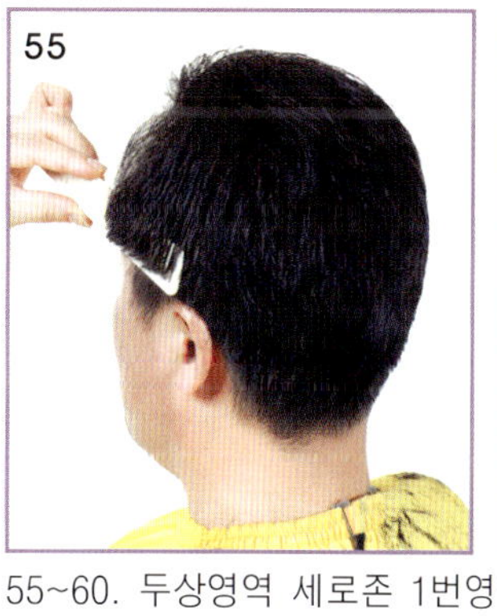

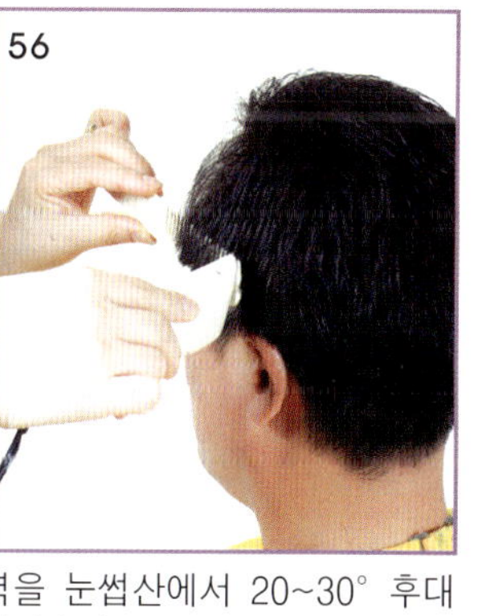

53~54. 맨 밑 모발은 클리퍼로 쳐올리기를 하여 깨끗한 피부색을 만든다.

55~60. 두상영역 세로존 1번영역을 눈썹산에서 20~30° 후대각의 기울기로 빗을 대고 일반시술각 90°로 선을 만들고 밑 모발이 짧아지게 그래쥬에이션 형태로 시술하고 제일 밑 모발은 클리퍼로 쳐올리기를 시술하면서 밑에서 윌 다시 한번 체크 커트로 시술한다.

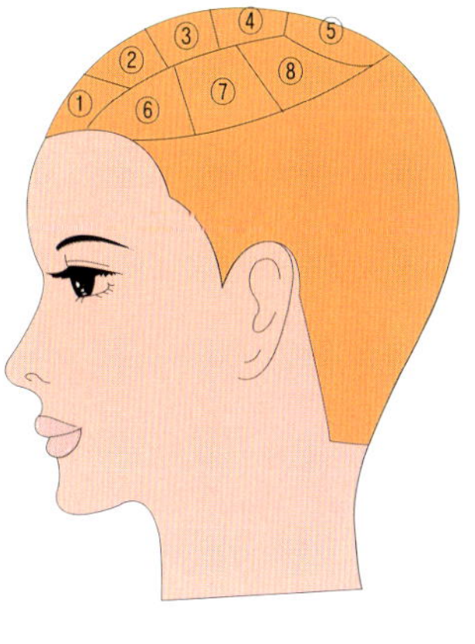

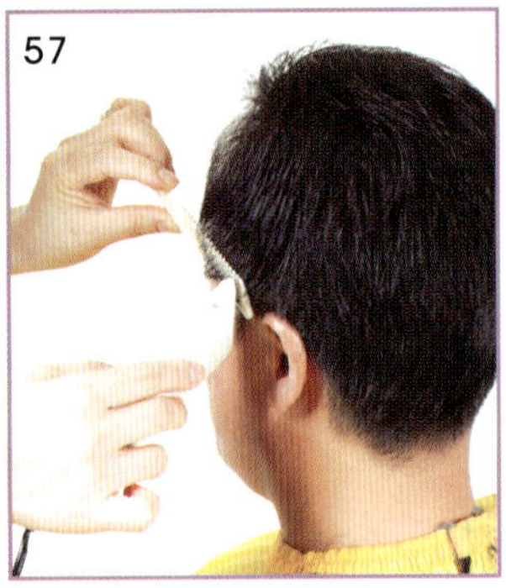
57

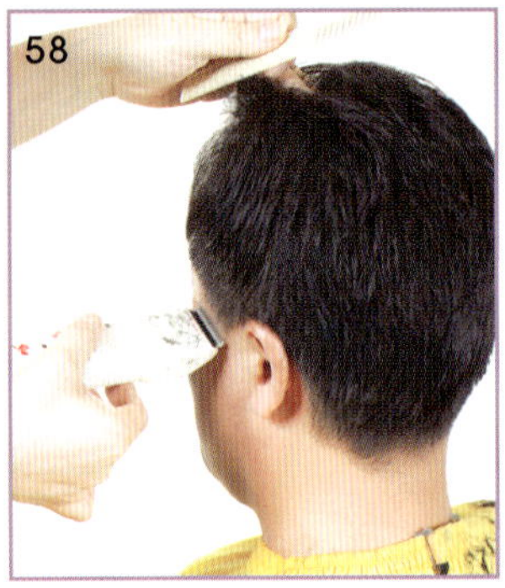
58

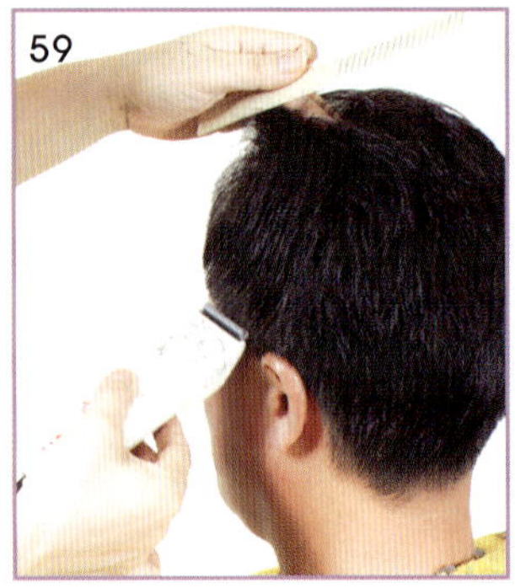
59

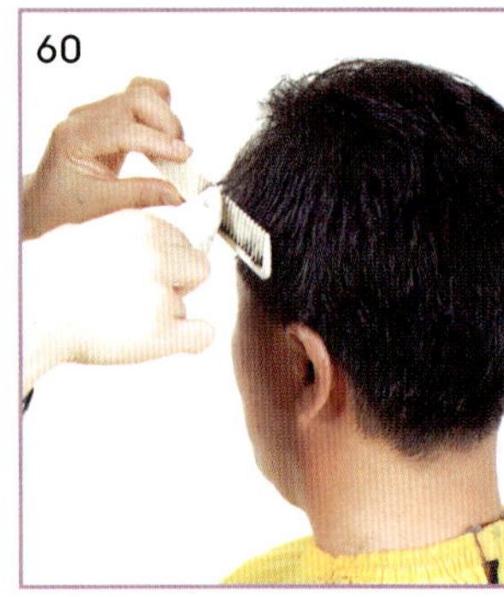
60

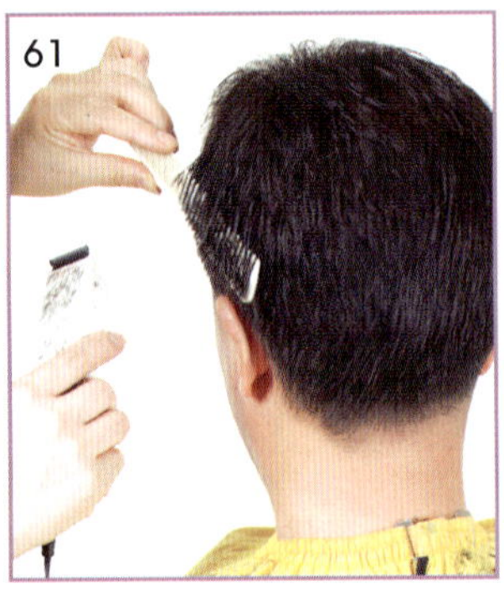
61

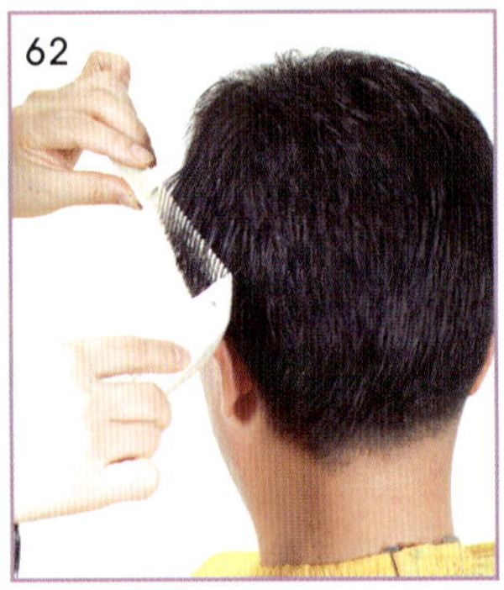
62

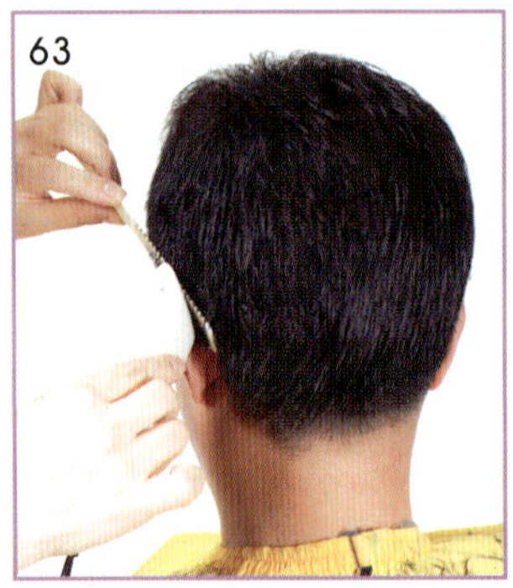
63

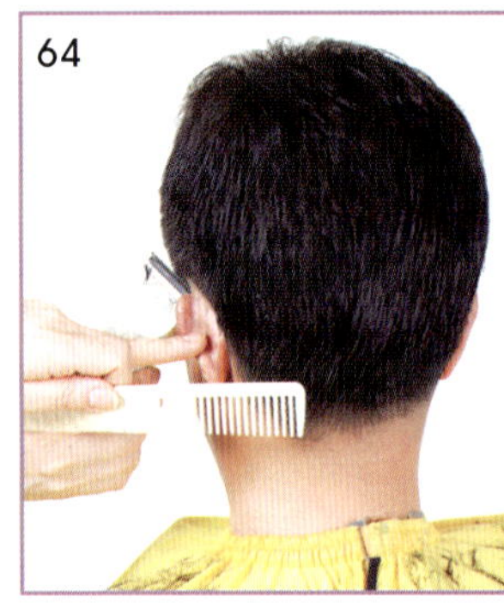
64

61~70. 두상을 세로존 영역을 나누어서 선을 만들때는 일반시술각 90°로 밑모발이 짧아질때는 그래쥬에이션 형태로 시술하고 맨 밑모발은 클리퍼로 깔끔하게 쳐올리고 깨끗한 피부색을 만들 수 있도록 시술해야 한다.

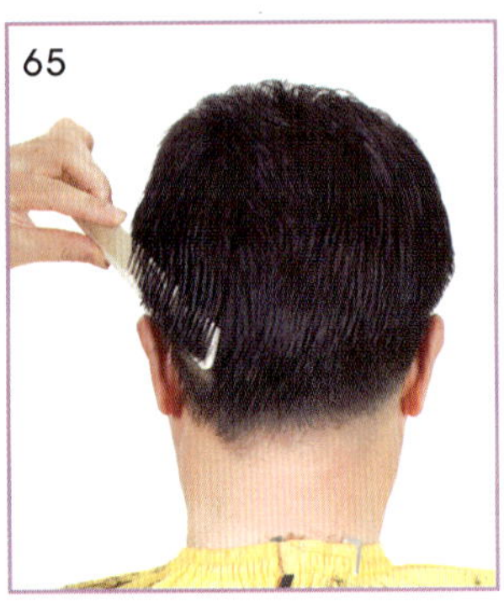
65

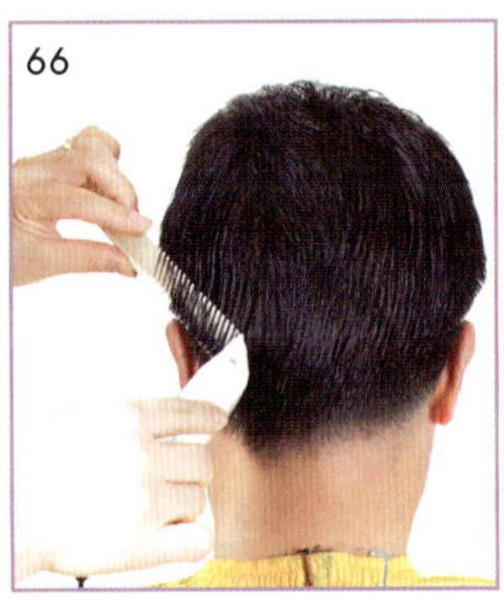
66

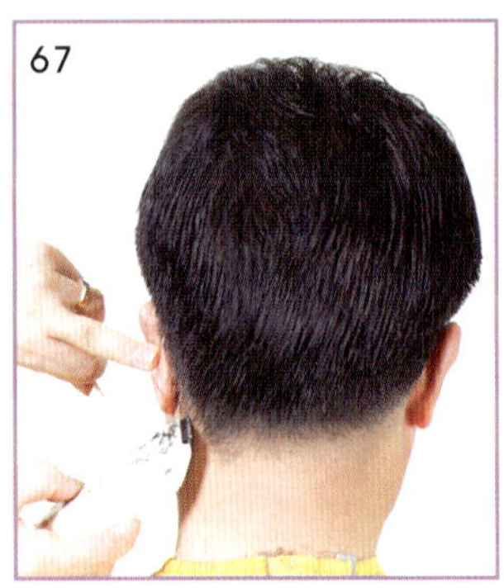
67

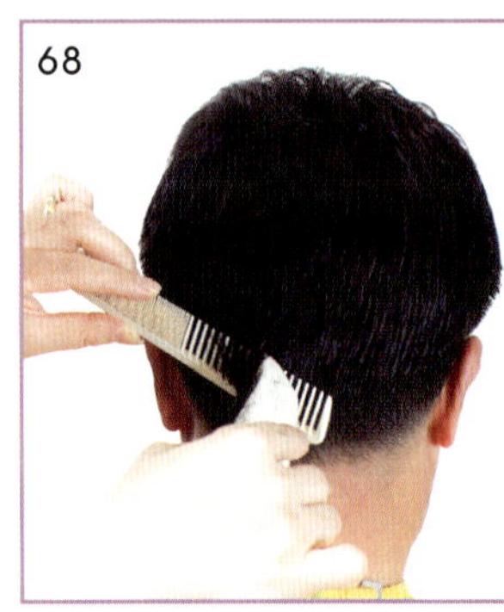
68

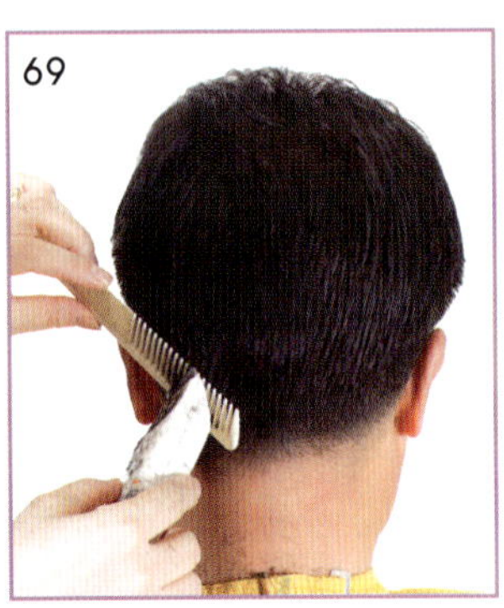
69

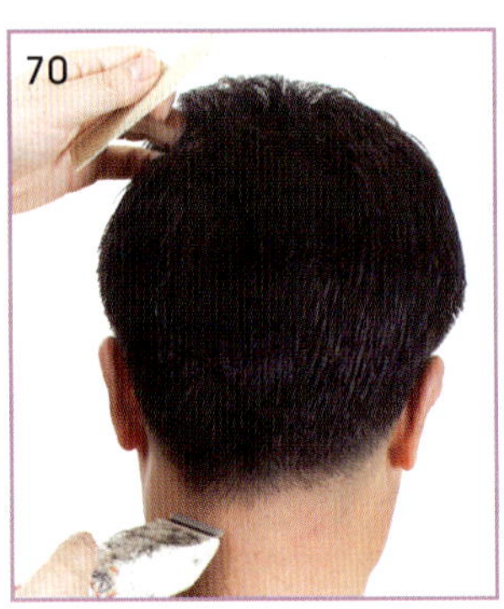
70

71

72

71~75. 가위의 한 날은 고정하고 유동날로 튀어나온 모발을 도려내는 싱글링 테크닉으로 시술한다.

73

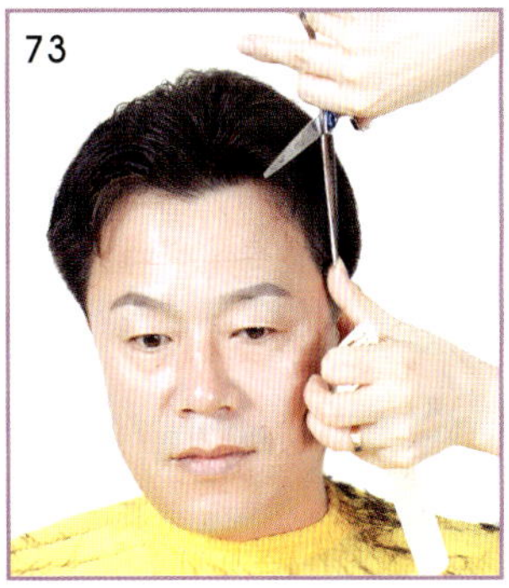

74

75

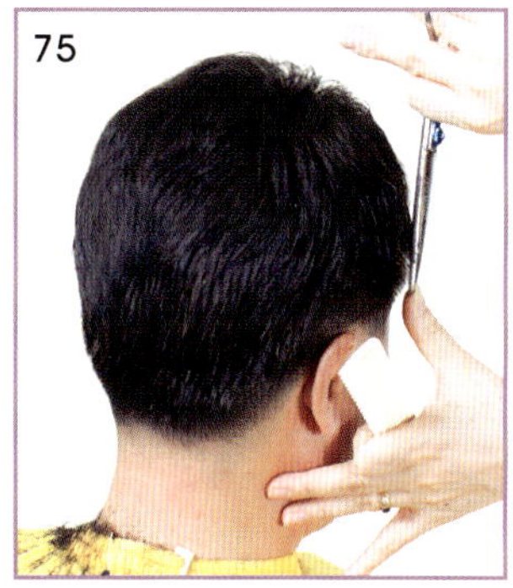

76

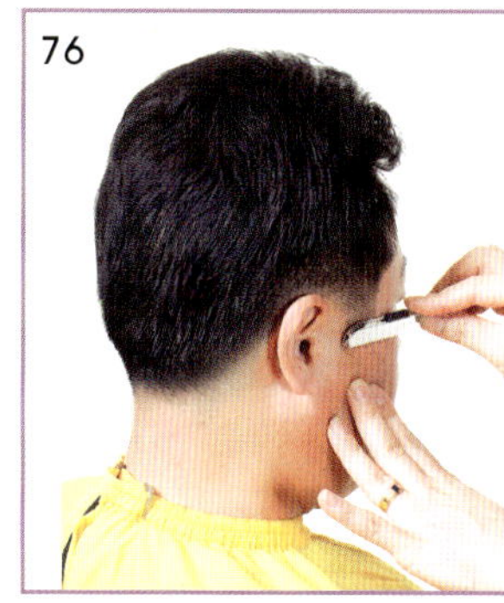

76~80. 깔끔한 피부색을 만들기 위해 시술한다.

77

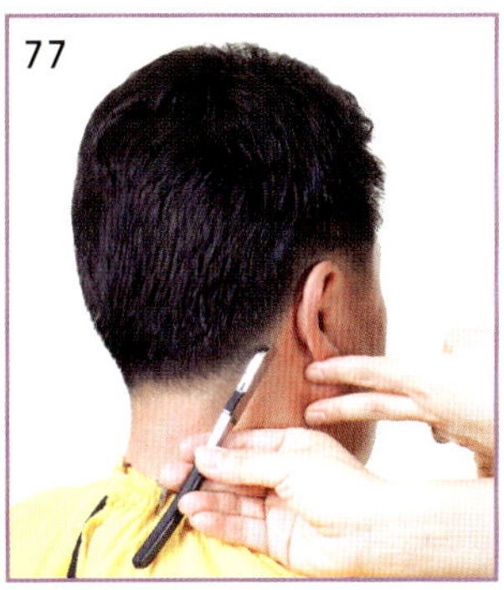

78

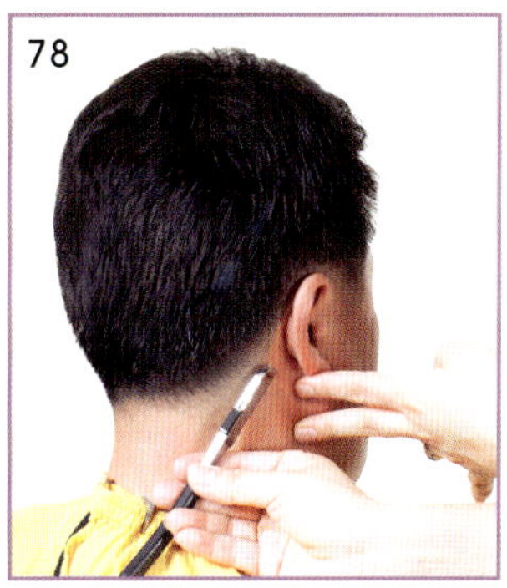

79

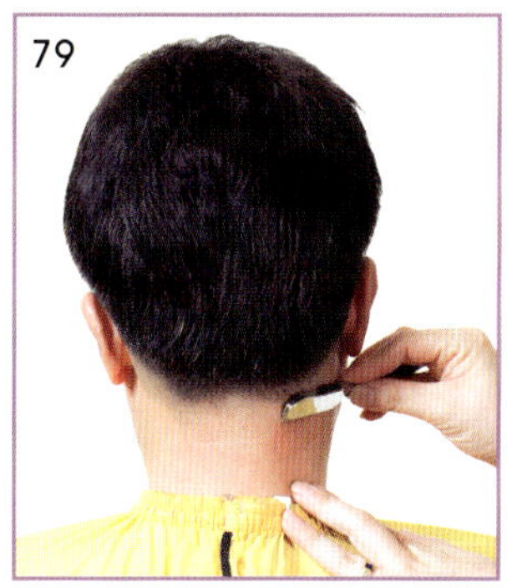

80

10장 ··· 스포츠

학습 목표

스포츠 스타일 형태의 남성커트의 시술방법을 알고 시술할 수 있게 한다.

1. 스포츠(마네킹)

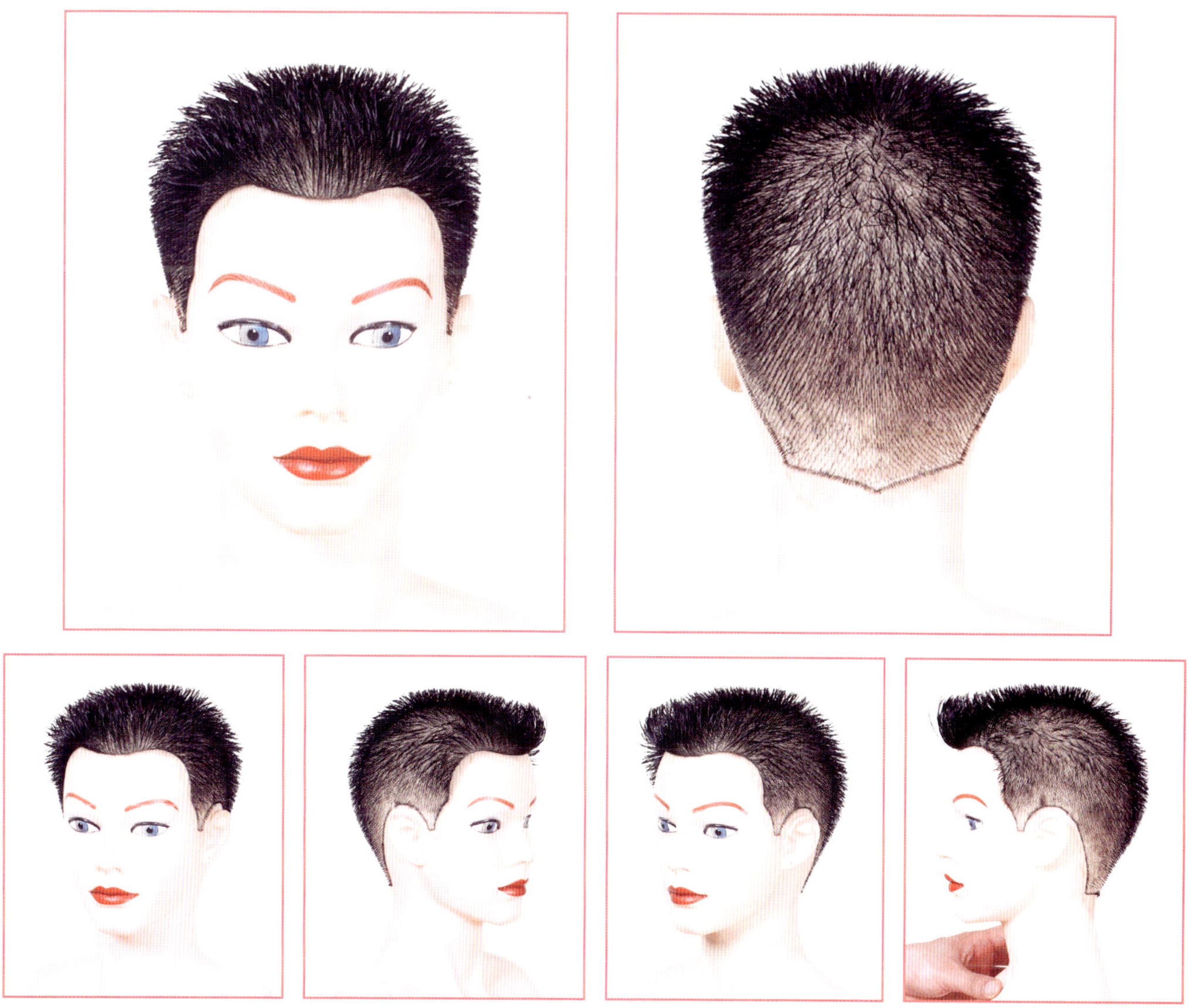

1) 특 징

하나의 박스형태(스퀘어)를 이루면서 두상곡면에 동일한 짧은 길이를 연결하고 후하부 영역은 그래쥬에이션 형태로 깔끔한 피부색을 만든다.

2) 시술순서

① U라인 영역에 후상부는 일반시술각 90°로 시술하고 전두부 영역은 자연시술각 90°로 빗을 이용하여 시술각을 조절하여 커트한다.
② F.S.P선 가이드에 빗을 자연시술각 90°로 대고 아래로 내려오면서 클리퍼로 시술한다.
③ U라인과 F.S.P 코너 사이드를 다시 한 번 일반시술각 90°로 연결한다.
④ 측두부의 중간 길이를 가이드로 설정하면 후 중부를 일반시술각 90°로 시술한다.
⑤ 후하부는 그래쥬에이션 형태로 차츰 길이가 짧아지면서 깔끔한 피부색을 만든다.
⑥ 튀어나온 모발은 싱글링 테크닉으로 처리한다.

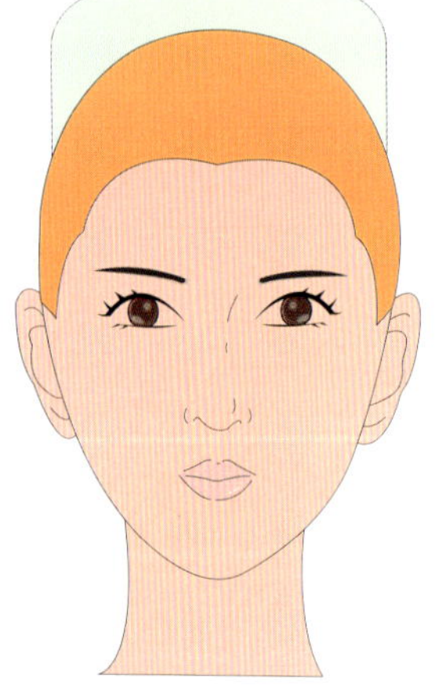

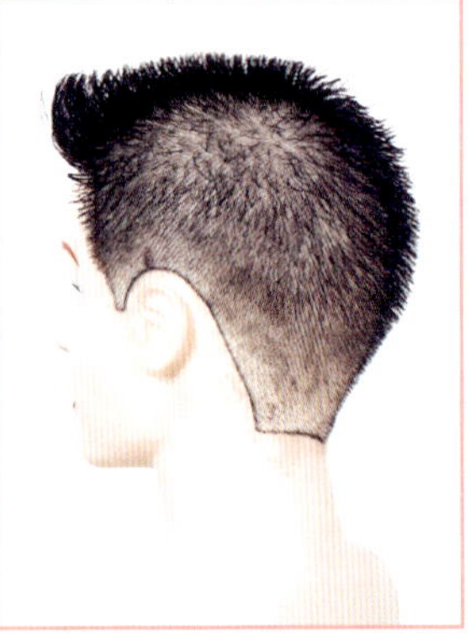

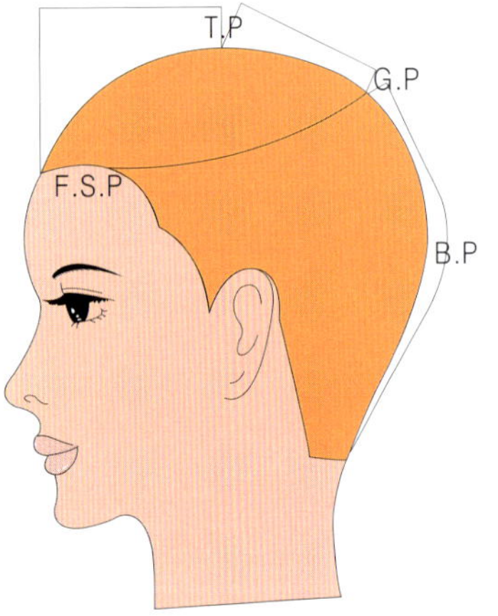

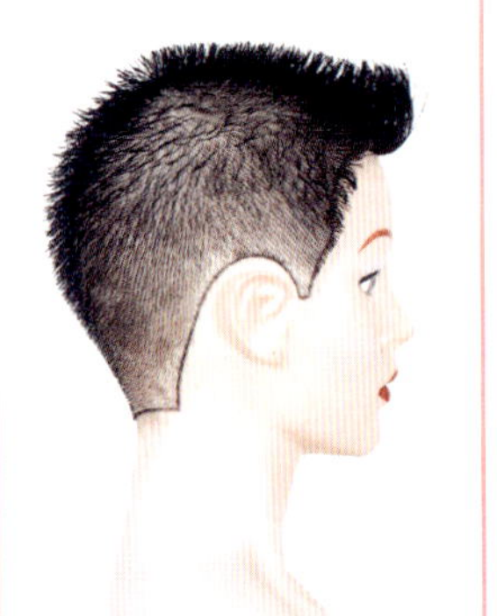

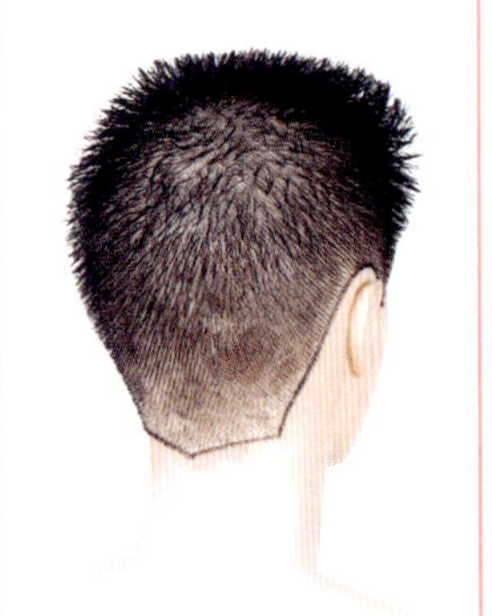

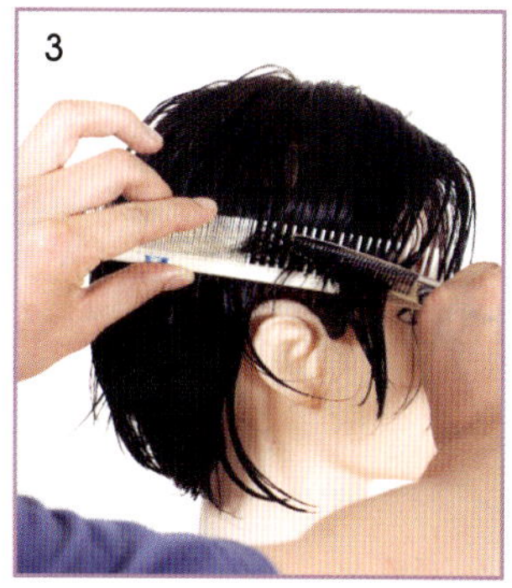

1. 시술전

2. 두상을 세로존 영역으로 나누고 ①번 영역부터 자연시술각 90° 틴닝으로 질감처리한다.

3, 4. 세로존 ①번 영역을 빗등에다 고정날을 가위를 대고 유동날을 움직여서 틴닝으로 질감처리한다.

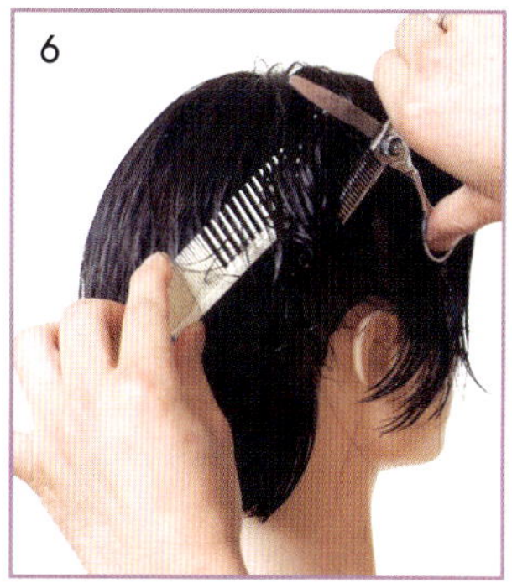

5~7. 세로존 ②, ③, ④번도 동일한 방법으로 모발을 빗질하여 자연시술각 90°로 밑모발부터 윗모발을 향해 틴닝으로 질감처리한다.

8, 9. 모발이 길면 빗으로 모발을 댈 수 없으므로 손가락으로 판넬을 잡고 긴 모발을 잘라낸다.

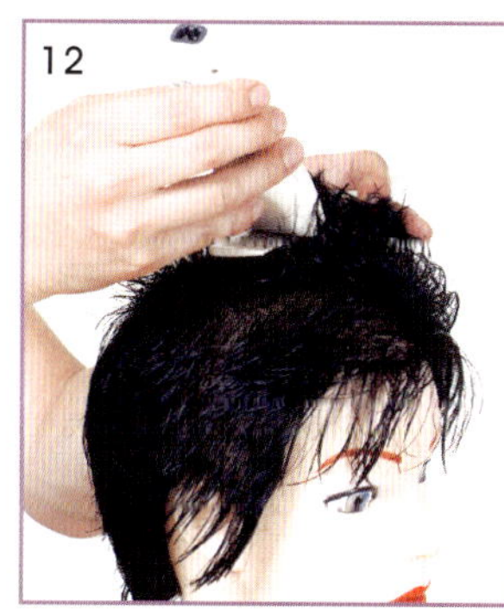

10. U라인 영역은 일반시술각 90°로 빗을 대고 틴닝으로 질감처리한다.

11~15. G.P~T.P 사이는 가이드를 설정하여 빗을 일반시술각 90°로 대고 시술한 후 T.P부터 시작하여 U라인 영역을 자연시술각 90°로 일직선으로 빗을대고 클리퍼를 빗등에 사선을 댄후 모발을 커트한다.

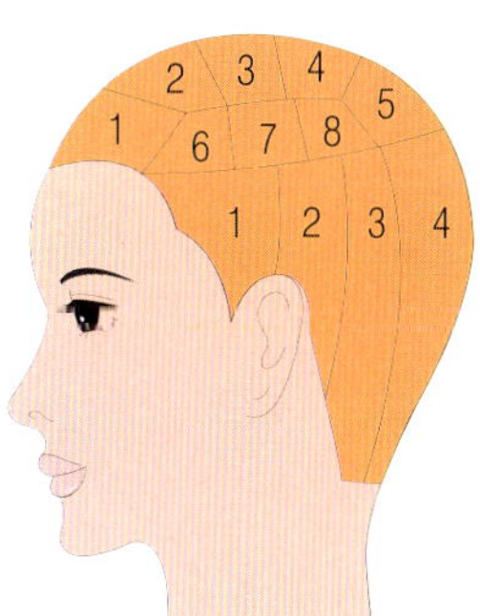

남성커트는 시술전에 틴닝을 먼저 넣어야 하는데 세로존으로 영역을 나누어서 빗등에 고정날을 고정시켜 주고 유동날을 움직여 가면서 시술한다.

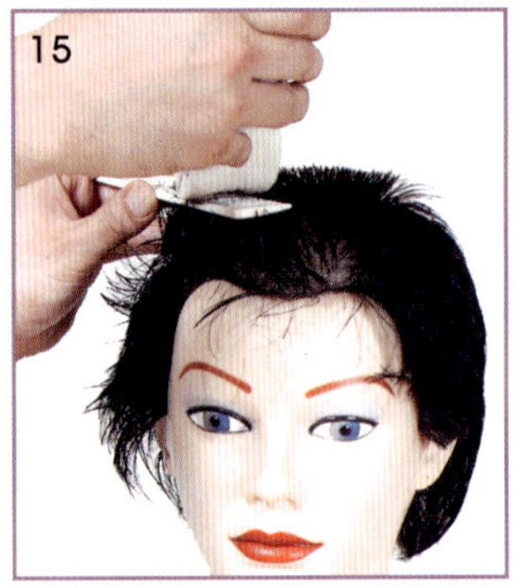

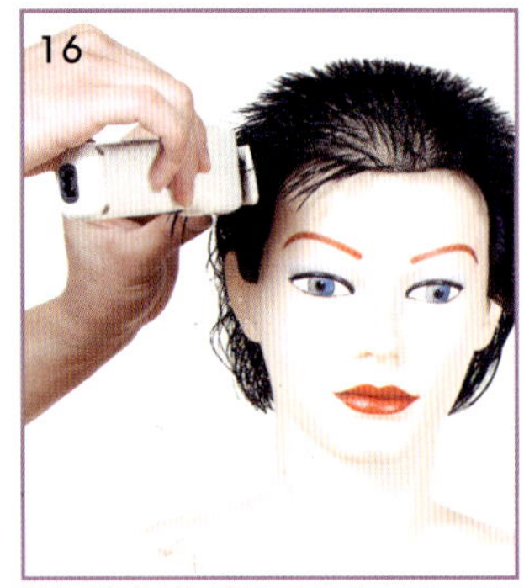

16, 18. U라인 아래영역은 빗이 수직으로 시술하고 밑모발을 깔끔하게 피부색을 시술한다.

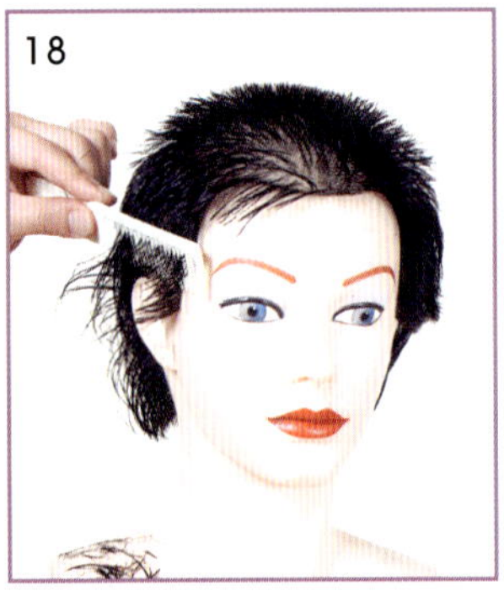

19. 깨끗한 피부색을 만들기 위해 클리퍼는 쳐올리기 테크닉으로 시술한다.

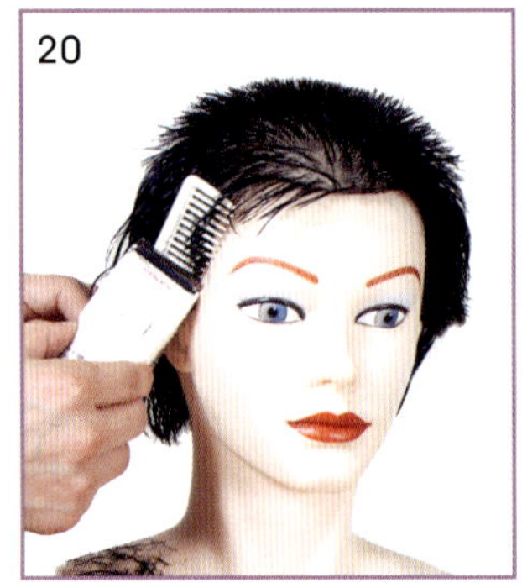

20. 모류를 다시한번 앞쪽으로 클리퍼를 시술한다.

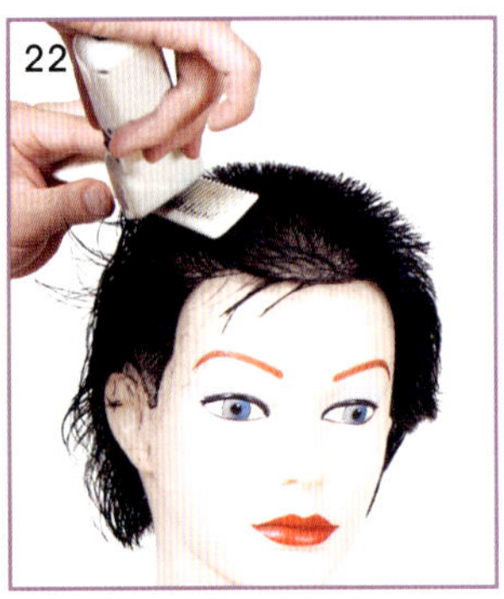

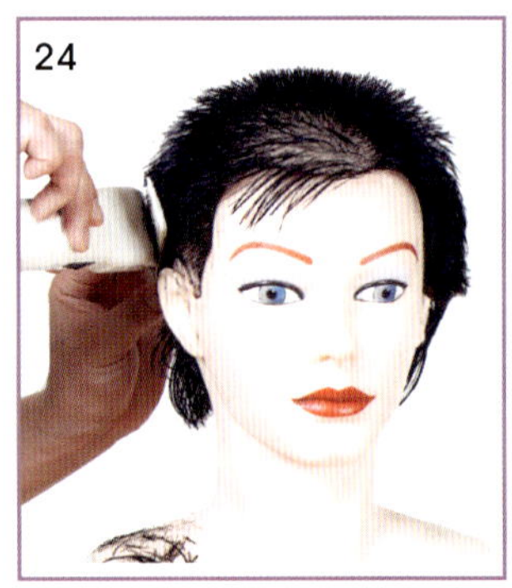

21~25. U라인 아래영역과 아래영역의 코너부분을 제거하기 위해 일반시술각 90˚로 시술한다.

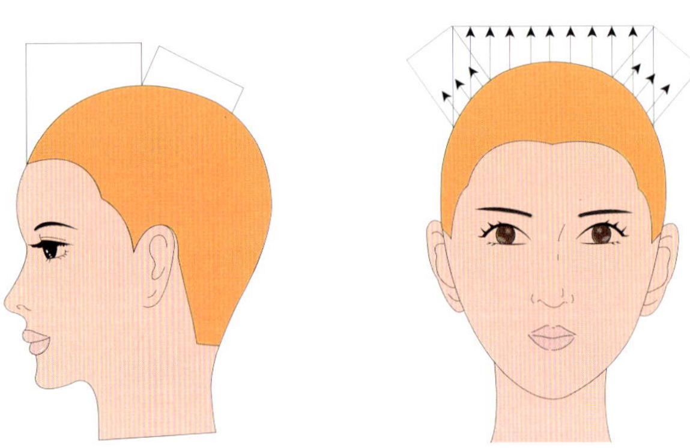

짧은모발은 두상이 제일 튀어나온 부분부터 모발이 떨어지기 시작하므로 이곳에서 가이드를 설정하여 시작한다.

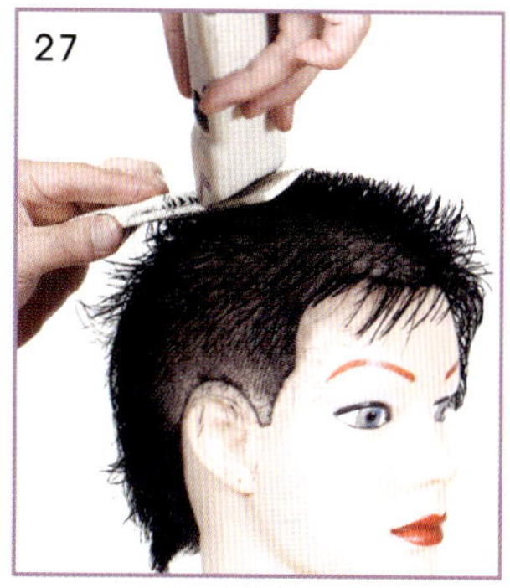

26, 27. 밑모발부터 위모발을 향해 다시한번 시술각을 확인하면서 시술한다.

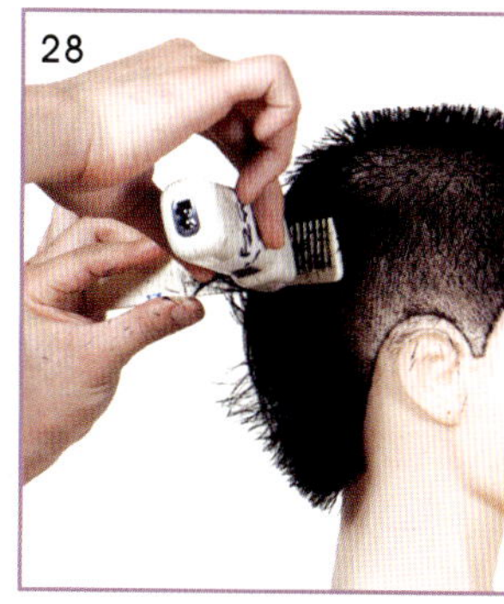

28, 29. 세로존 ③번 영역도 일반시술각 90°로 시술하고 B.P 아래는 그래쥬에이션 형태로 연결한다.

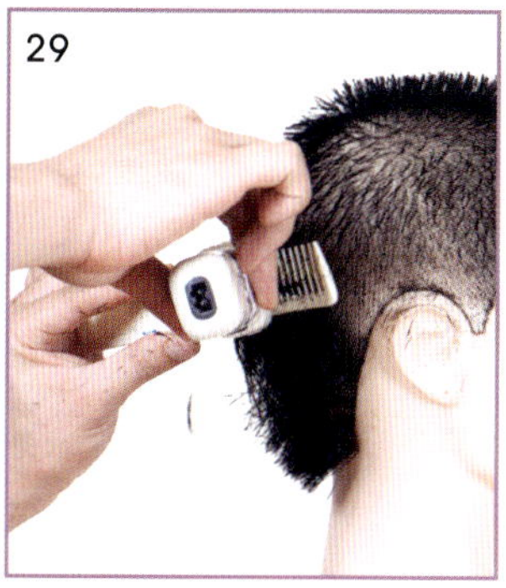

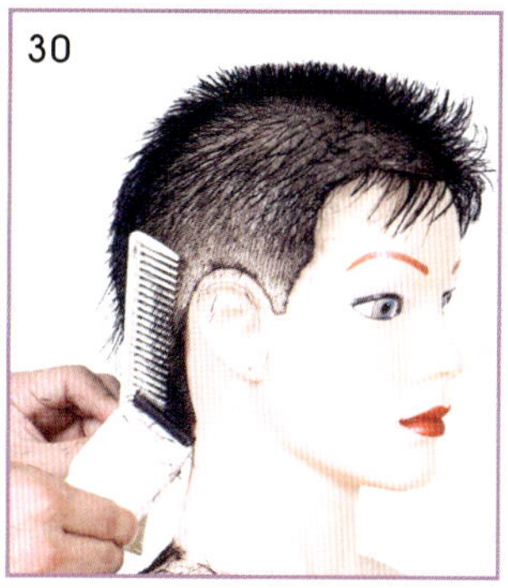

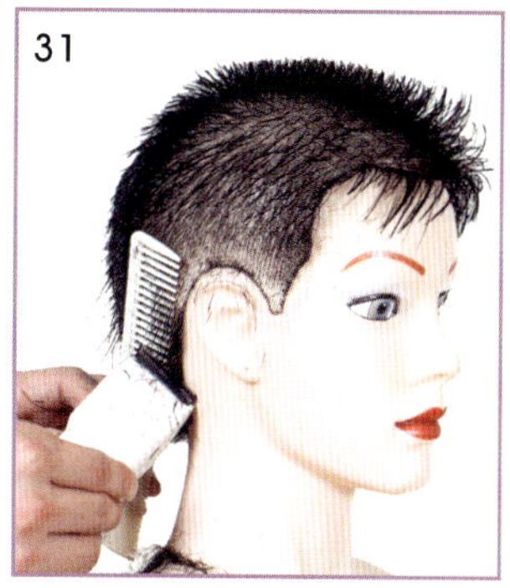

30, 31. 빗등만큼 모발이 잘리지 않으므로 빗살을 두피면에 대고 시술각을 조절하면서 클리퍼로 시술한다.

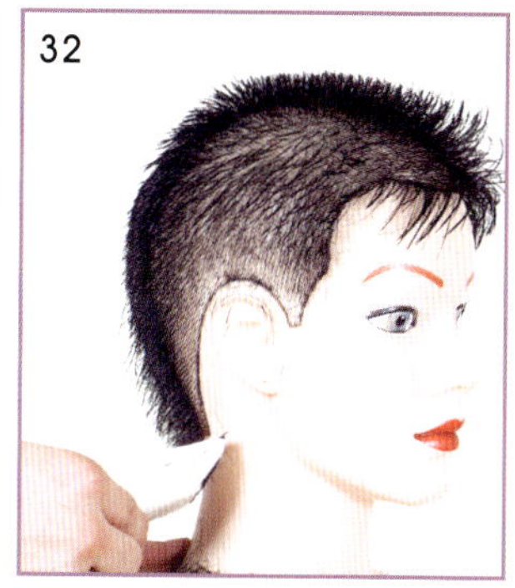

32. 깨끗한 피부색을 시술하기 위해 쳐올리기 테크닉으로 시술한다.

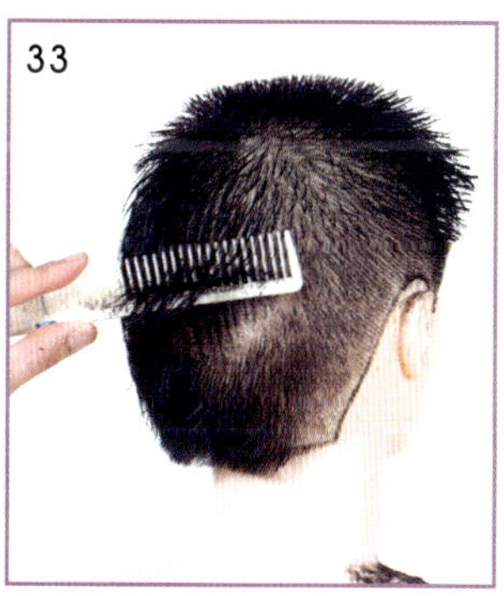

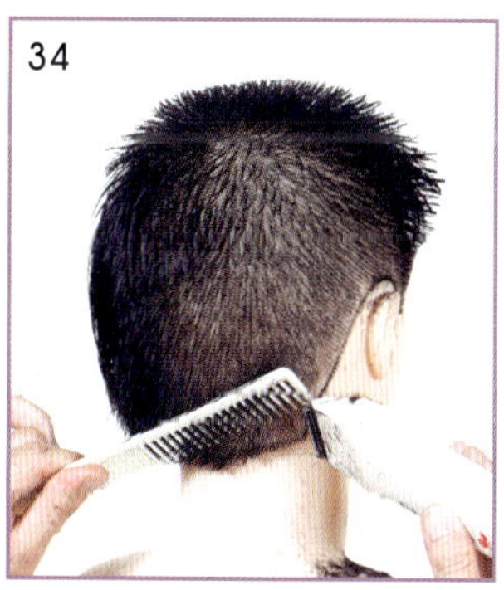

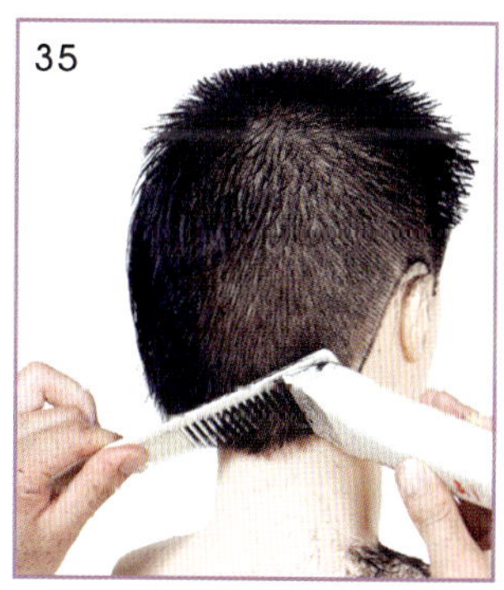

33~35. 세로존 ④번 영역을 위와 동일한 방법으로 시술한다.

36. 밑모발부터 윗모발을 향해 다시한번 체크하면서 시술한다.

37. 다른쪽 세로존 ①번 영역을 자연시술각 90°로 빗을 댄다.

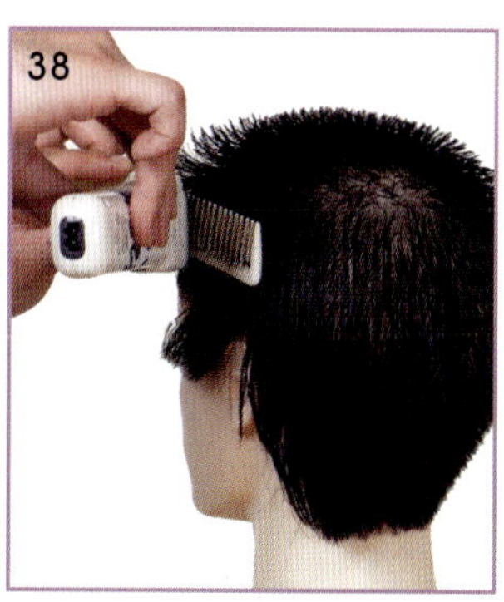

38. 세로존 ①번 영역을 자연시술각 90°로 빗을댄 모발에 클리퍼를 빗등에 대고 모발을 잘라낸다.

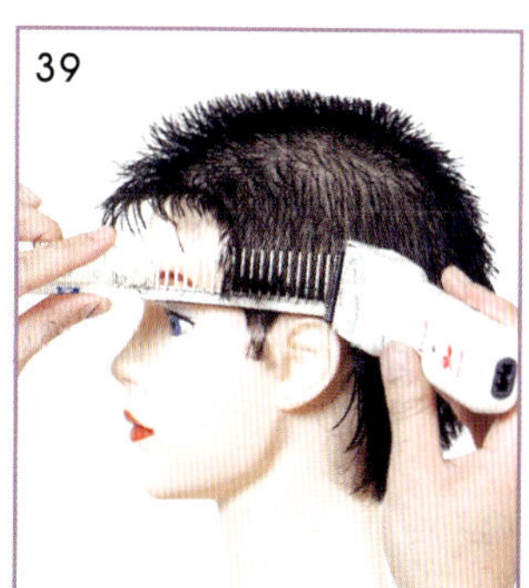

39. 윗모발의 가이드에 맞추어 아랫모발도 자연시술각 90°로 시술한다.

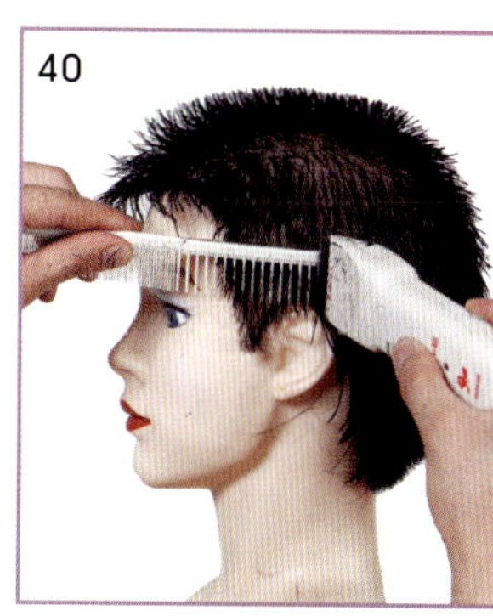

40. 두피면에다 빗살을 대고 깨끗한 피부색을 시술한다.

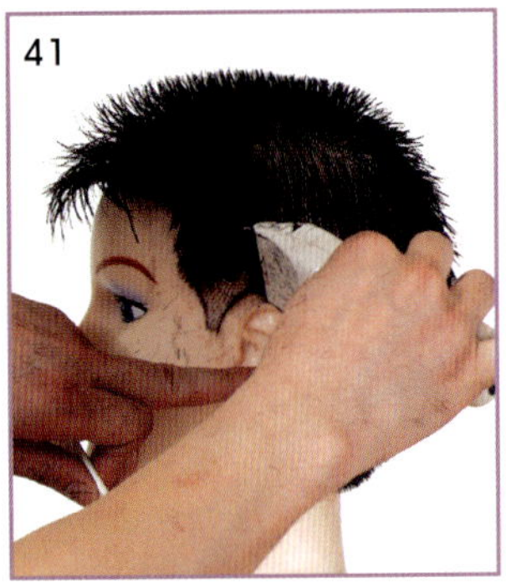

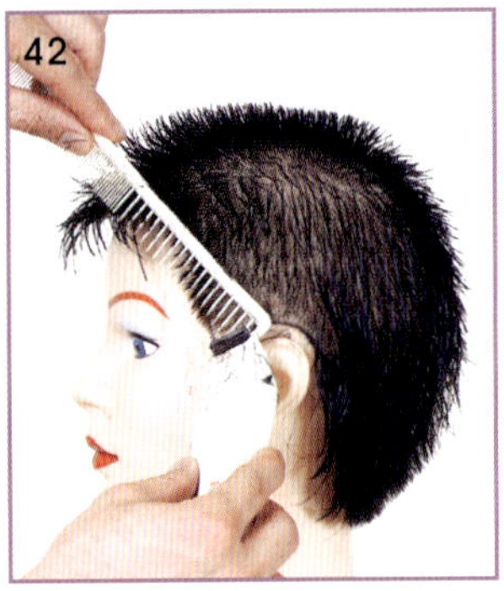

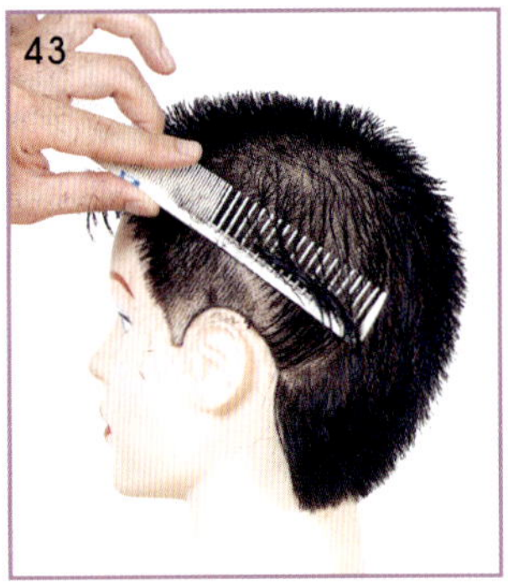

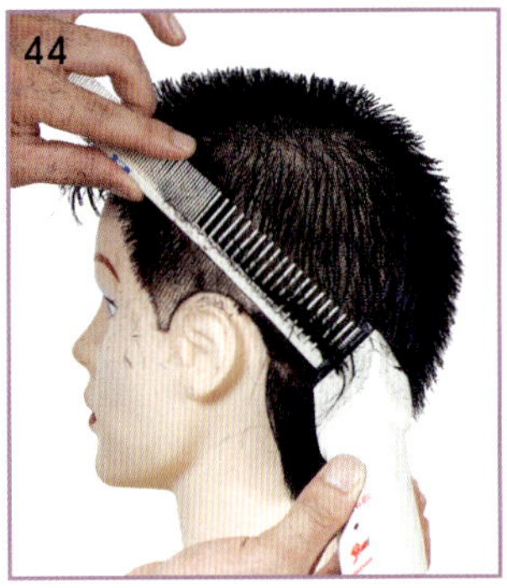

41. 클리퍼를 한쪽면을 두피에 밀착하여 C커브를 그리면서 깨끗한 피부색을 시술한다.

42. 모류가 뒤쪽으로 역행하여 잘리지 않는 모발은 앞쪽으로 두피면에 빗살을 대고 깨끗한 피부색을 시술한다.

43. 세로존 ②번 영역을 일반 시술각 90˚로 시술한다.

44, 45. 윗모발 가이드에 맞추어 아랫모발로 시술하고 그라데이션 처리를 하면 맨 아랫모발은 깨끗한 피부색을 시술한다.

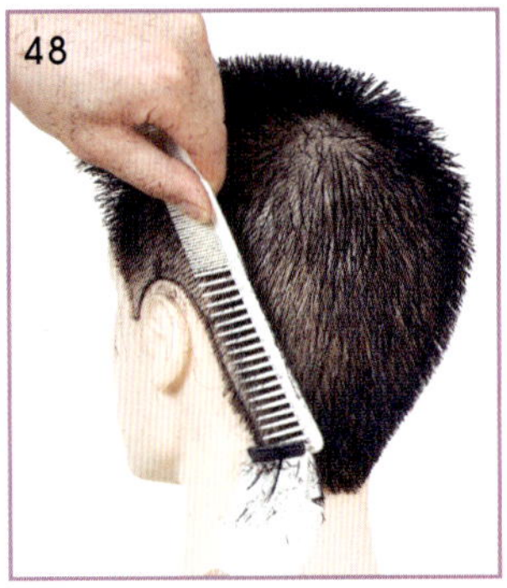

46. 윗모발에서 가이드를 찾아서 아랫모발까지 시술한다.

47~48. 밑모발은 빗살을 두피면에 대고 시술각을 조절하고 클리퍼를 C커브를 그리면서 깨끗한 피부색을 시술한다.

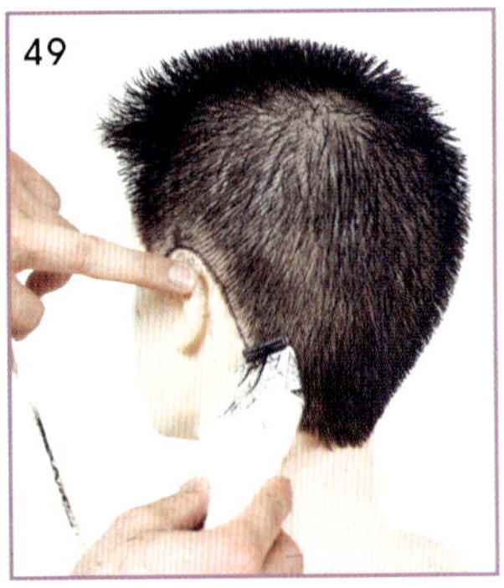

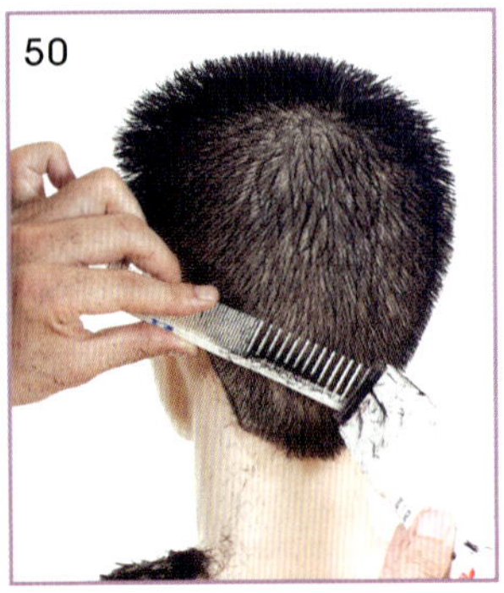

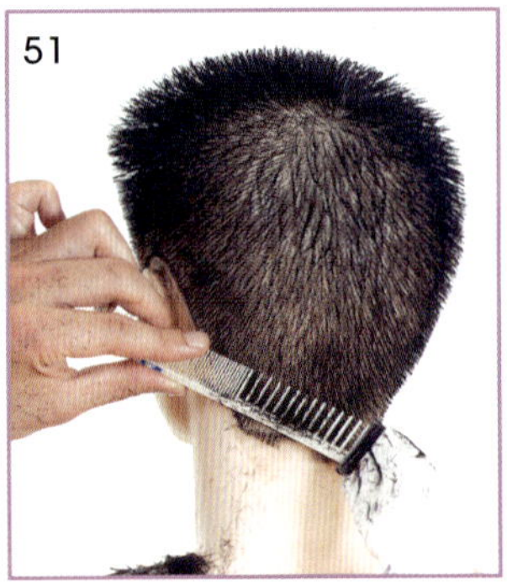

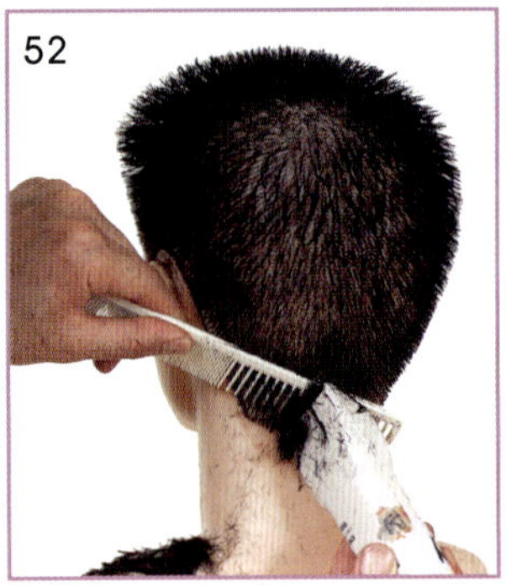

49~52. 세로존 ④번 영역도 세로존 ③번 영역과 동일한 방법으로 시술한다.

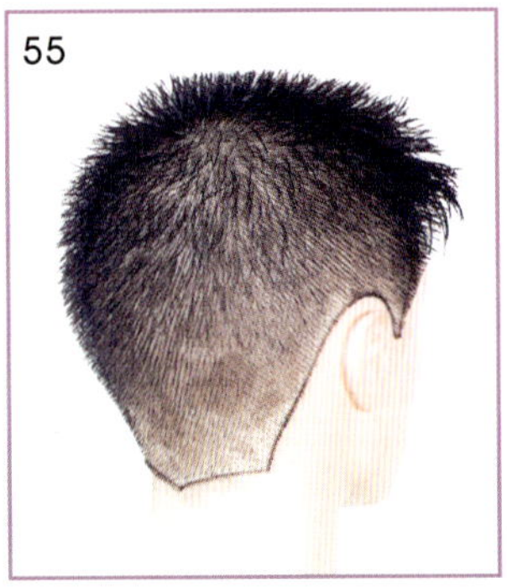

53~54. 시술이 완성된 상태이다. 앞모습과 옆모습. T.P부분은 모발의 길이가 짧아 세워지지만 두상이 함몰된 부분은 모발이 4~7cm 길이이기 때문에 모발이 모류방향대로 누워버린다.

55. 왼성된 상태의 뒷모습

2. 스포츠(모델)

1) 특 징

박스(상자)형으로 된 각진 커트, 각지게 깍는것, 커트 라인을 네모지게 한다.

2) 도해도

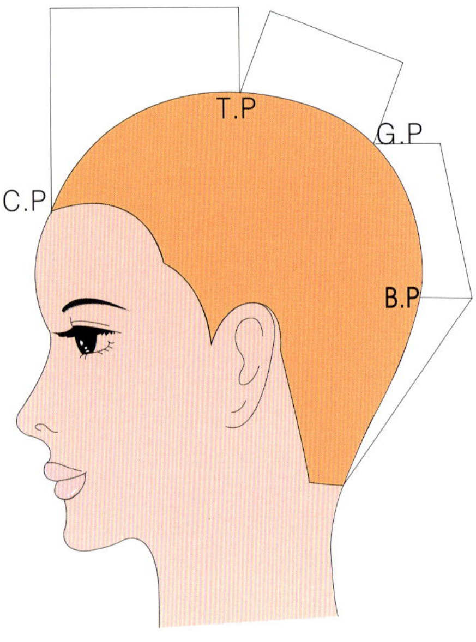

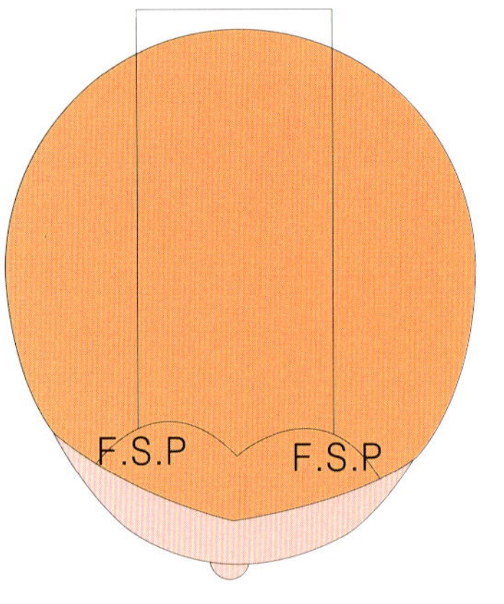

U라인에 일직선 시술

3) 시술방법

① 전체적인 모발을 질감처리한다.
② T.P에서 가이드를 설정하여 앞머리 블로킹을 일적선을 시술한다.
③ F.S.P선에 떨어진 가이드로 S.C.P까지 세로로 일직선을 시술한다.
④ B.P~G.P 빗을 사선으로 놓고, 일반시술각 90˚로 시술한다.
⑤ N.P~B.P까지는 깔끔하게 그라데이션 처리를 위해 클리퍼로 시술한다.

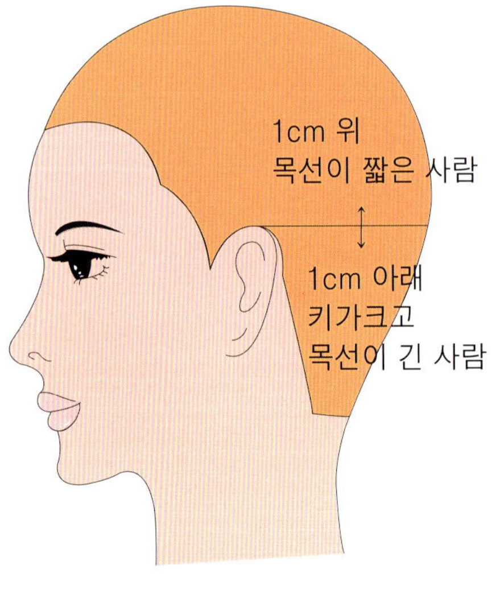

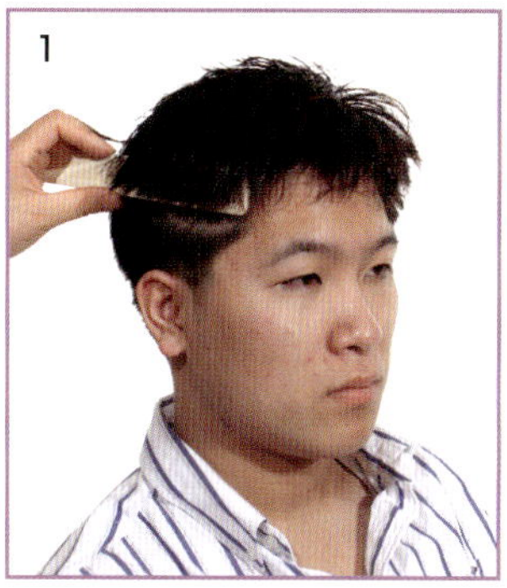

1. 빗을 인크리스레이어로 빗을 댄다.

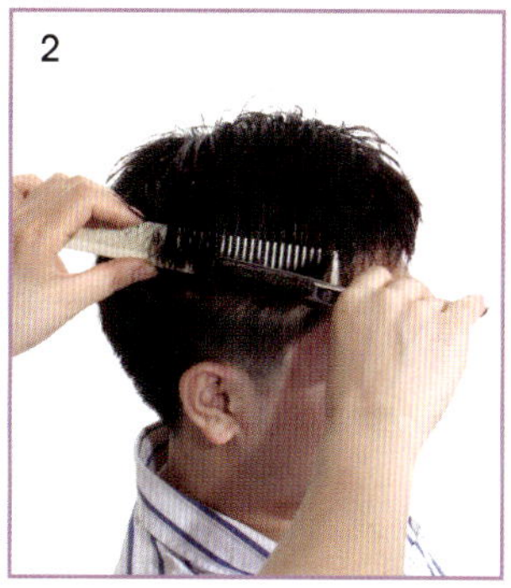

2. 틴닝으로 리듬을 타면서 길이를 2/3지점부터 커팅한다.

3~4. 시술각을 들어서 윗모발이 짧고 아랫모발은 길게 질감처리한다.

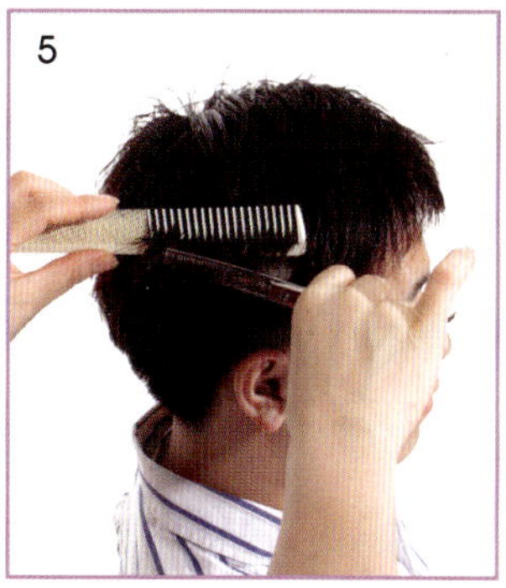

5. 손가락이 들어가는 대신 가위가 판넬을 뜨면서 시술한다.

6. 한 판넬은 4㎝씩만 자른다.

7. 반대쪽도 빗을 인크리스레이어로 판넬을 대고 질감처리한다.

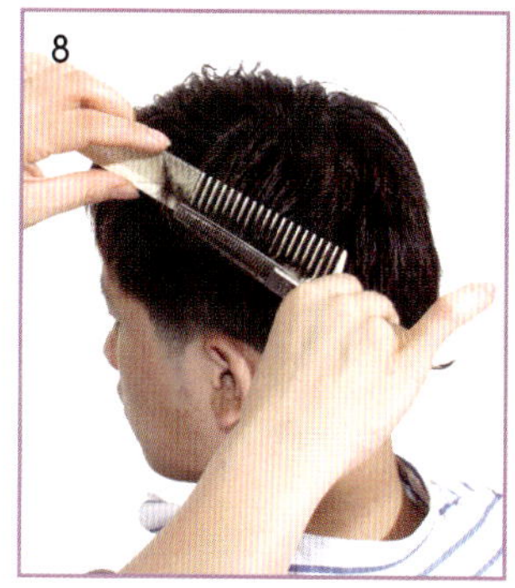

8. 후대각 4㎝씩 질감처리한다.

9. 빗과 틴닝가위가 리듬을 타면서 빠르게 시술한다.

10. 모발이 긴모발은 먼저 손가락 판넬로 길이를 조절한다.

11. T.P에서 수평으로 빗을 대고 가이드 설정한다.

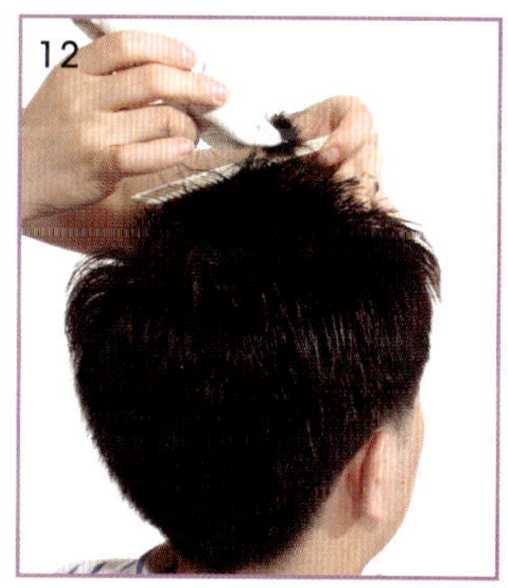

12. 앞부분이 약간 길어지게 판넬을 댄다.

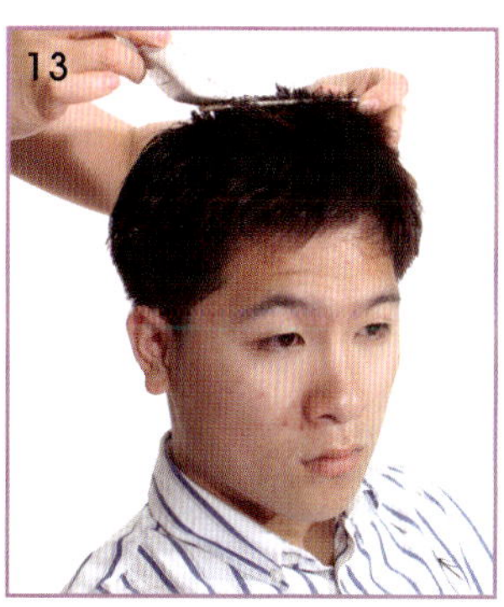

13. 모류에 반대방향에서 빗을 T.P에서 가이드 선택하여 시술한다.

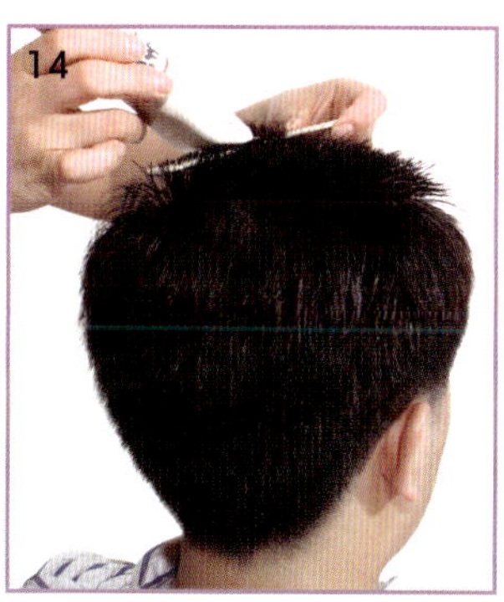

14. 빗을 T.P짧고 C.P쪽이 조금 길게 판넬을 댄다.

15. U라인을 C.L쪽으로 끌어 당겨서 수평일자로 시술한다.

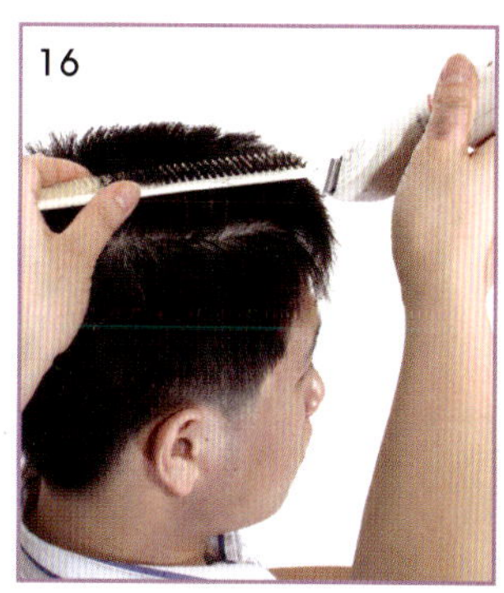

16~17. F.S.P선에서 G.P까지 U라인을 모두 일자로 시술한다.

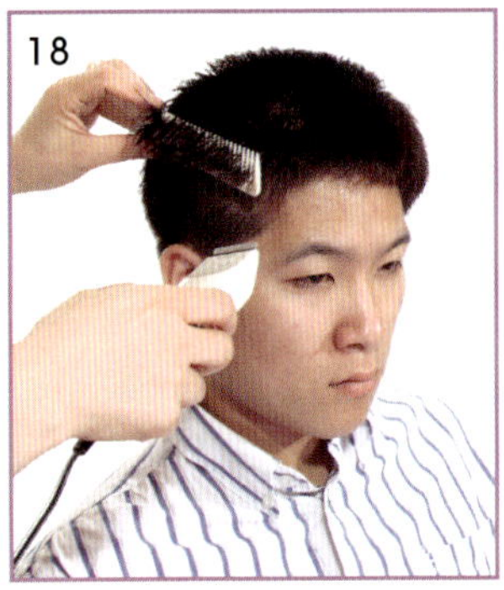

18. U라인에서 떨어진 곳에서 가이드를 찾는다.

19. 일직선(수직으로 빗을대어) 스퀘어레이어로 시술한다.

20~21. 빗살이 1.5cm밖에 자를 수가 없으므로 그 밑으로 다시 판넬을 대고 스퀘어레이어로 시술한다. 다시 그 밑으로 가이드를 맞추어 시술한다.

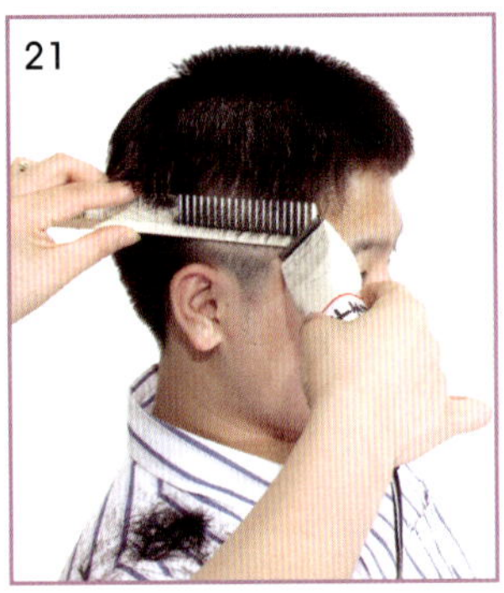

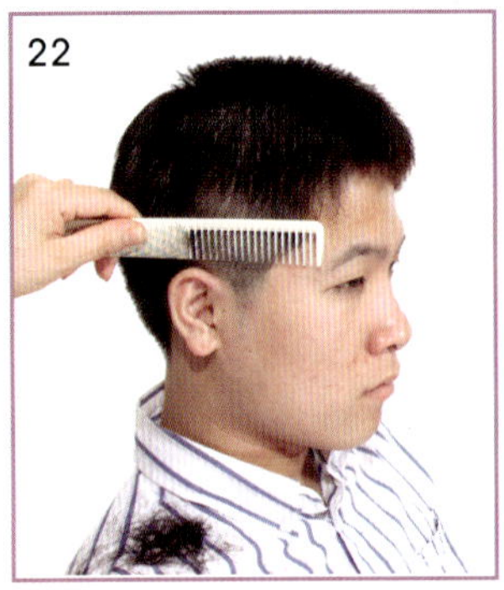

22. 빗등 만큼은 잘리지 않으므로 빗살을 대어 길이를 짧게 시술한다.

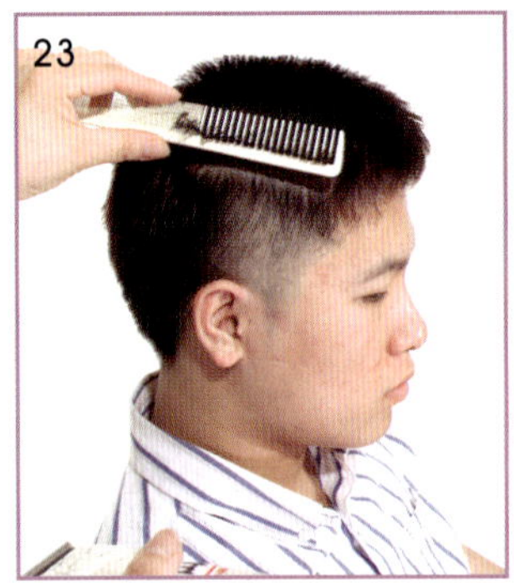

23. 4cm 이후에 또 한번 판넬을 대고 시술하는데 빗은 약간의 후대각으로 대고 시술한다.

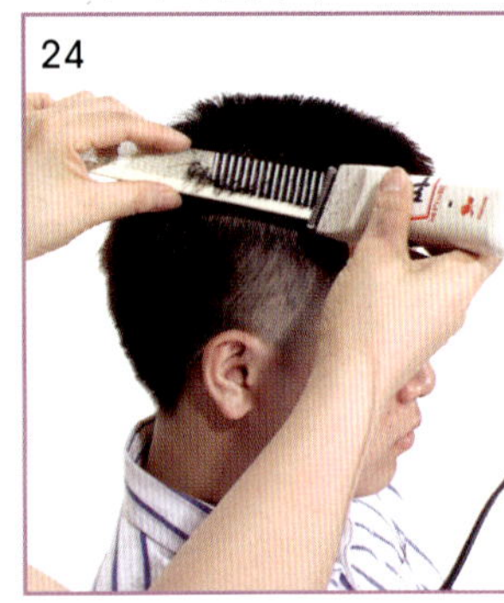

24. 빗을 90°로 대고 클리퍼로 잘라낸다.

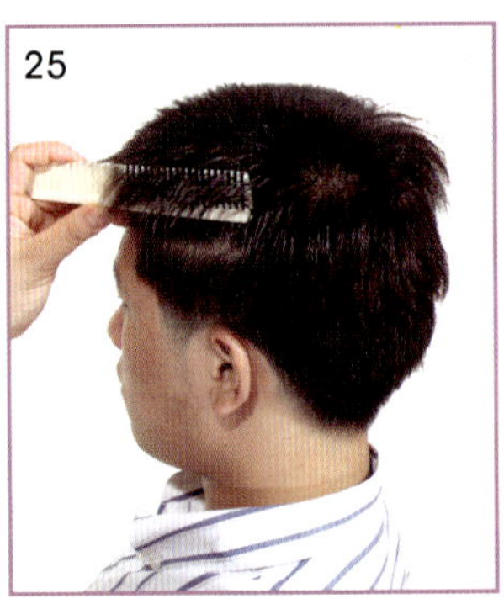

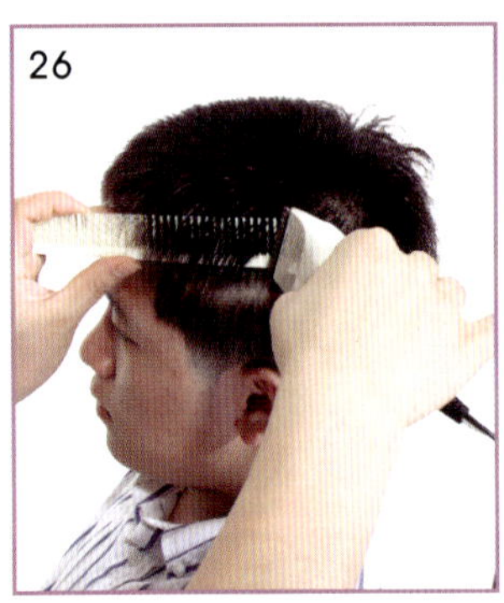

25~26. 반대편도 U라인이 떨어지는 곳에 가이드를 찾아 빗이 수직으로 커트한다. 이때 잘리는 판넬은 4cm만 시술한다.

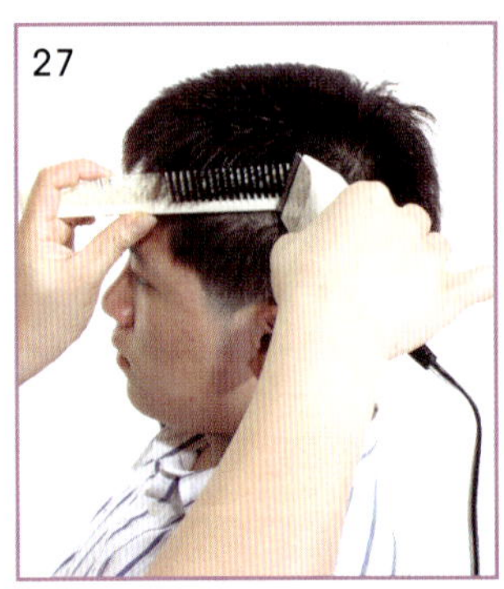

27~28. 빗이 처음 잘리는 것은 1.5cm정도만 가이드가 되기 때문에 빗을 다시 가이드에 맞추어 스퀘어레이어로 시술한다. 그 다음에 또 다시 빗을 가이드에 맞추어 스퀘어레이어로 시술한다.

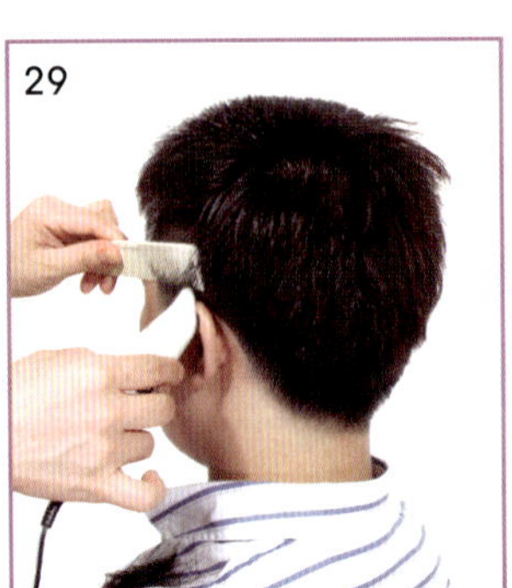

29. 빗등 만큼은 잘리지 않으므로 반대로 판넬을 대고 스퀘어레이어로 시술한다.

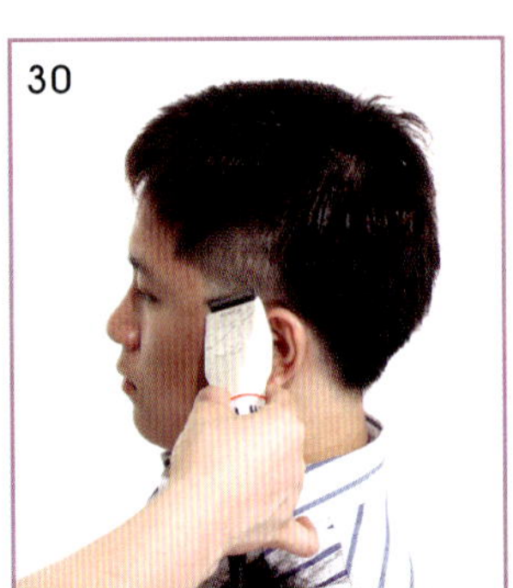

30~31. 클리퍼로 시술각을 조절하며 깨끗한 피부색으로 시술한다. 연결되지 못한 부분은 클리퍼로 조절하여 시술한다.

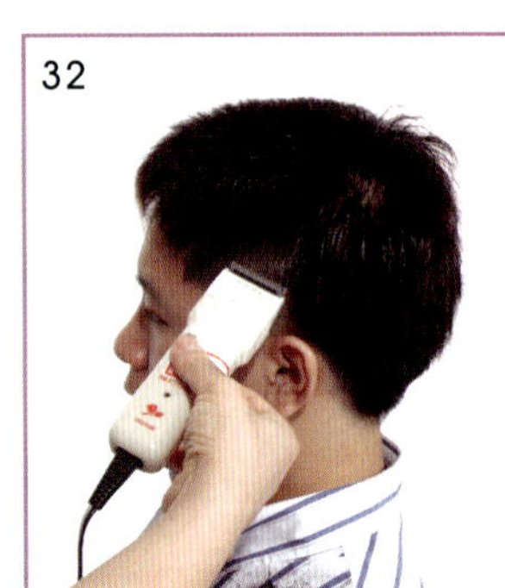

32. 클리퍼로 순간을 이용하여 힘을 골고루 분배하며 시술한다.

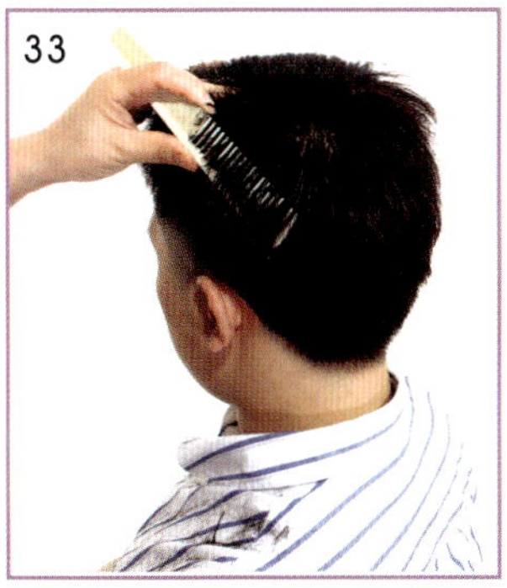

33. E.P쪽에서 가이드를 찾아 후대각으로 판넬을 잡고 유니폼 레이어로 시술한다.

34~35. 빗과 클리퍼는 자와 잘리는 시술각을 조절하며 4㎝씩 커트한다. 빗의 흔들림을 막기 위해 약지와 소지로 지지대를 삼는다.

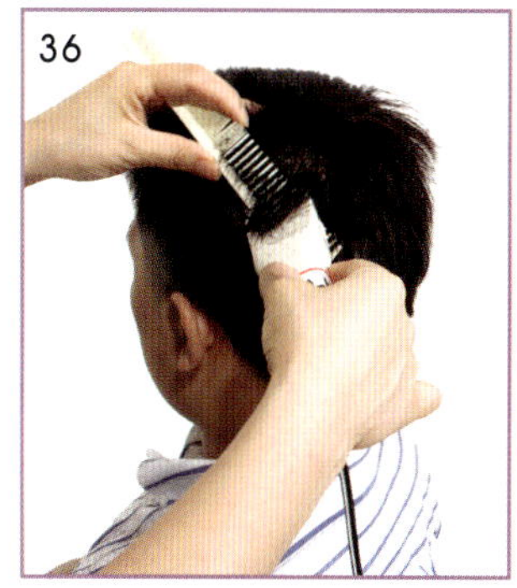

36. 빗의 잘리는 길이는 1.5㎝밖에 되지 않기때문에 또 가이드에 맞추어 판넬을 내려 가면서 시술한다.

37. 짧은 모발이라도 항상 윗모발에 가이드를 찾아가며 시술한다.

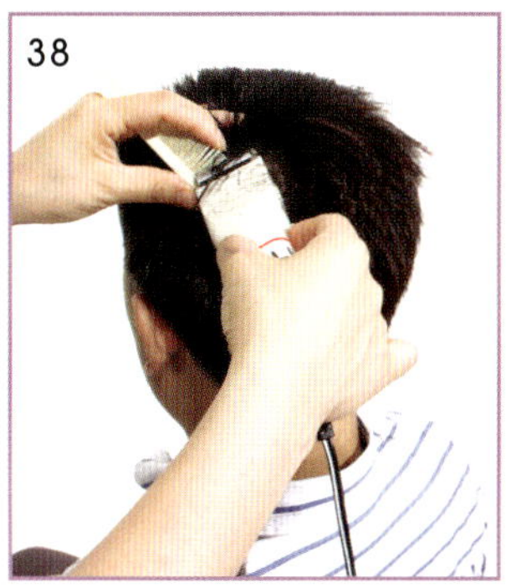

38~39. 사선으로 4㎝씩 옮겨가면서 유니폼레이어로 연결한다. 다시 4㎝씩 옮겨가면서 시술한다.

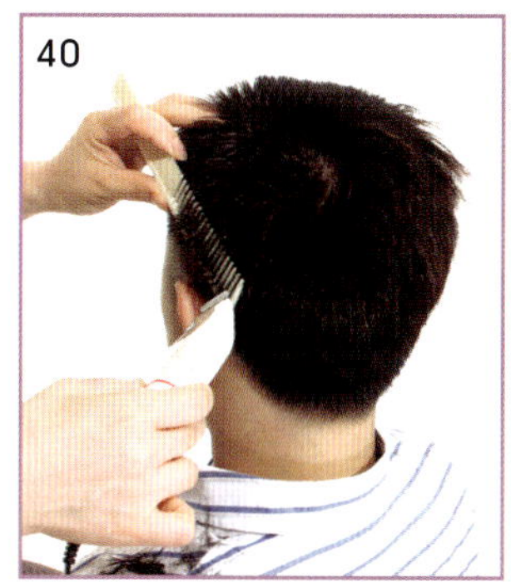

40~41. 윗모발에 맞추어 좀 더 짧게 클리퍼를 조절하면서 시술한다. 또다시 윗모발에서 가이드를 찾아 커트한다.

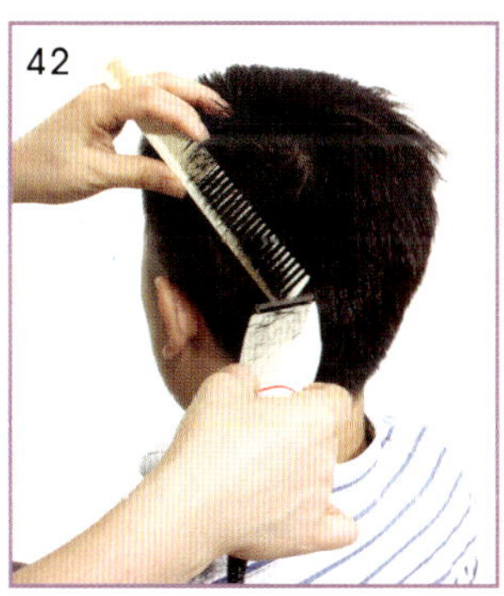

42. B.P 윗부분까지는 두상을 연장하는 유니폼레이어로 4㎝씩 사선자로 이동하여 커트한다.

43. 윗모발의 가이드에 맞추어 4㎝만 커트한다.

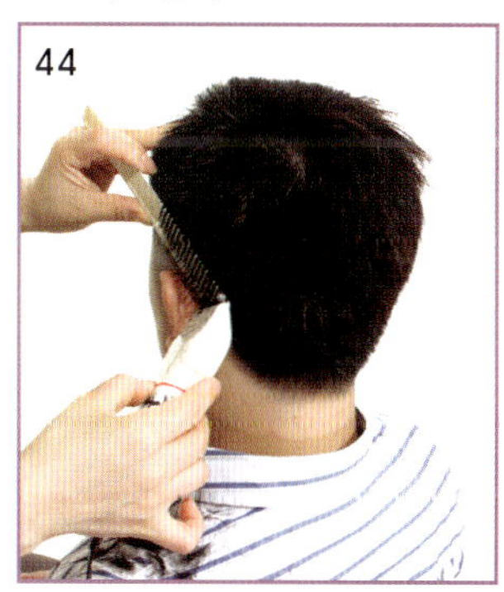

44. 밑머리가 짧게 그래쥬형태로 빗을 대어 시술한다.

45. B.P아래는 그래쥬형태로 빗을 조절하면서 시술한다.

46. 윗판넬 보다 좀 더 짧게 커트한다.

47. 4㎝씩만 이동하면서 커트한다.

48. 빗등 만큼 머리가 잘리지 않기 때문에 빗살을 두피에 대고 시술한다.

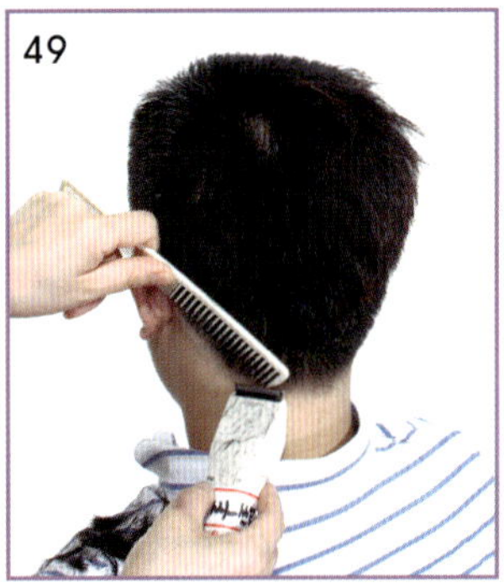

49. 빗살은 3㎝씩 자르고 이동하면서 U라인을 만든다.

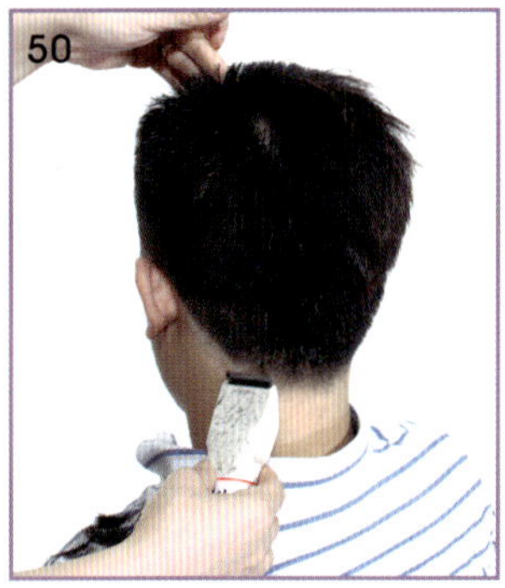

50. 깨끗한 피부색을 만들어야 하기때문에 클리퍼로 시술각을 조절하면서 커트한다.

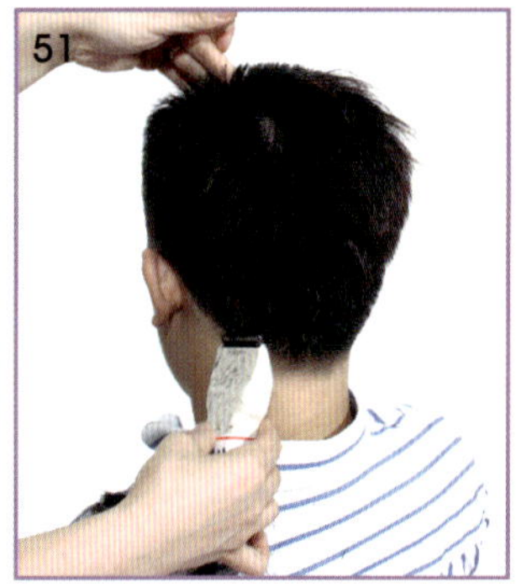

51. 끝라인을 깨끗하게 클리퍼로 시술각을 조절한다.

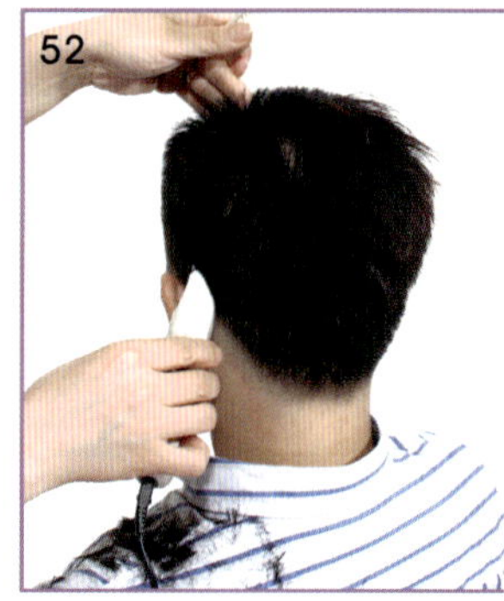

52. 클리퍼는 윗쪽이든 아래쪽이든 한쪽 만으로 시술각을 조절하여 커트한다.

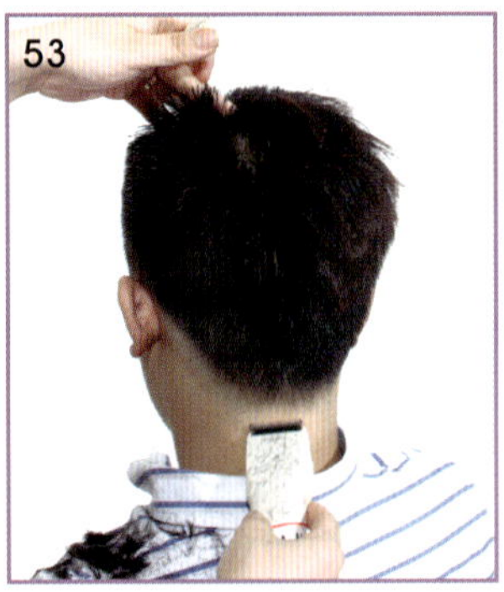

53. 맨 밑부분은 깨끗한 피부색을 만들기 위해 순간을 이용 C커브를 그리면서 시술한다.

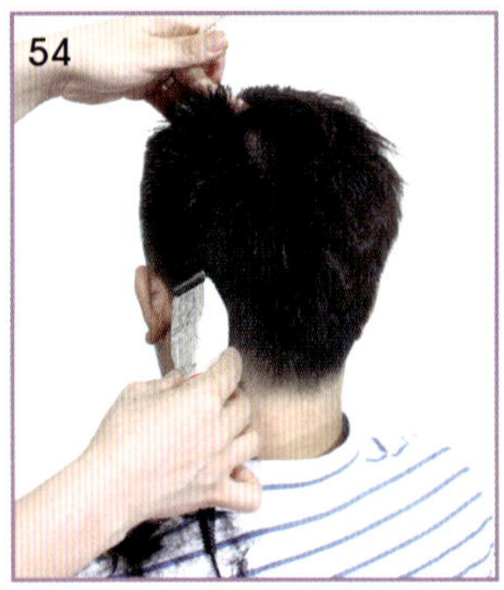

54. 몸의 중심을 잡아야 시술각을 조절할 수 있으므로 한 손은 T.P에 무게를 실지않고 얹어주면 다른 한 손으로는 클리퍼를 조절한다.

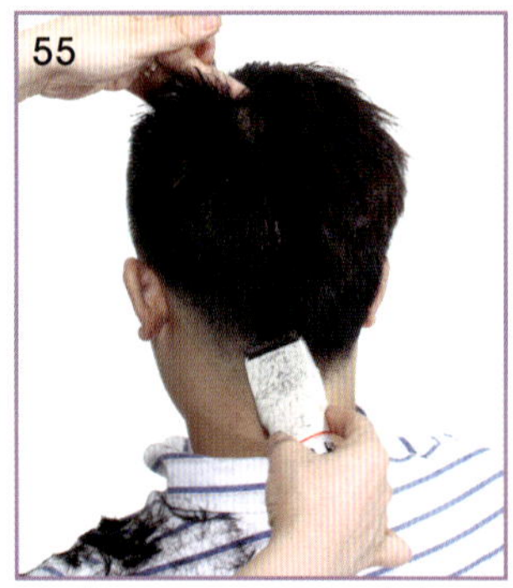

55. N.P~B.P까지는 C커브를 그리면서 시술각을 조절하여 그래쥬에이션을 연결한다.

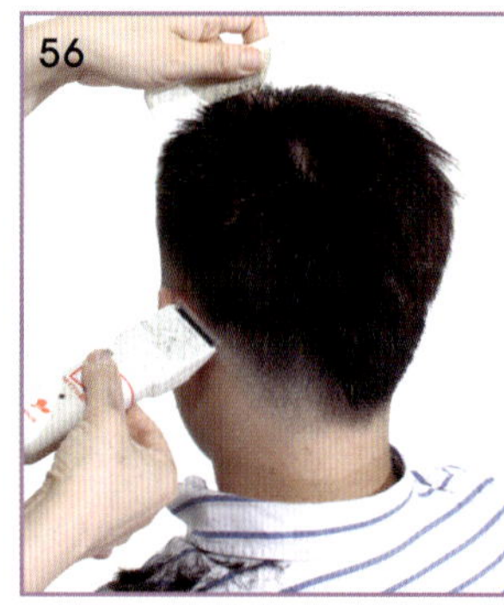

56. 피부표면은 머리카락이 보이지 않게 깨끗이 정리해 준다.

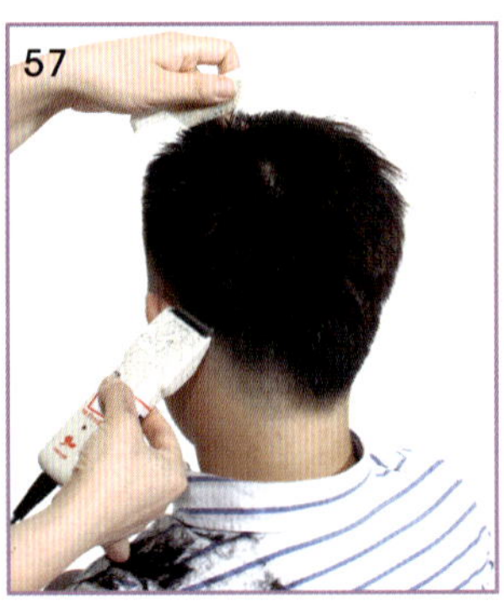

57. 클리퍼를 댈 때도 사선으로 해야 길이가 정확하게 잘린다.

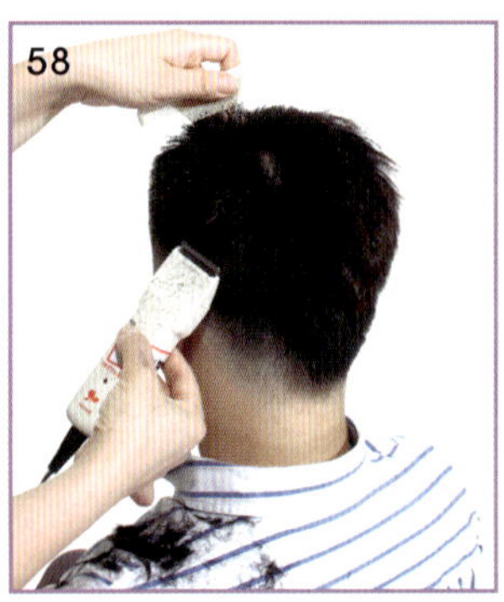

58. 순간을 이용해 클리퍼가 골고루 힘을 분배할 수 있도록 하면서 그래쥬에이션 처리한다.

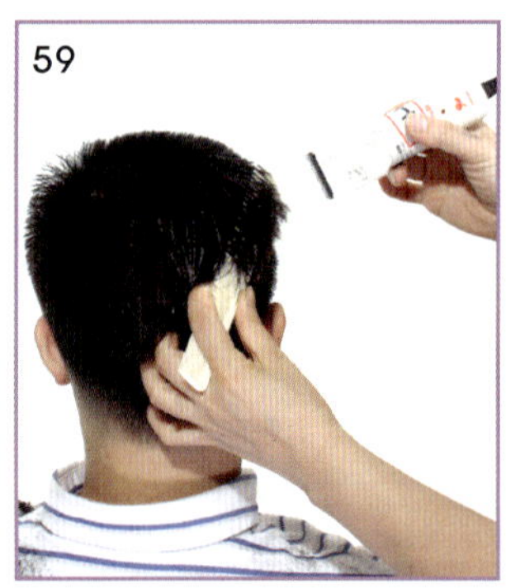

59. B.P와 G.P사이를 일반시술각 90˚로 시술한다.

60. 빗으고 한 판넬을 자를때는 4㎝임을 숙지하여야 한다.

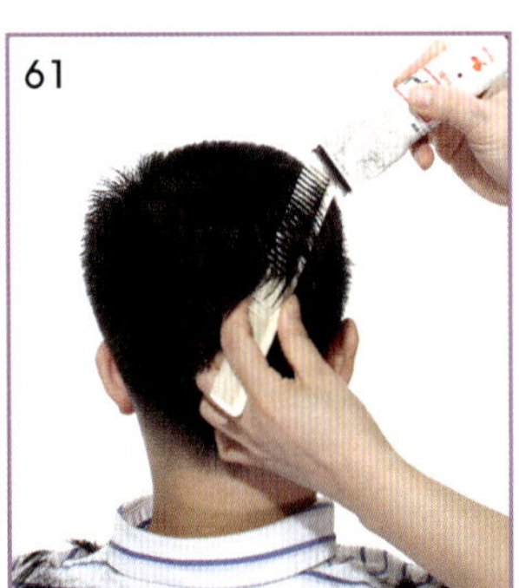

61. B.P~G.P사이를 점점 그래쥬에이션 처리로 4㎝ 씩 시술한다.

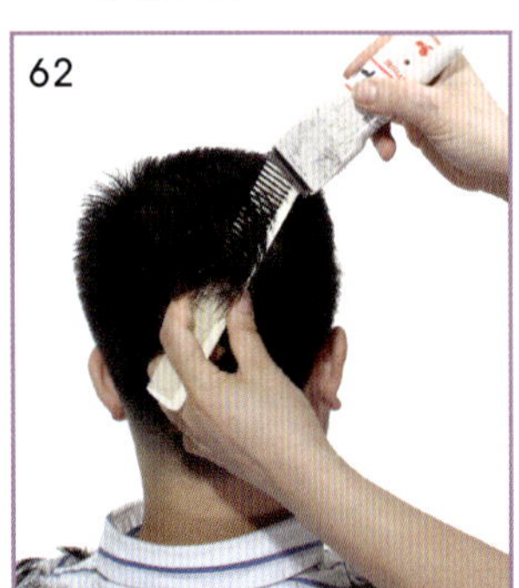

62. G.B.M.P에 가이드와 연결하여 좌우 밸런스를 맞춘다.

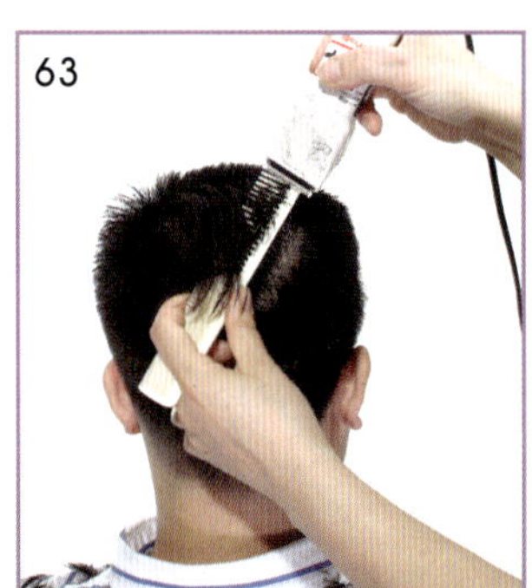

63. G.P~B.P 일반시술각 90˚로 시술한다.

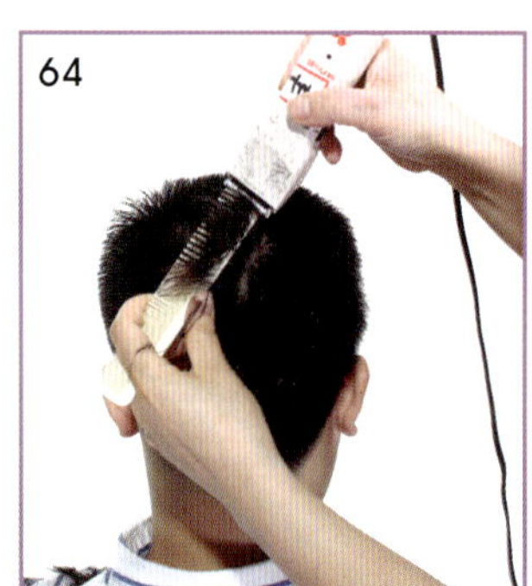

64. C.L선을 넘지 않도록 시술한다.

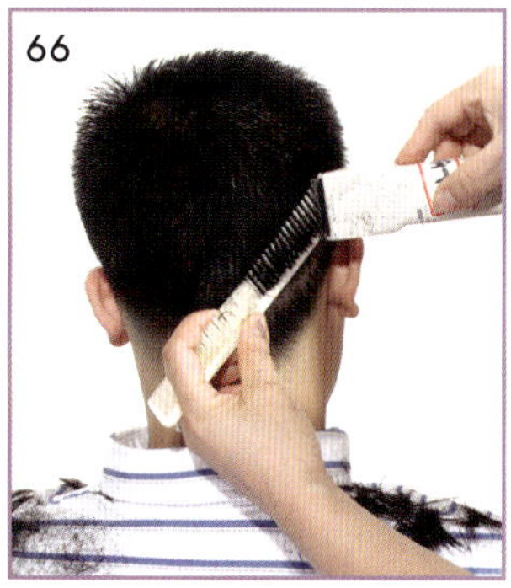

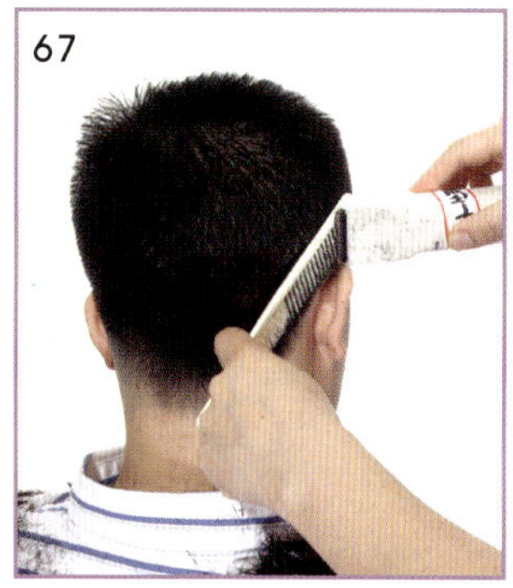

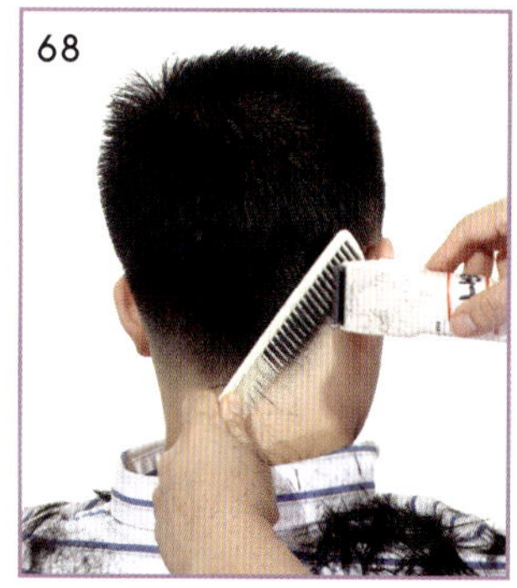

65~67. 점점 시술각을 낮추면서 길이 가이드를 찾아 시술한다.

68. 빗등 길이 만큼 길어지기 때문에 빗살을 두피에 대고 시술한다.

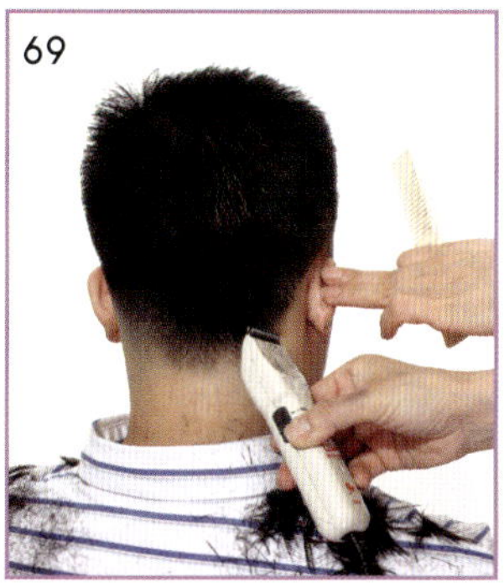

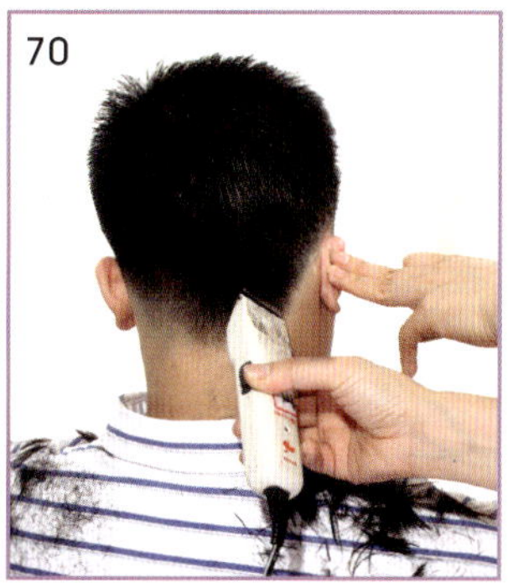

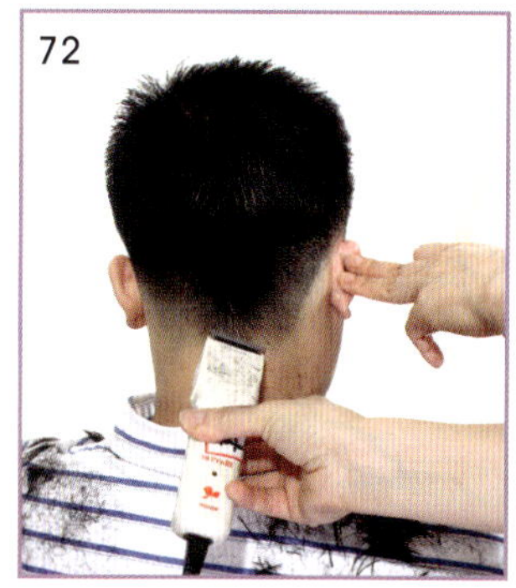

69~71. 힘을 골고루 분배하기 위하여 밑에서 위로 완만한 C커브를 그리면서 깨끗한 피부색을 만든다.

72. 클리퍼로 시술각을 조절하는 훈련이 필요하다.

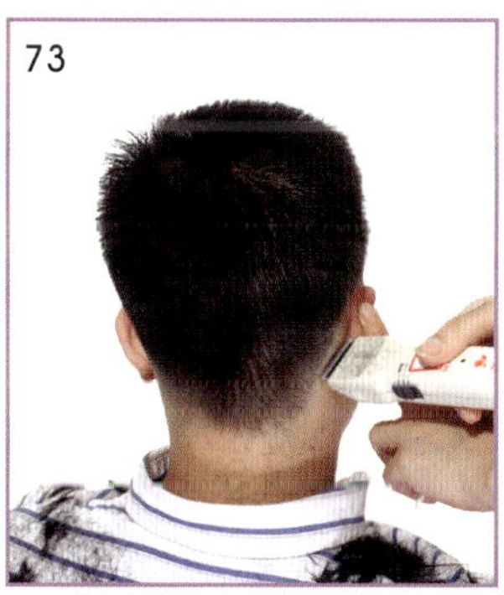

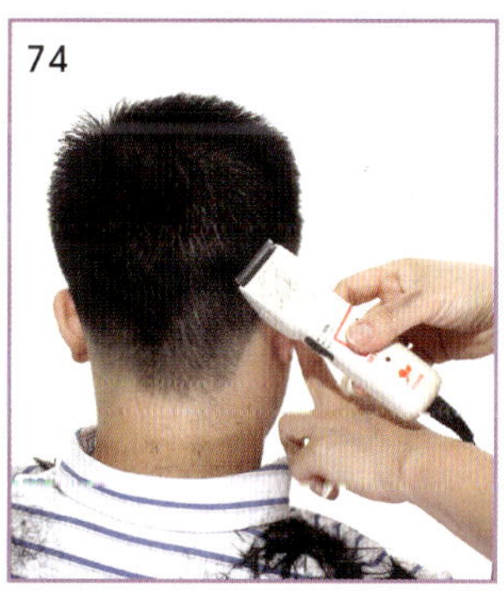

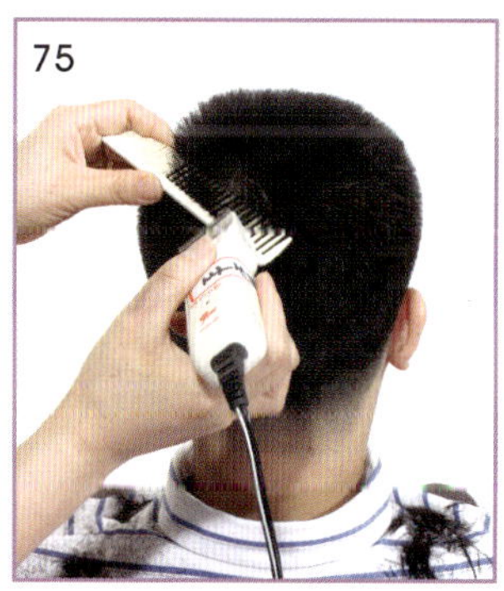

73~74. 깨끗한 피부색을 만들기 위해 순간을 이용 C커브를 그리면서 그래쥬에이션처리로 시술한다.

75~78. G.P.M.P~T.P까지 빗을 사선으로 누운후 빗등에 튀어나온 부분만 클리퍼로 시술한다.

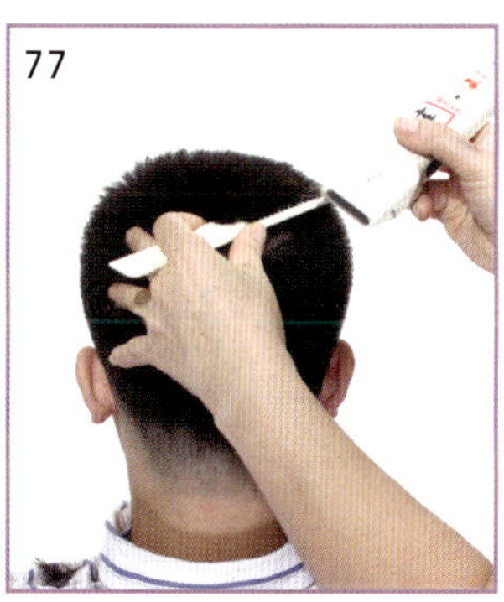

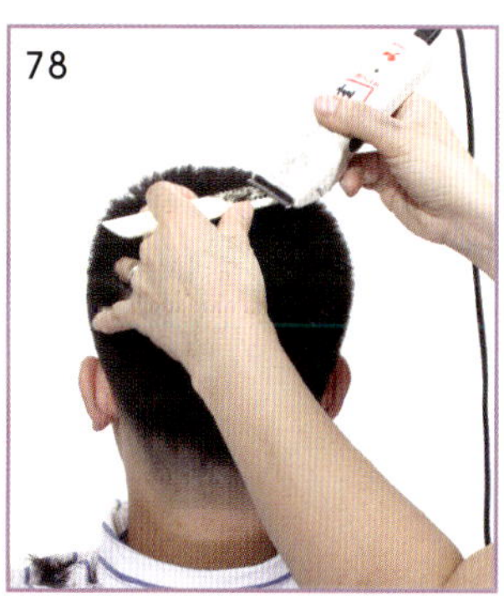

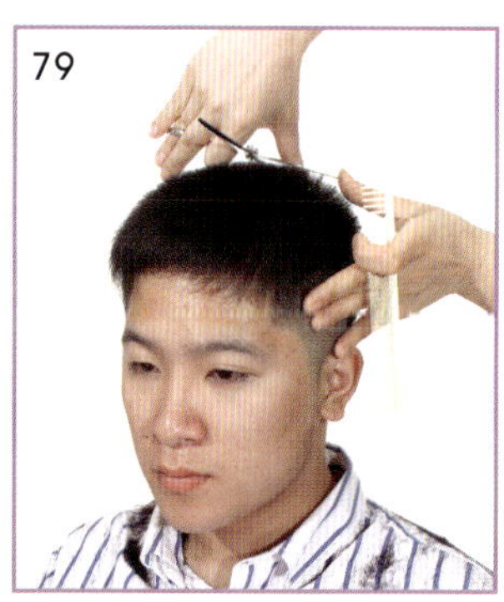

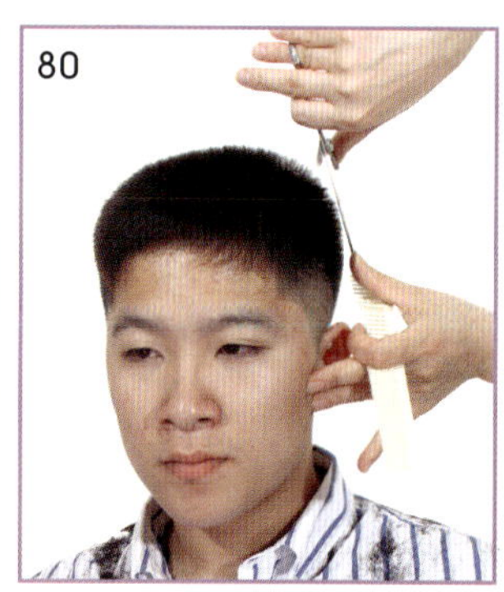

79. 튀어나온 부분은 싱글링으로 처리한다.

80. 싱글링을 할 때는 자기자리에서 빨리 하는 진행은 천천히 하면서 시술한다.

11장 ··· 미용사 실기시험 커트

학습 목표

1. 미용사 실기시험에서 요구되는 기초 커트(이사도라, 스파이엘, 그라데이션, 레이어 커트를 알게 한다)
2. 미용사 실기시험의 수검자 지참 공구 목록을 알 수 있게 한다.

커트의 종류 및 요구사항

커트의 종류	시험 요구사항	비고
원렝스 커트 (이사도라)	머리길이는 세미롱으로 하되 네이프 라인에서 8~9cm로 한다. 또 앞뒤의 수평상의 단차는 3~4cm로 한다.	블로킹 4등분
원렝스 커트 (스파니엘)	머리길이는 세미롱으로 하되 네이프 라인에서 8~9cm로 한다. 또 앞뒤의 수평상의 단차는 3~4cm로 한다.	블로킹 4등분
그라데이션 커트	로우 그라데이션 커트로 하고 네이프 라인에서 5~6cm로 한다.	블로킹 5등분
레이어 커트	머리길이는 세미롱으로 하되 네이프 라인에서 8~9cm로 한다.	블로킹 5등분

1. 원렝스 커트

1) 수평보브

(1) 특 징

- 원렝스 커트를 시술하기 위한 4등분을 익힌다.
- 곡면체를 빗질하는 방법과 왼손에 모발을 잡는 판넬을 정확하게 하는 방법을 익힌다.
- 모든 모발이 일직선으로 동일한 선상에 떨어졌을때 원렝스라고 한다.
- 곡면체와는 무관하게 선과 선의 연결이 수평한 일직선이어야 한다.

(2) 수평보브 커트가 완성된 모습

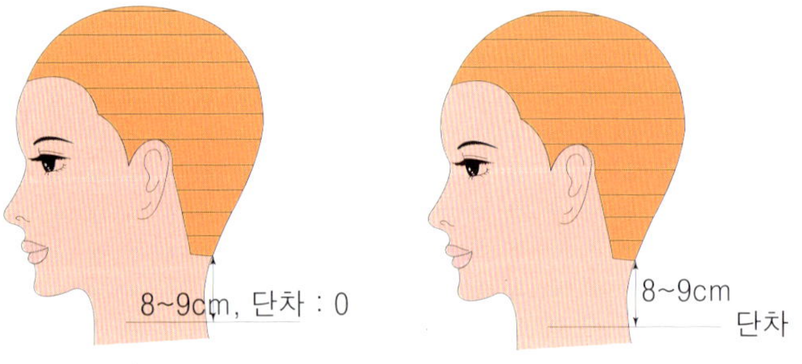

자연시술각 0° 로 일직선으로 시술한다.

(3) 블로킹을 시술해 놓은 상태

블로킹 시술순서

① 모발에 물을 충분히 도포한 후 브러쉬로 곱게 빗질한다.

② C.P에서 시작하여 좌 · 우를 나눈 후 곱게 빗질하여 핀셋으로 모발정리한다.

③ T.P에서 E.P로 블로킹을 나눈 후 곱게 빗질하여 핀셋으로 모발을 정리한다.

* 커트의 기본선을 분명하게 시술하기 위하여 블로킹을 정확히 탄다.

1. 제1선기준선을 시술하기 위해 1~1.5cm의 수평셋션을 뜬다.

2. 파팅을 나눌 때는 빗으로 나눈다.

3. N.P에서 8~9cm를 가이드로 하여 자연시술각 0°에서 가운데 손가락이 보이지 않게 판넬을 잡는다.

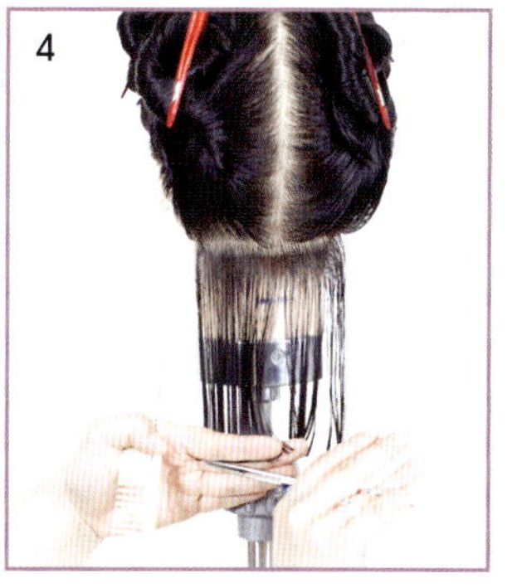

4. 가운데 모발에 맞추어 자연시술각 0°가 되도록 시술하고 손가락은 직각이 되게 한다.

5. 반대편도 동일한 방법으로 시술한다.

6. 제2선 두 번째 섹션을 뜬다.

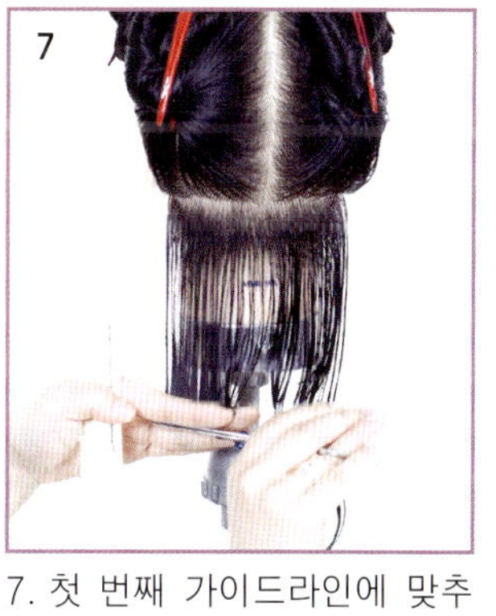

7. 첫 번째 가이드라인에 맞추어 커트하고 왼쪽도 손가락이 일직선이 되도록 시술한다.

8. C.L의 가이드에 맞추어 오른쪽도 동일한 방법으로 시술한다.

9. 수평섹션으로 1~1.5cm 정도의 판넬을 뜬다.

10. 반대쪽도 동일한 방법으로 시술한다.

11. 1.5cm 정도 판넬을 떠서 수평섹션으로 하여 0°로 빗어내려 설정된 가이드에 다다르면 가이드라인에 맞추어 커트한다.

12. 다음 판넬을 뜬다.

13. 3선을 시술하기 위해 1.5cm을 뜨고 왼쪽과 동일한 양으로 오른쪽도 모발을 나눈다.

14. 수평 보브는 모든 선들이 하나의 선에서 떨어지는 커트이므로 판넬을 들지않고 모발을 빗어내려 동일 선상에서 시술한다.

15. 중심 판넬의 기이드에 맞추어서 오른쪽도 동일선상에서 시술한다.

16. 4선도 위와 동일한 방법으로 판넬을 뜬다.

17. 자연시술각 0°로 시술한다. 이때가운데 손가락이 보이지 않도록 시술해야 한다.

18. C.L에 맞추어서 오른쪽도 일직선으로 시술한다.

19. 시술을 해 놓은 상태이다.

20. 다음 시술부터는 곡면을 따라 파팅을 나눈다.

21. 오른쪽도 동일한 방법으로 시술한다.

22. 손가락이 일직선이된 상태로 자연시술각 0°로 시술한다.

23. 오른쪽도 동일한 상태로 시술한다.

24. 곡면의 이곳은 모발이 떨어진 형태대로 방사형으로 빗질하여 시술한다.

25~26. 이어투이어라인(ear to ear line)에서 1.5cm 모발을 뜨고 뒷부분에서 가이드를 찾아 텐션을 주지 않고 자연스럽게 빗질된 상태에서 커트한다.

27~28. 다음 시술을 위한 슬라이스를 나눈다.

29. 수평섹션을 하여 텐션을 주지 않고 빗질한다.

30. 가이드에 맞추어서 자연시술각 0°로 시술한다 .이때 손가락이 일직선이다.

31. 시술해 놓은 상태이다.

32~33.이곳은 약간 굴려 주면서 0°로 빗어 내려 시술한다(face line을 따라 굴린다).

34. 좌측표면은 빗을 손이 따라 가면서 자연시술각 0°로 시술한다.

35. 손가락은 일직선인 상태에서 시술한다.

36. 사이드 표면은 곱게 빗질하여 빗과 손이 내려와 정리하면서 완성한다.

37~38. 반대편 사이드의 판넬을 뜬다. 사이드 시술 시 주의사항 : 귀가 튀어 나오고 모류도 맨밑에서는 역행하므로 이곳에 빗질은 고운살보다 얼레살이 좋고 텐션없이 빗질하여 커트해야 한다.

39. 수평섹션으로 0°로 빗어내려 E.B.P에서 뒤쪽 1cm에서 가이드를 찾아서 일직선으로 커트한다.

40. 2선을 수평 섹션하여 0°로 내려 1선과 동일 선상에서 커트한다.

41. 손가락을 일직선으로 하여 가운데 손가락이 보이지 않게 시술한다.

42~43. 페이스 라인(face line)의 곡선을 주위하면서 0°로 빗질하여 커트한다.

44. 곡면을 따라 빗질하며 손가락이 따라 가면서 모발의 판넬을 잡고 일직선으로 시술한다.

2) 이사도라(Isadora cut)

(1) 수검시 요구사항

머리길이는 세미롱으로 하되 네이프라인에서 8~9cm로 한다. 수평상의 단차는 3~4cm로 한다. 앞머리가 짧고 뒷머리가 길게 U라인의 형태를 하는 후대각 파팅으로 시술한 커트이다.

① N.P 길이는 8~9cm로 한다. 앞뒤의 단차는 3~4cm로 한다.

② U라인의 형태를 만든다.

(2) 이사도라 커트시 주의할 점

① 앞뒤의 단차가 3~4cm 차이가 나야한다.

② 왼쪽, 오른쪽 길이가 맞아야 한다.

③ 슬라이스 파팅과 시술각을 이해하면서 손가락의 시술각도를 활용해야 한다.

(3) 이사도라 커트가 완성된 모습

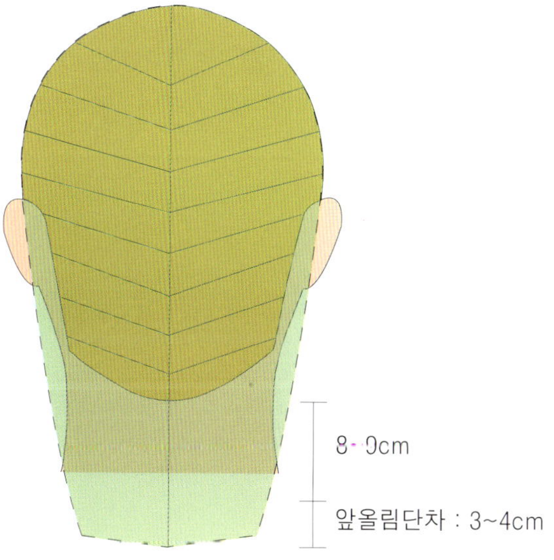

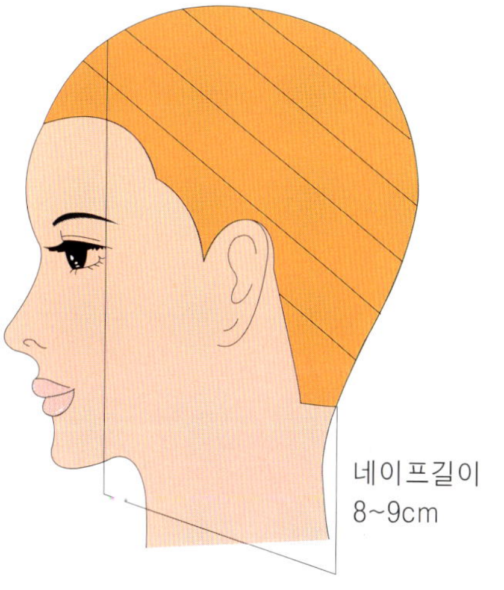

0° 컷으로서 앞길이 보다 뒷길이가 긴 스타일이며 단위는 3~4cm(올림형)이다.

(4) 블로킹을 시술해 놓은 상태(4등분)

블로킹 시술순서

① 모발에 물을 충분히 도포한 후 브러쉬로 곱게 빗질한다.

② C.P에서 시작하여 좌우를 나눈 후 곱게 빗질하여 핀셋으로 모발을 정리한다.

③ T.P에서 E.P로 블로킹을 나눈 후 곱게 빗질하여 핀셋으로 모발을 정리한다.

* 커트의 기본선을 분명하게 시술하기 위하여 블로킹을 정확히 탄다.

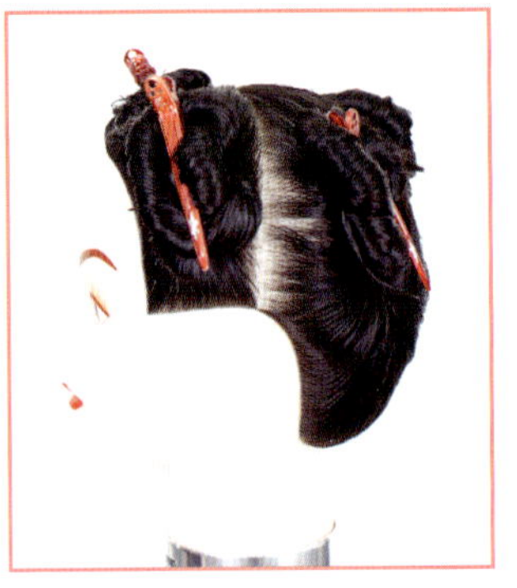

시술 후 완성된 모습

1. 시술 전에 빗질해놓은 상태이다.

2~3 이어 투이어에서 T.P까지 연결하여 파팅을 나눈다.

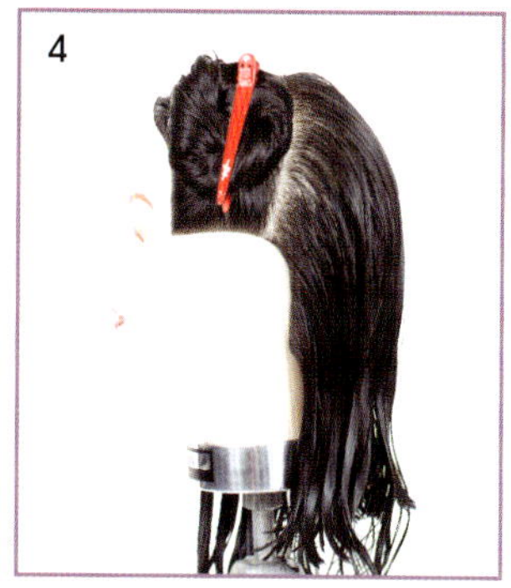

4. 파팅을 해서 고정시켜 놓은 상태이다.

5. T.P에서 C.L을 나눈다

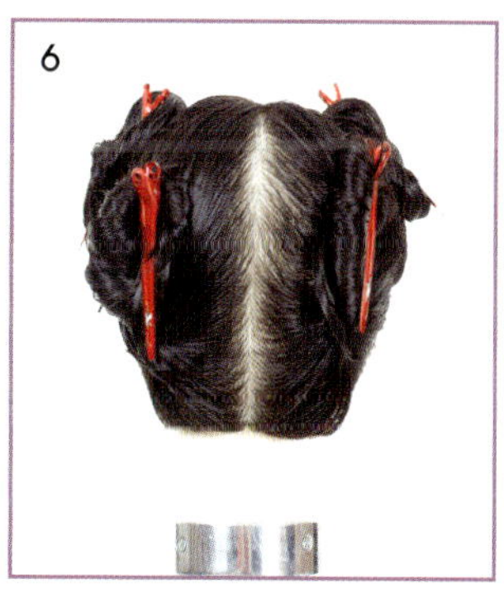

6. 센타라인을 나누어서 고정시켜 놓은 상태이다.

7~8. 1선 1.5cm로 첫 번째 섹션을 잡고 완만한 U라인으로 하여 파팅을 탄다.

9~10. 오른쪽도 왼쪽과 동일한 방법으로 시술한다.

11. N.P에서 8~9cm로 가이드를 설정하여 일직선으로 시술 한다.

12. 손가락을 사선으로 하고 U라인을 시술하며 앞이 위로 살짝 올라가도록 시술한다. 선-정중선 기준선은 nape에서 8~9cm이고 각도는 0˚이며 단차가 3~4cm(앞올림 형이다) 정중선 2cm, 결 대로 빗겨 직선 커트한다. 이때 손가락은 항상 직각이 되게 한다. 각도는 0˚로 하여 자른다.

13~14. 먼저 중심부에서 가이드를 시술하고 손가락은 곡면을 따라 사선으로 빗질한다.

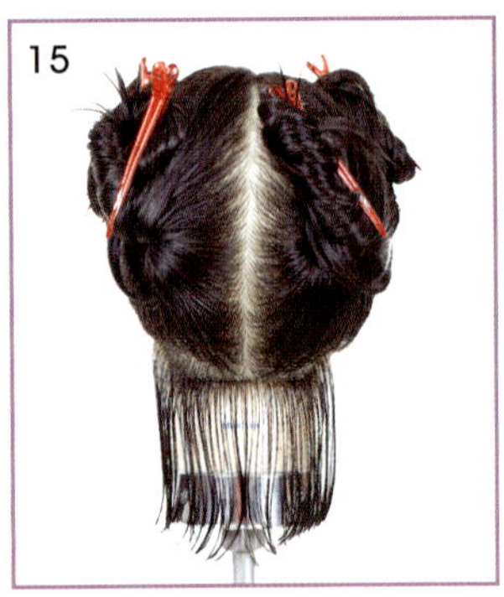

15. 좌 · 우 첫선을 시술 해 놓은 상태이다.

16. 2선의 시술을 위한 파팅을 나눈다.

17~20. 2선 바깥 쪽 1cm 1선의 가이드는 빼고 정중선부터 1선 가장 긴머리에 맞추어 자른다. 자른 머리와 안자른 머리를 1 : 1로 잡고 몸을 구간 구간 움직이면서 자연스럽게 커트한다. 2선은 모발을 0° 로 빗어내려 1선을 기준으로 하여 커트한다. 단차가 많이 나지 않도록 손의 각도를 15° 잡고 커트한다.

21. 3선을 위한 섹션을 뜬다. 섹션을 뜰 때에는 빗을 사선으로 잡고 시술한다.

22. 반대편도 동일한 방법으로 시술한다.

23. 중심에서 자연시술각 0°로 시술한다.

24~25. 단차가 많이 나지 않도록 손가락 각도를 15°로 잡고 시술한다.

26. 좌 · 우 U라인의 가이드를 확인한다.

27. 다음 시술을 위해 빗을 사선으로 하여 U라인의 파팅을 뜬다.

28. 오른쪽도 왼쪽과 동일한 방법으로 시술한다.

29. 중심부부터 밑 선의 흐름에 맞추어 시술한다.

30. 4선부터는 슬라이스흐름이 완만해진다. 가이드라인에 맞추어가면서 시술한다.

31. 반대쪽도 동일한 방법으로 시술한다.

32. 좌 · 우의 길이를 다시한번 확인한다.

33~34. 크라운 부위부터는 모발이 자연스럽게 흐르는 방향으로 빗어서 가이드라인에 맞추어서 시술한다.

35. 뒷모습이 완성된 모습이다.

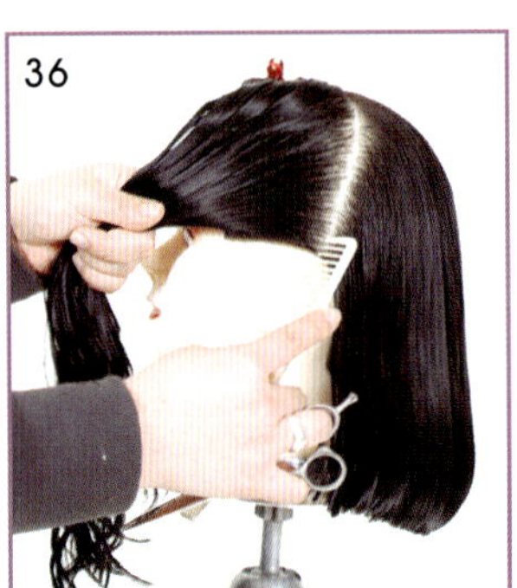

36~37. 후대각으로 섹션을 떠서 앞과 뒤의 단차가 3~4cm가 되도록 한다.

38~39. 사이드 커트시 귀가 튀어 나와 있고 이곳의 모류는 역행하므로 텐션을 주지 말고 얼레살로 자연스럽게 빗어내려 밑가이드에 맞추어 커트한다.

40~41. 첫 선 가이드에 맞추어서 다음시술을 위한 슬라이스를 탄다.

42. 슬라이스와 빗을 동일하게 대고 시술을 위한 준비를 한다.

43~44. 슬라이스와 손가락이 평행하게 대고 커트한다.

45. 앞머리와 뒷머리사이를 연결하기 위해 빗질한다.

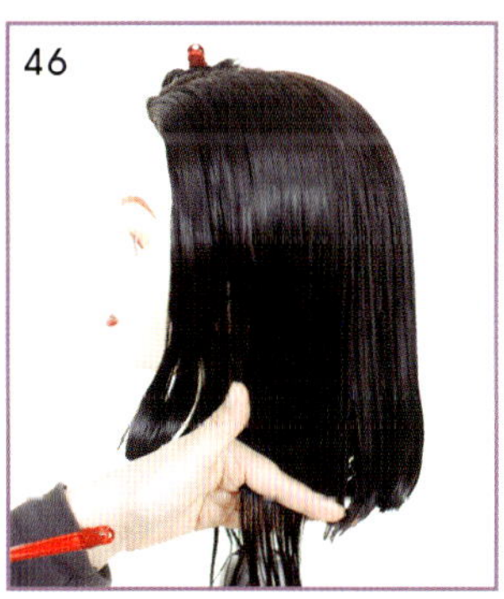

46. 연결되지 않는 모발을 연결한다.

47~48. 뒷모발부터 시작하여 앞머리 까지 연결해 가면서 시술한다.

49. 우측도 좌측과 동일하게 시술한다. 후대각 섹션으로 슬라이스를 탄다.

50. 슬라이스와 빗을 동일하게 대고 다음 시술을 위한 준비를 한다.

51. 후대각 섹션을 떠서 자연 시술각 0˚로 시술한다.

52. 이때 가운데 손가락이 보이지 않게 손가락도 0˚로 시술한다.

53. 다음 시술을 위한 슬라이스의 판넬을 뜬다.

54. 빗의 기울기로 후대각으로 슬라이스를 뜬다.

55. 슬라이스와 손가락이 평행하게 하여 후대각으로 시술을 하기 위해 판넬을 잡는다.

56. 앞뒤의 단차가 3~4cm차이가 나도록 시술한다.

57. 손가락과 슬라이스와 평행하게 하여 커트한다.

58. 앞과 뒤의 연결되지 않는 부분을 다시 한 번 판넬을 잡고 커트한다.

59. 다음도 이동해 가면서 앞머리와 뒷머리를 연결한다.

60. 빗질과 손가락을 동일하게 이동해 가면서 시술한다.

3) 스파이엘 커트(Spaniel cut)

(1) 수검시 요구사항

머리길이는 세미롱으로 하되 네이프라인에서 8~9cm로 한다. 또 앞뒤의 수평상의 단차는 3~4cm로 한다. 앞부분이 길고 뒷부분이 짧은 스타일로 모발에 각도가 없는 커트다.

① N.P 길이는 8~9cm로 한다. 앞뒤의 단차는 3~4cm로 한다.

② ∩라인의 형태로 만든다.

(2) 스파이엘 커트시 주의사항

① 앞뒤의 단차는 3~4cm로 한다.

② 왼쪽, 오른쪽 길이가 맞아야 한다.

③ 슬라이스 파티과 시술각을 이해하면서 손가락 각도를 활용해야 한다.

④ 앞머리가 뒷머리보다 길다.

(3) 스파이엘 커트가 완성된 모습

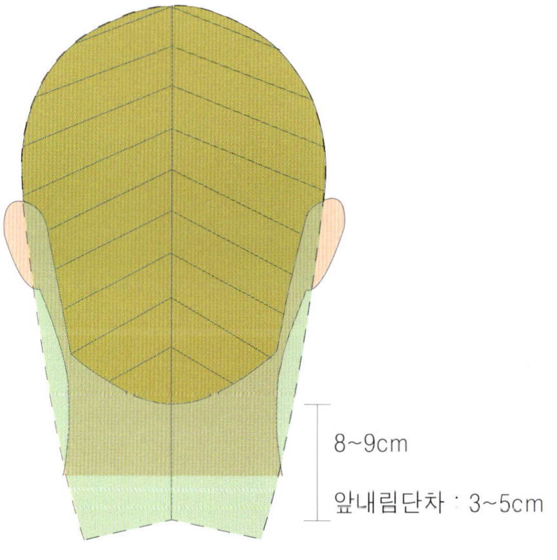

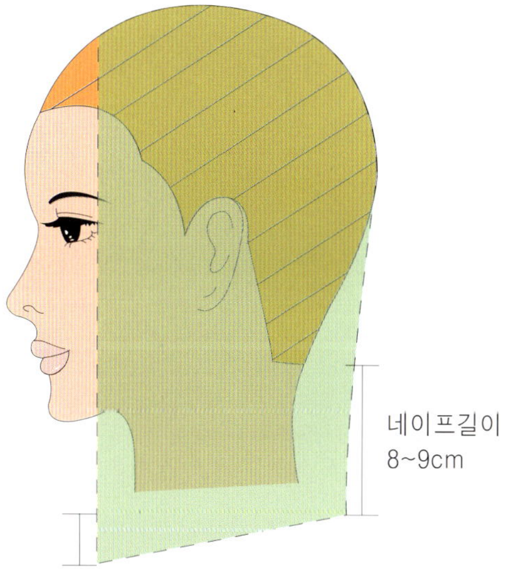

0° 커트로서 뒷길이 보다 앞 길이가 긴 style 이며 단위는 3~4cm(앞내림형)이다. 빗질을 다하고 난 뒤 도구 정리하고 머리카락도 정리한다. 정리정돈과 청결은 미용인으로서 갖추어야 할 필수조건이다.

(4) 블로킹을 시술해 놓은 상태

블로킹 시술순서

① 모발에 물을 충분히 도포한 후 브러쉬로 곱게 빗질한다.

② C.P에서 시작하여 좌우를 나눈 후 곱게 빗질하여 핀셋으로 모발을 정리한다.

③ T.P에서 E.P로 블로킹을 나눈 후 곱게 빗질하여 핀셋으로 모발을 정리한다.

＊ 커트의 기본선을 분명하게 시술하기 위하여 블로킹을 정확히 탄다.

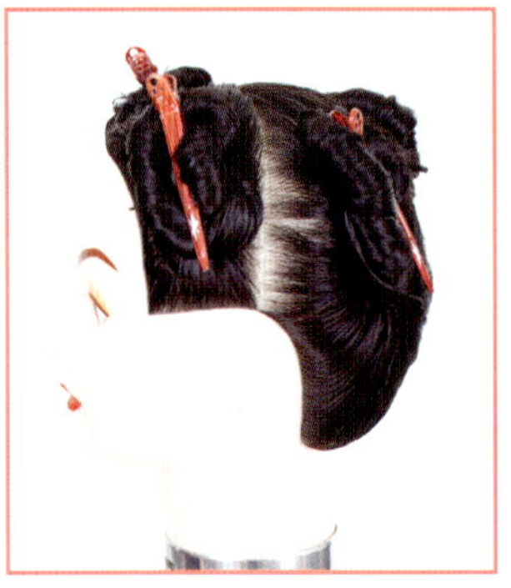

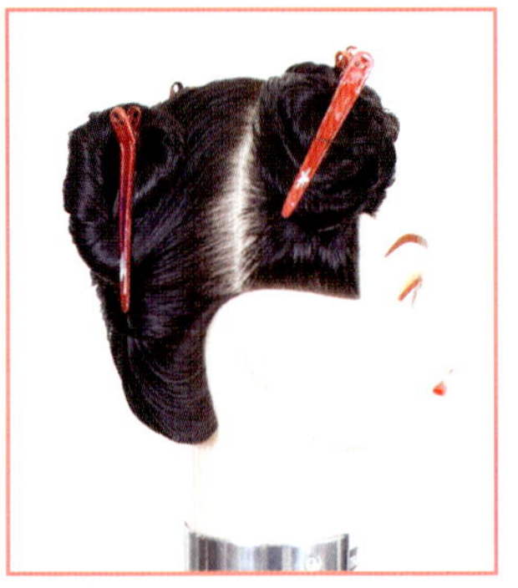

시술 후 완성된 모습

1. 시술을 위한 블로킹을 타놓은 상태

2. 첫번째 섹션은 1.5cm로 잡아 A라인 섹션을 나누기 위하여 슬라이스를 탄다.

3. N.P에서 8~9cm 길이를 가이드를 잡아 준다.

4. 왼쪽 앞내림으로 커트한다(손의 각도는 전대각 15° 정도의 기울기로 잡는다).

5. 오른쪽도 동일한 방법으로 시술한다.

6. 시술해 놓은 A라인 형태이다.

7. 밑 가이드에 맞추어 윗 모발의 가이드를 설정한다.

8 .오른쪽 앞 내림으로 커트한다.

9. 왼쪽도 앞 내림으로 커트한다.

10. 모류가 흐르는 방향대로 빗어내려 시술한다.

11. 모류가 흐르는 방향대로 빗어내려 가이드에 맞추어서 커트한다.

12. 좌측 사이드는 전대각 섹션으로 0°로 빗어 내려 앞내림 사선으로 커트한다.

13. 전대각 슬라이스와 빗의 기울기를 동일하게 한다.

14. 손가락과 슬라이스를 동일하게 하여 밑 길이 가이드에 맞추어서 시술한다.

15. 다음 시술을 위한 모발을 나눈다.

16. 단차가 3~4cm로 앞 내림 커트가 되도록 하면서 밑 길이에 맞추어서 시술한다.

17. 반대쪽에도 왼쪽과 동일하게 시술한다.

18. 시술해 놓은 상태이다.

19~24. 밑 길이에 맞추어서 반대쪽과 동일한 방법으로 시술한다.

2. 그라데이션 커트(Gradation cut)

(1) 수검시 요구사항

로우 그라데이션으로 하고 네이프라인은 5~6cm로 한다. 윗모발이 길고, 밑모발이 짧은 커트로 시술각을 주어 단차가 생기도록 하는 기법이다.

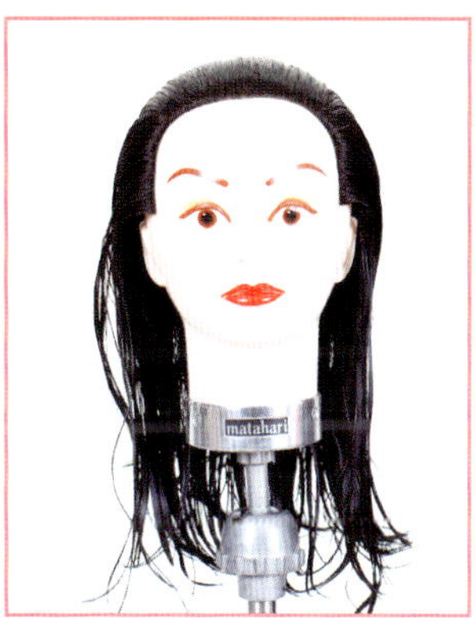

(2) Blocking(5등분)

center를 중심으로 양쪽 2.5cm~3cm씩 정하여 분류 한뒤 뒤로 5~6cm 정하여 다발 처리 한 후 앞에서 뒤로 핀셋 처리한다.

top blocking의 중앙에서 내려온 다음 바깥쪽에서 안쪽으로 빗질하고 정중선 쪽과 가드라인 쪽 똑같이 3cm 직선 슬라이스한다.

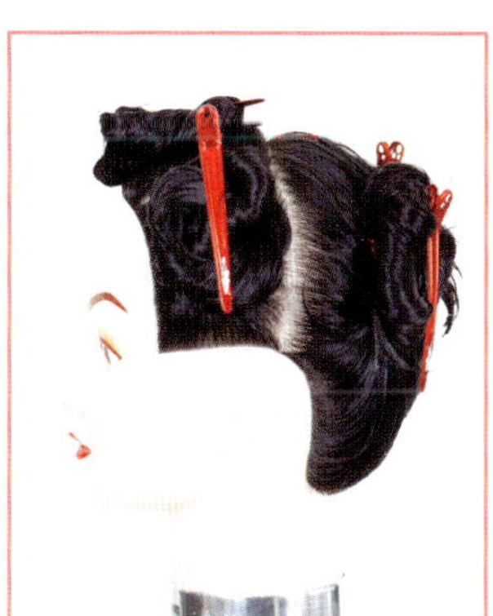

(3) 그라데이션 커트 완성된 모습

윗머리보다 밑머리(back point 아래)가 짧은 모양이 되도록 두발의 길이에 단차를 주는 커트이다 두발을 두피로부터 45°들어서 자르며 입체적인 hair style을 주는 커트이다.

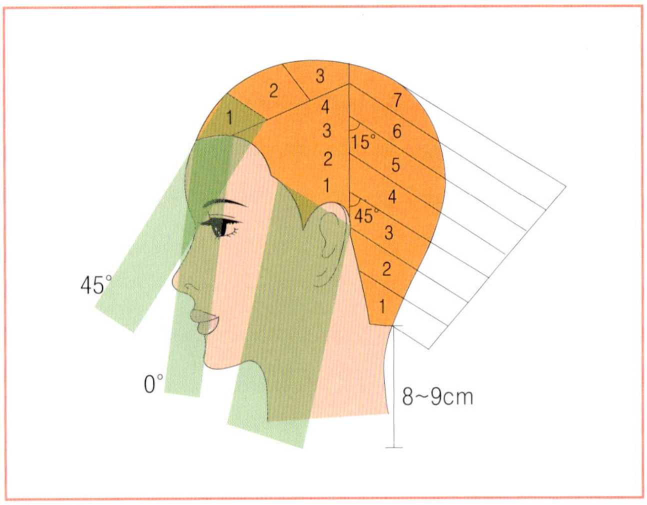

(4) 시술시 슬라이스 나누는 방법

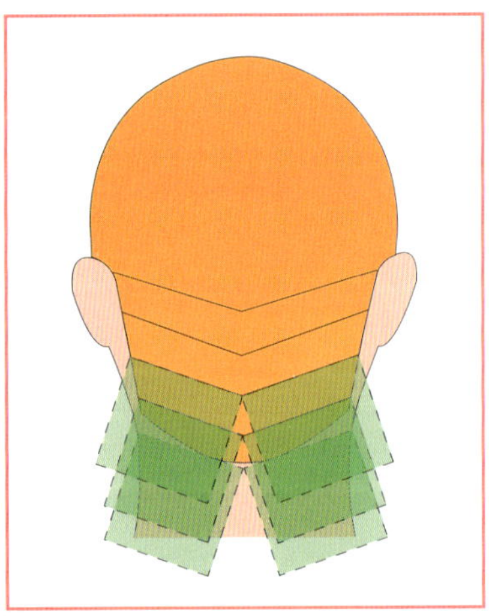

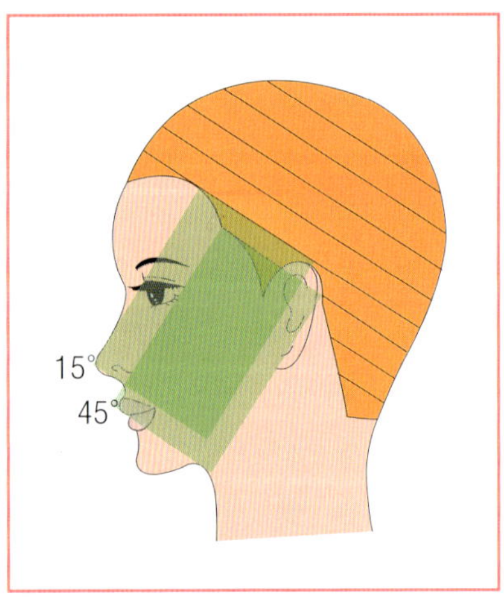

1. 첫번째 섹션을 1.5cm의 수평섹션을 뜬다.

2. N.P의 길이를 5~6cm로 잡고 45°의 시술각을 주어 커트한다.

3. 중심 가이드에 맞추어 양쪽도 중심가이드에 맞추어 시술한다.

4. 1선 1.5cm를 떠서 가이드 라인 형성된 상태이다.

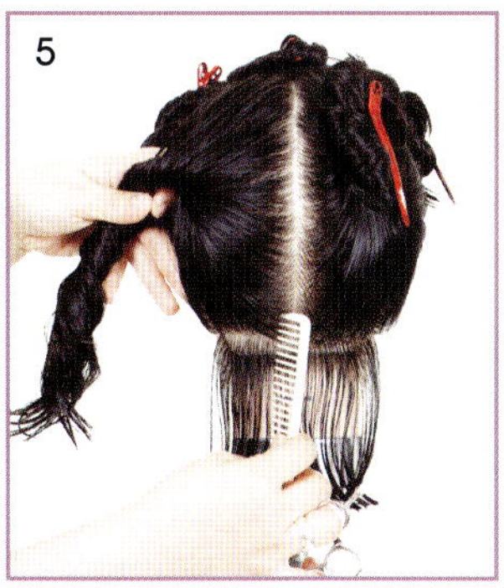

5. 다음 시술을 위해 슬라이스를 뜬다.

6. 1.5cm 정도의 섹션을 좌우 동일하게 시술한다.

7. 2선 1.5cm를 의 섹션을 떠서 B.P까지 45°로 시술한다.

8. 네이프에서 45°로 시술한다.

9~10. 다음 시술을 위해 좌우 동일하게 슬라이스 판넬을 뜬다.

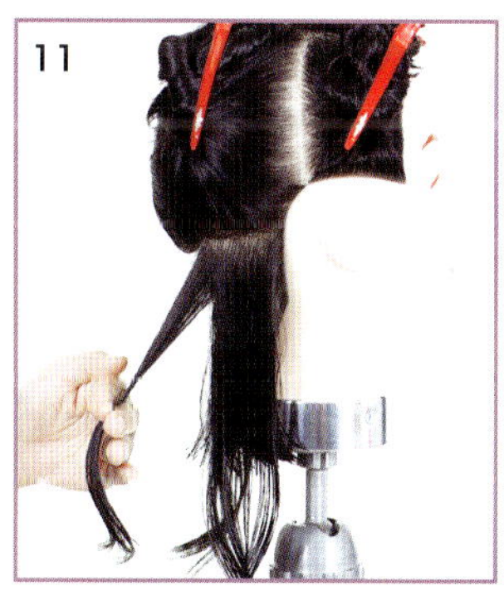

11. 밑 길이 가이드에 맞추어 45°로 시술한다.

12. U자형으로 슬라이스를 뜨고 첫 번째 길이 가이드에 맞추어서 45°로 시술한다.

13. 왼쪽도 중심 가이드에 맞추어 45°로 시술한다.

14. 오른쪽도 뒷쪽과 동일하게 시술한다.

15. U라인 슬라이스를 뜨고 빗을 슬라이스와 동일하게 댄다.

16. 밑 길이에 맞추어서 45°로 시술한다.

17. U라인과 손가락과 동일하게 하여 45˚로 시술한다.

18. 오른쪽도 왼쪽과 동일하게 시술한다.

19. 시술해 놓은 상태이다.

20. 완만한 U라인 슬라이스를 뜬다.

21. 오른쪽도 동일하게 슬라이스를 뜬다.

22. 슬라이스와 빗을 동일하게 시술하기 위해 댄다.

23. 밑 선에 맞추어서 15~30˚ 정도로 들어 주면서 시술한다.

24~29. 중심부에 맞추어서 사이드도 시술한다.

30. 방사형으로 빗어 내리기 위해 빗을 댄다.

31~32. 방사형으로 빗어 내려 밑 선의 길이에 맞추어 커트한다.

33. 후대각 섹션을 떠서 빗을 댄다.

34. 좌측사이드는 후대각 섹션을 하여 E.B.P의 머리길이와 동일하게 15~30° 정도로 모발을 들어서 시술한다.

35. 다음 시술을 위해 후대각 섹션을 뜬다.

36. 후대각 섹션을 떠서 확인한다.

37. 슬라이스와 손가락을 평행하게 시술한다.

38. 웨이스라인은 약간 굴려주면서 밑 선의 길이 가이드에 맞추어 커트한다.

39. 한쪽이 시술이 종료된 상태이다.

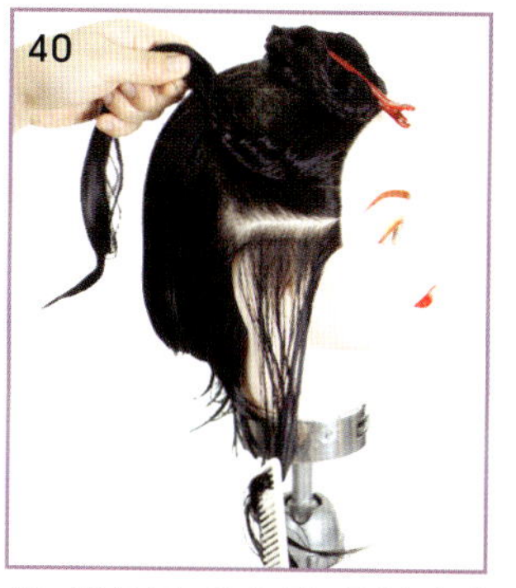

40. 좌측도 우측과 동일하게 후대각 섹션으로 뜬다.

41. 후대각 섹션에 맞추어 손가락과 평행하게 시술한다.

42. 다음 시술을 위한 슬라이스를 뜬다.

43. 후대각 섹션과 평행하게 손가락을 댄다.

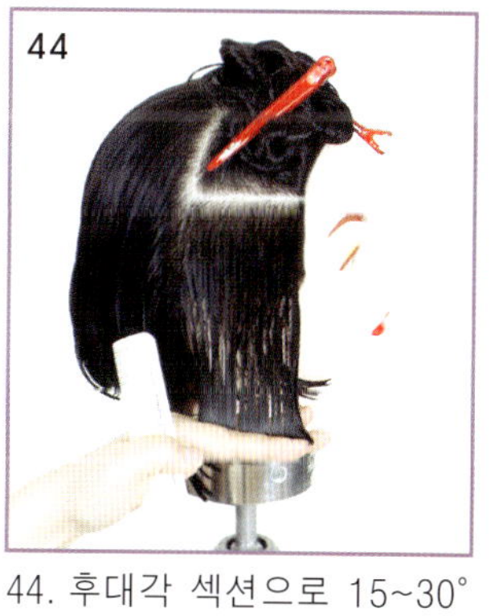

44. 후대각 섹션으로 15~30° 로 들고 시술한다.

45. 밑 가이드에 맞추어 시술한다.

46. 손가락과 슬라이스와 평행하게 시술한다.

47. 시술을 위해 빗을 댄다.

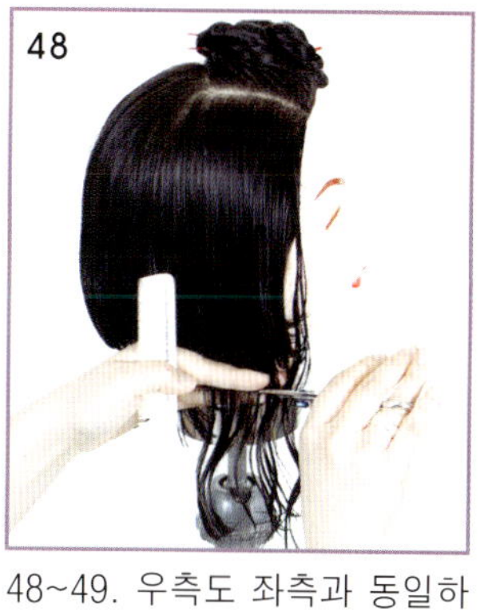

48~49. 우측도 좌측과 동일하게 E.B.P를 기준으로 하여 후대각 섹션으로 15~30° 로 들고 커트한다.

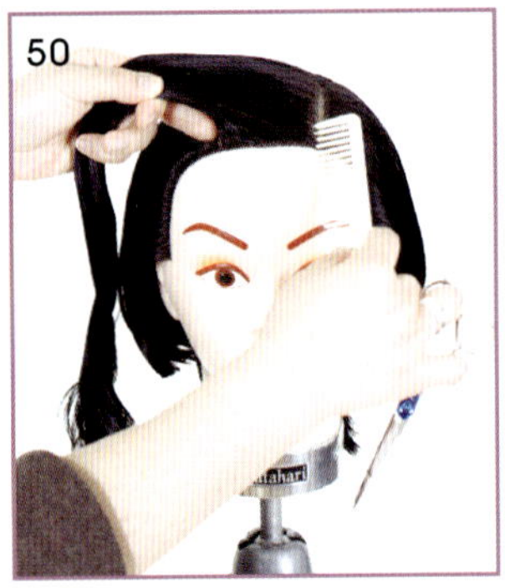

50~51. 앞머리 모발은 2~3cm 정도로 판넬을 뜬다.

52~54. 1선을 얼굴 쪽으로 빗어내려 사이드 머리길이에 맞추어 자연스럽게 연출하여 커트한다.

55~58. 2선. 3선도 1선과 동일하게 시술한다.

59~60. 얼굴 쪽으로 커트된 머리를 C.P를 중심으로 가르마를 하여 모발이 난 방향대로 빗어내려 빠져나온 머리를 커트하여 마무리 한다.

3. 레이어 커트(Layer cut)

(1) 수검시 요구사항

머리길이는 세미롱으로 하되 네이프라인에서 8~9cm로 한다. 윗모발보다 아래모발이 긴 모양이 되도록 두발의 길이에 많은 단차를 주어 커트한다. 보통 두발을 두피에서 90° 이상 들어서 자르며 커트한다. 세로로 slice하여 커트하며 정확한 기법이다.

① 블로킹은 5등분으로 한다.

② 90°의 시술각으로 커트한다.

③ 네이프에서 가이드는 8~9cm로 한다.

(2) Blocking(5등분)

center를 중심으로 양쪽 2.5cm~3cm씩 정하여 분류 한뒤 뒤로 5~6cm 정하여 다발 처리 한 후 앞에서 뒤로 핀셋 처리한다.

top blocking 의 중앙에서 내려온 다음 바깥쪽에서 안쪽으로 빗질하고 정중선 쪽과 가드라인 쪽을 똑같이 3cm 직선 슬라이스 한다.

(3) 블로킹 시술 순서

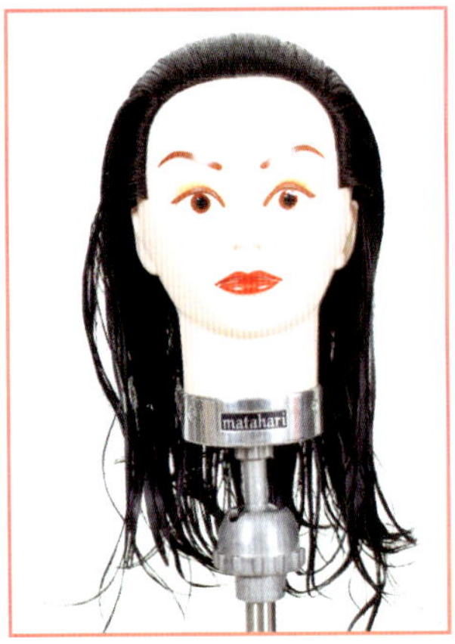

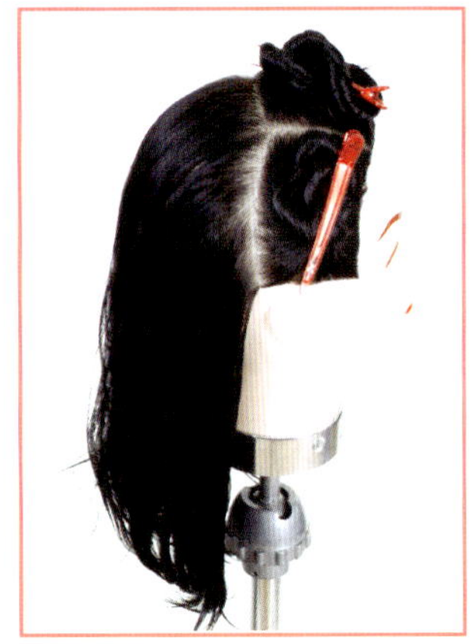

(4) 블로킹을 시술해 놓은 상태

(5) 시술방법

네이프 8~9cm 가이드라인

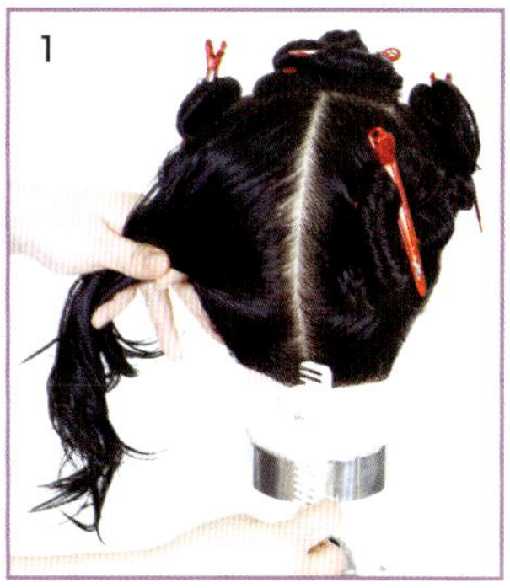

1. 시술하기 위해 1선의 슬라이스 판넬을 뜬다.

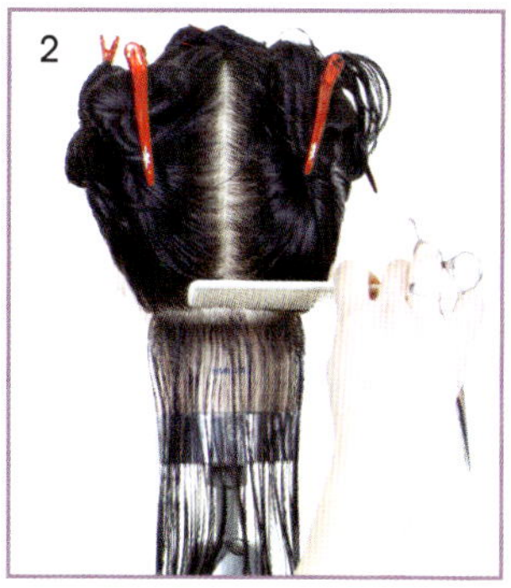

2. 수평섹션으로 0°로 빗어내려 커트하기 위해 빗을 수평섹션으로 댄다.

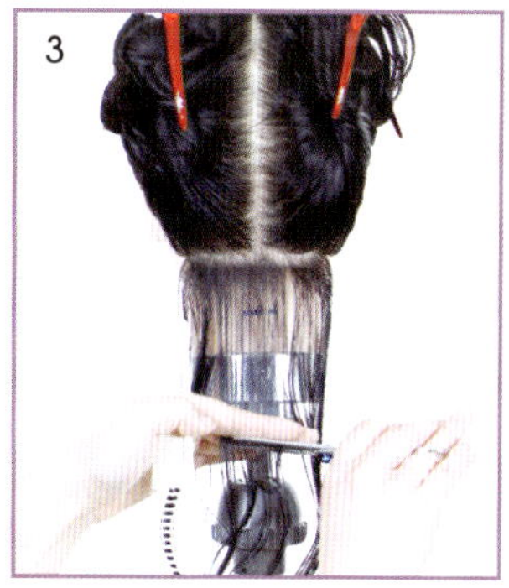

3. 8~9cm를 길이 가이드로 설정하여 0°로 시술한다.

4. 왼쪽도 중심부의 가이드에 맞추어서 커트한다.

5. 오른쪽도 왼쪽과 동일한 방법으로 커트한다.

6. 다음 시술을 위해 1.5cm의 수평섹션을 뜬다.

7. 좌 · 우 동일하게 수평섹션을 떠놓은 상태이다.

8. 수평섹션을 하며 곡면을 따라 몸을 움직이며 시술하기 위해 빗을 슬라이스 판넬에 댄다.

9. 일반시술각 90°를 시술하기 위해 두상을 따라 시술자가 움직이면서 가이드에 맞추어서 커트한다.

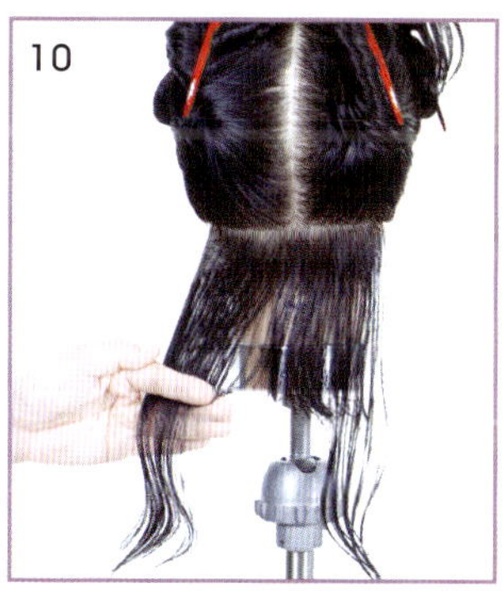

10. 곡면이 들어간 부분은 곡면을 따라 판넬을 펼쳐서 커트하되 8~9cm 동일한 길이 가이드로 커트한다.

11. 오른쪽도 왼쪽과 동일한 방법으로 시술한다.

12. 1.5cm씩 간격을 띄워 수평섹션을 뜬다.

13. 왼쪽과 동일하게 오른쪽도 시술한다.

14. 슬라이스 판넬을 이용하여 시술하기 위해 빗을 댄다.

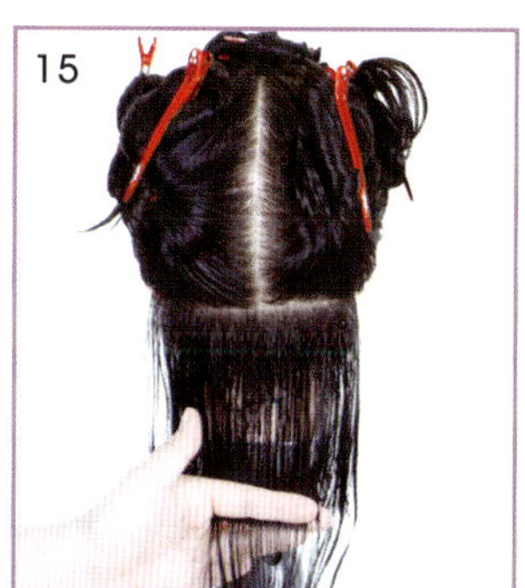

15. 두피에 대해 90°로 모발의 판넬을 들어서 슬라이스와 평행하게 커트한다.

16. 두상따라 이동하면서 일반시술각 90°로 시술한다.

17. 두상이 함몰된 부분에서도 슬라이스에 맞추어 시술하기 위해 빗을 댄다.

18. 두상의 곡면대로 펼치면서 일반시술각 90˚가 되도록 시술한다.

19. 오른쪽에 곡면이 함몰된 부분에서도 왼쪽과 동일하게 시술한다.

20. 1.5cm폭으로 곡면을 따라 슬라이스 판넬을 뜬다.

21. 오른쪽도 왼쪽과 동일하게 곡면을 따라 슬라이스 판넬을 뜬다.

22~24. 2선. 3선과 같이 반복하여 두상에 따라 일반시술각 90˚로 커트한다.

25. 일반시술각 90˚로 시술자가 곡면을 따라 이동하여 커트한다.

26. 커트가 시술된 형태이다.

27. 두상이 들어가기 시작된 부분의 시술을 위해 1.5 cm 슬라이스 판넬을 뜬다.

28. 반대쪽도 동일한 방법으로 슬라이스 판넬을 뜬다.

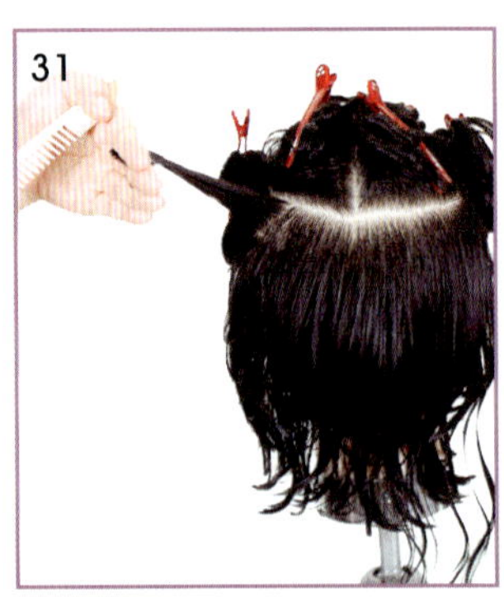

29~31. 두상이 들어가기 시작한 이곳 부터는 길이가 짧아지지 않도록 주의 하면서 커트한다.

32~33. 두상이 함몰된 부분은 길이가 짧아지지 않도록 의식하면서 일반시술각 90˚로 커트한다.

34. 시술이 종료된 상태이다.

35. 곡면을 따라 슬라이스 판넬을 뜬다.

36. 반대쪽도 동일한 방법으로 슬라이스 판넬을 뜬다.

37. 길이가 짧아지지 않도록 주의 하면서 일반시술각 90˚로 커트한다.

38. T.P까지 동일한 방법으로 시술한다(이때 길이가 짧아지지 않도록 주의한다).

39. 옆선을 시술하기 위해 1.5cm 슬라이스 판넬을 뜬다.

40. 이곳은 모류가 들뜨기 때문에 텐션을 강하게 하는 것은 피한다.

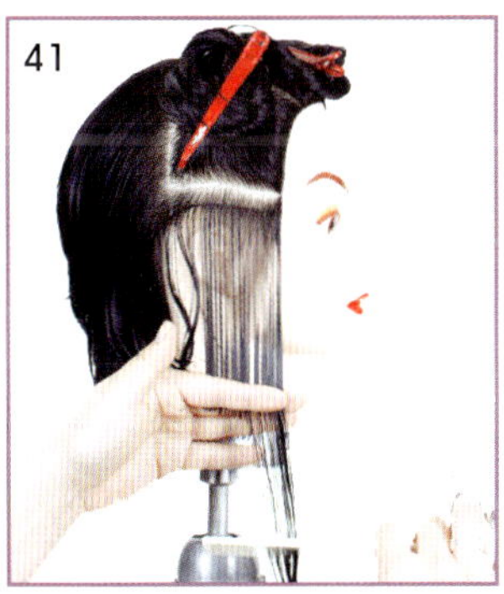

41. 우측사이드 1선은 E.B.P의 기준선에 맞추어 텐션을 강하게 잡는 것을 피하면서 커트한다.

42. 수평섹션으로 다음시술을 위해 슬라이스를 뜬다.

43. 두피에서 일반시술각 90˚로 모발을 들어서 밑선의 기준에 맞추어서 동일한 길이로 커트한다.

44. 옆선이 시술된 상태이다.

45. 좌측 사이도 커트를 하기 위해 슬라이스 판넬을 뜬다.

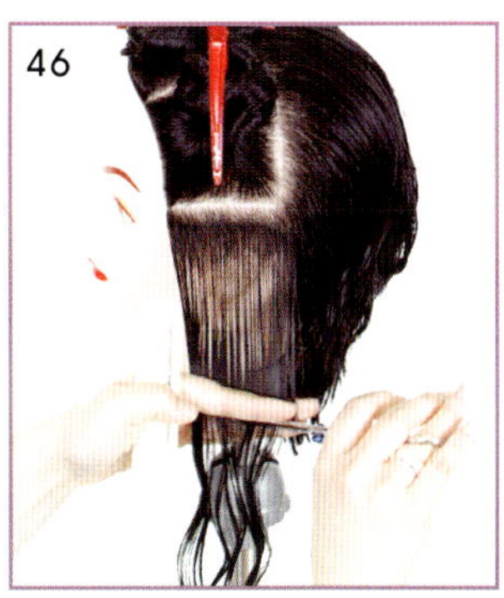

46. E.B.P의 길이 가이드를 기준으로 좌측사이드의 커트할 길이 가이드를 설정한다.

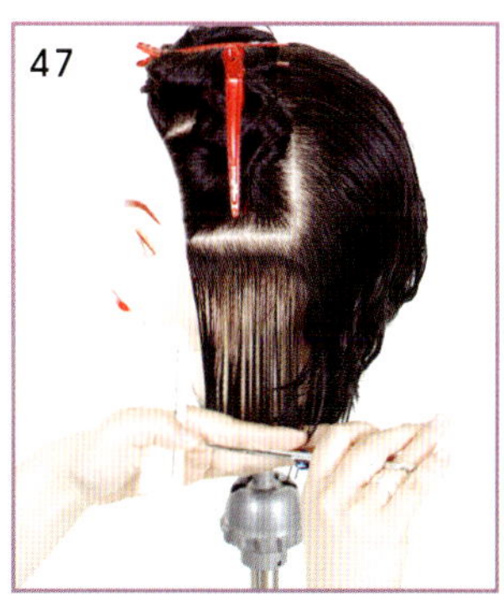

47. 모류가 강하고 귀가 있기 때문에 커트할 때 텐션 없이 시술해야 한다.

48. 다음 시술을 위해 2.5cm의 수평섹션을 뜬다.

49. 수평섹션과 빗을 동일하게 시술 해야 한다.

50. 판넬을 수평섹션으로 하여 일반시술각 90˚로 모발을 들고 1선의 길이 가이드에 맞추어 커트한다.

51. 좌측 F.S.P부분 부터는 길이가 짧아지지 않도록 주의하면서 일반시술각 90˚로 시술한다.

52. 탑에 있는 마지막을 시술하기 위해 수평으로 슬라이스 판넬을 뜬다.

53. 수평섹션을 뜬다.

54. 수평으로 두피에서 일반시술각 90˚로 모발을 들어 올려 커트한다.

55. 한 판넬의 중심의 가이드를 가이드로 하여 시술해야 한다.

56. 다음 시술을 위해 수평섹션 1.5cm를 뜬다.

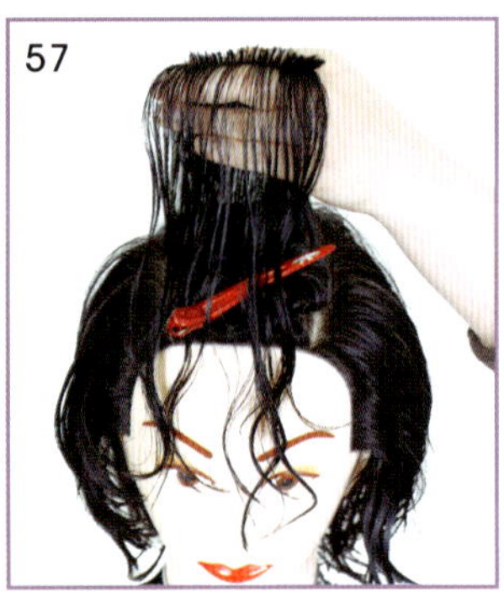

57. 가이드를 가져와서 두피에서 일반시술각 90˚로 커트한다.

58. 한 판넬의 중심의 가이드를 설정해야 한다.

59. 다음 시술을 위해 슬라이스를 뜬다.

60. 두피에서 일반시술각 90˚로 모발을 들어 올린 상태에서 양 옆의 커트선을 기준으로 커트한다.

61. 두상따라 함몰된 부분도 일반시술각 90˚로 커트한다.

62. 가이드에 맞추어서 두피에서 일반시술각 90˚로 커트한다.

63. 함몰된 부분은 두피에서 정확히 모발을 들지 않으면 곡면이 들어갔기 때문에 길어 질 수 있기 때문에 주의하면서 커트한다.

64. 마지막까지 길이 가이드를 놓치지 않고 두피에서 일반시술각 90˚로 커트한다.

4. 미용 실기 시험 안내

1) 수검자 지참 공구목록

일련번호	지침공구명	규 격	단 위	수 량	비 고
1	커트위그	MID. 9 이상 80,000모 이상 식재	set	1	모질이 양질일것
2	민두형	MID	set	1	
3	위생복	소개가 긴 백색, 단, 하절기는 반소매	벌	1	
4	삼각 머리수건	백색	장	1	
5	마스크	의료용	개	1	
6	가위	cut 및 미용가위	set	1	
7	분무기	미용용	개	1	
8	어깨보	cut 및 화장용	장	1	
9	타올	백색으로 화장에 활용가능한 것	장	임의	4개의 시술과정에 지장이 없는 수량
10	굵은빗	미용 시술용	set	1	
11	커트빗	미용 시술용	set	1	
12	브러쉬	미용 시술용	개	1	
13	퍼머넌트 로드	6~10호	개	80	
14	고무밴드	와인딩 용	개	75	2중대형 밴딩용 노란색
15	퍼머넌트페이퍼	와인딩 용	상	75	
16	실내화	백색	결레	1	굽이없는 실내용
17	꼬리빗	퍼머넌트용	set	1	
18	세트로션	100cc	병	1	
19	핀컬핀 및 탈지면	핀컬용	봉지	2	
20	크린싱	기초 화장용	cc	50	
21	콜드크림	기초 화장용	g	50	
22	티슈 또는 탈지면	화장용	봉지	2	
23	핀(롤러 고정용)	대형	봉지	44	

일련번호	지침공구명	규 격	단 위	수 량	비 고
24	Roller	대(직경3cm), 중(직경 2.5cm), 소(직경2.2cm) 표면이 매끈하고 구멍이 나있는 것	개	44	대12개, 중20개, 소12개
25	화장수	기초화장용, 100cc병	병	1	
26	로션		cc	50	
27	크림	화장용	cc	20	
28	화운데이션	2가지 이상 색상	cc	각10	
29	파우더	화장용 50g/통	통	1	
30	아이새도우	3가지 이상 색상	set	1	
31	아이라인, 마스카라	신부화장용	set	1	
32	가눈썹, 눈썹풀, 눈썹연필	신부화장용	set	각1	
33	볼연지	신부화장용	set	1	
34	립스틱, 루즈솔	2가지 이상 색상	개	1	

용어해설

『A』

아킹(Arching) ⇨ 아킹 동작으로 머리카락 또는 모발을 커트하는 레져 커팅 기법으로 사용되는 아크의 크기는 원하는 머리형과 커트길이와 관련이 있다.

액티베이티드(Activated) ⇨ 커트한 머리끝이 보이는 거친 머리표면

앵글(Angle) ⇨ 각도에는 두가지 측정방법이 있다.

셀레스철 엑시스(Celestial Axis) ⇨ 천체축에 의한 각도

헤드앵글(Head Angle) ⇨ 두상에 의한 각도

어 큐트 앵글(A Cute Angle) ⇨ 날카로운 각도

어 핑거스 위드(A Finger' s Width) ⇨ 손가락 한 개의 넓이

어나토미(Anatomy) ⇨ 신체 구조에 관한 과학

어댑터벌(Adaptable) ⇨ 개인의 해부학적 구조, 성장 패턴, 머리숱과 생활 양식에 맞추는 것

어젠트 커트(Argent Cut) ⇨ 은발의 커트라고 불리어지는 남성용의 롱스타일. 톱의 전방과 후빙의 모발을 브리쉬 디운히여 괸지놀이의 백발을 특수한 형으로 브러쉬 엎히는 로맨스 그레이의 이미지를 나타낸 헤어스타일. 흑발에도 어울린다.

어케이드 커트(Arcade Cut) ⇨ 남성의 롱 헤어스타일의 일종. 라인을 거의 면도로 밀어낸 정도로 짧게 깎는 것이 특징

어팩스(Apex) ⇨ 가장 높은 지점, 혹은 봉우리. 두상의 탑 부분

얼터네이트(Alternate) ⇨ 교체, 바꿈의 뜻

에어리어(Area) ⇨ 특별한 공간

에이시머트리(Asymmetry) ⇨ 대칭이 맞지 않음. 비대칭(좌우의 밸런스가 동일하지 않는 것)

올시저스(All Scissors) ⇨ 전부 가위로 자르는 커트

『B』

바이어스 스라이스(Bias Slice) ⇨ 본래는 복식 용어로 비스듬히란 뜻. 커드에서는 패널을 잡아낼 때 방사선상으로 패널을 잡아내는 것을 '바이어스 스라이스하여 패널을 잡아낸다' 고 한다.

바이어스 커트(Bias cut) ⇨ 사선 슬라이스로 커트하는 방법

백 사이드(Back Side) ⇨ 두상의 뒤쪽을 가리킨다. 즉 두상 또는 두상형의 뒤쪽부분을 말한다. 일반적으로는 후두부, 목덜미라고도 불리 우고 있는 부분

뱅(Bang) ⇨ 수직으로 내린 앞머리를 가리킴

베벌(Bevel) ⇨ 커팅 효과의 하나로 머리끝부분을 바깥쪽이나 안쪽에서 테이퍼링하여 형태선을 컵 안쪽이나 컵 바깥쪽 모양처럼 만드는 것

베이스 라인(Base line) ⇨ 헤어 커트의 기초가 되는 부분으로 가이드를 말함

베이스(Base) ⇨ 기본, 토대, 뿌리

베이직 레이어링(Basic layering) ⇨ 두피에 대해서 전부 90°로 잡아당겨 모두 같은 길이로 자르는 스타일

베이직 롱 레이어(Basic long layer) ⇨ 머리 전체의 모발을 평면에 대해서 수평으로 잡아 올려 커트하는 방법

보브(Bob) ⇨ 머리카락을 빗어서 동일선 상에서 커트한 스타일

보스 사이드 테이퍼(Both side taper) ⇨ 가벼운 끝맺음을 하고 싶을 때나 모발의 안쪽과 바깥쪽 양쪽에서 면도날을 넣어서 테이퍼한다.

보올 커트(Bowl Cut) ⇨ 1964년경부터 유행, '보올(화분)'을 뒤집어씌운 것 같이 눈썹도 덮어주는 풀 뱅(full bang)의 베리쇼트 보브

보이스 보브(Boys bob) ⇨ 남자 머리의 깎아올린 스타일

복스 보브(Box bob) ⇨ 매끄러운 머리흐름에 의한 패널의 아름다움을 표현한 보브스타일. 모든 면을 4각 라인으로 트리밍(triming : 정발)하여 예리한 젊음을 잡은 디자인

브로스 커트(Brosse Cut) ⇨ 짧게 깍는 것. 모발단면의 연속으로 만들어진 스타일로 '브로'란 '브러쉬'란 뜻

브로스(Brosse) ⇨ 브로스커트의 한 수법. 브러쉬와 같은 느낌의 헤어스타일을 각지게 깎는 머리형과 동일한 것. 정면에서 본 톱의 평면 부위가 6cm 전후이다.

블런트 커트(Blunt Cut) ⇨ 직선적으로 커트하는 방법. 구리브 커팅이라고도 한다. 머리칼의 선단을 가장 무겁게 하기위해 모든 패널을 바른 각도로 커트하는 것이 중요하다. 원랭스 커트(one-length cut). 그래쥬에이션 커트(graduation cut). 레이어 커트(layer cut), 스퀘어 커트(square cut), 이븐 랭스 커트(even length cut) 등이 대표적이다.

블로킹(Blocking) ⇨ 한 구획을 만드는 것. 구분하는 것 및 그 기법. 블로킹(blocking)은 사이드(side), 프론트(front), 톱(top), 크라운(crown), 백(back), 네이프(nape)의 6구분이다.

비베링(Beveling) ⇨ 비스듬히 자르는 것. 원랭스 커트의 경우 또는 레이어의 경우 등은 선단에서부터 윗쪽으로 감에 따라 서서히 길게 커트하여 가는데 그때에 사용하는 기법

비즈니스 커트(Business cut) ⇨ 회사 · 상사 · 은행원 등 비즈니스에 맞는 스타일

『C』

C-커브 츄어(C-Curve true) ⇨ C자형으로 커트하는 테크닉

센터 백 파트(Center back part) ⇨ 모발을 가르는 방법의 하나. 센터파트의 가름선을 더욱 뒤쪽으로 진행시켜 후두부의 목덜미 중심까지 세로로 갈라 나눈 것.

센터 파트(Center part) ⇨ 모발을 이마의 가운데에서 가르는 것.

센터 포인트(Center point) ⇨ 중심선과 크라운의 앞부분을 연결하는 포인트

셀레스철 스피어(Celestial sphere) ⇨ 머리둘레 부위의 높이를 나타내는 입체적 측정 시스템

셀레스철 액시스(Celestial Axis) ⇨ 선, 방향, 시술각을 나타내기 위해 사용되는 2차원적인 기호

방향 ⇨ 위, 아래, 앞, 뒤, 왼쪽, 오른쪽

선 ⇨ 수평, 수직, 우대각, 좌대각

시술각 ⇨ 0°, 45°, 90°

채널 커트(Channel cut) ⇨ 서로의 길이가 교대로 대조를 이루며 행해지는 커트 테크닉

체크 커트(Check cut) ⇨ 커트가 끝난 다음 간추리지 않는 머리칼이나 수정 등에 행하는 커트

카우릭 파트(Cowlick part) ⇨ 카우릭 파트는 이마 위에 흐트러진 머리카락이 일어선 모발. 가리마를 중심으로 하여 머리 흐름에 따라 사방으로 가르는 분할방법

커넥션(Connection) ⇨ 연결, 접속, 연락, 결합의 뜻. 가이드를 연결하여 외형적인 커트의 스타일을 만드는 것

커스텀 커트(Custom cut) ⇨ 습관, 주문, 준비작업을 한다는 뜻. 하나의 스타일을 만들기 위해 그 스타일에 맞추어서 커트하는 것.

커팅 앵글(Cutting angle) ⇨ 커트할 때 패널을 잡는 방법

컨백스(Convex) ⇨ 구의 바깥처럼 바깥쪽으로 휘어진 표면

컨버전 레이어링(Conversion layering) ⇨ 인크리스 레이어링에 사용되는 기본적 커팅시술. 머리를 길게 남기고자하는 부분의 반대쪽에 위치한 고정 디자인 라인쪽으로 머리를 빗어준다.

컨셉(Concept) ⇨ 특이한 사례나 사건으로부터 파생한 일반적인 견해나 이해, 착상 고안.

컨케이브(Concave) ⇨ 구의 안쪽같이 휘어진

컨투어 테이퍼링(Contour tapering) ⇨ 밀착된 머리를 만들기 위해서 양을 제거하는 머리 질감 만들기 기법

컴비네이션(Combination) ⇨ 두 가지 형의 혼합형

컴포지션(Composition) ⇨ 전체를 형성하기 위해 구성요소를 조합하는 것

커트 앤드(Cut end) ⇨ 절단면

커트 앵글(Cut angle) ⇨ 잡아낸 머릿단에 대해서 가위의 들어가는 각도를 말한다.

커트(Cut) ⇨ 자르다. 절단하다의 뜻. 주된 방법은 브런트 커트, 테이퍼 커트, 틴닝커트, 스트록 커트 등이 있다.

코너(Coner) ⇨ 각 또는 구석이란 뜻. 커트하기 위해서 잡아낸 패널이나 섹션의 각을 말한다. 패널의 코너 머리카락이 두상의 어느 위치에 고정시키느냐에 따라서 볼륨감이나 흐름 헤어라인이 결정된다.

코밍(Combing) ⇨ 빗을 조작하는 일

콘케이브 커트(Concave cut) ⇨ 움푹 패이게 한다는 뜻. 머리흐름의 원천(머리흐름이 시작되는 곳)이 제일 짧고, 즉 '짧은 머리칼은 긴 머리칼을 밀어낸다'의 머리칼의 특징을 살려서 계산된 커트기법

콘티넨탈 브로스(Continental brosse) ⇨ 서구풍의 약간 긴 편인 브로스

콤 쓰루(Comb through) ⇨ 빗이 머릿결을 지나가는 것. 즉 빗질 도중을 일컬음

콤 아웃(Comb out) ⇨ 빗을 머리로부터 떼는 것

콤 워크(Comb work) ⇨ 빗을 써서 커트하는 것

콤 컨트롤(Comb control) ⇨ 커팅 기법의 하나로 손가락이 아닌 빗살로 머리를 제 자리에 잡아주는 기법. 머리에 최소한의 텐션을 준다.

크레스트 에어리어(Crest area) ⇨ 두상의 가장 넓은 부분. 크레스트 윗부분(interior 인티어리어)과 아랫부분(exterior 엑스티어리어)를 구분해 준다.

크로스 체크 커트(Cross cheek cut) ⇨ 커트를 끝낸 다음 체크 커트를 할 때 지금까지의 슬라이스선과 교차되도록 패널을 잡아내어 길이를 체크한다.

크리에이션 커트(Creation cut) ⇨ 창조적인 디자인 커트

클리퍼 오버 콤(Clipper-over-comb) ⇨ 두상에 붙는 효과를 만들기 위한 커팅기법. 머리길이를 잡아주는 가이드로 사용되는 빗 사이로 튀어나온 머리를 클리퍼로 커트한다.

클리퍼 워크(Clipper work) ⇨ 클리퍼에의한 작업 또는 조작. 클립퍼로 모발을 자르는 것.

클리퍼(Clipper) ⇨ 모발을 잘라내는 이발기, 정식으로는 '헤어 클립퍼' 라고 부른다. 일본에서는 '바리깡' 이라 부르고있는데 이는 프랑스의 '바리칸' 이라는 사람에 의해서 클립퍼가 만들어진데서 그 이름을 따서 유래된 것이다.

클리핑(Clipping) ⇨ 가위를 사용해서 튀어나온 모발을 잘라내는 것

『D』

다운 베이스(Down base) ⇨ 위쪽이 점점 길게된다.

다운 스템 커트(Down stem cutting) ⇨ 머리줄기의 밑뿌리가 두피에 대해서 내려가 있는 상태

다운 스트록(Down stroke) ⇨ 스트록 커트로 면도날의 날 끝이 아래쪽으로 향하게 하는 커트법

다이어고널 라이트(Diagonal right) ⇨ 오른쪽으로 향하는 대각선

다이어고널 레프트(Diagonal left) ⇨ 왼쪽으로 향하는 대각선

다이어고널 포워드(Diagonal forward) ⇨ 얼굴을 향하는 대각선

드라이 커팅(Dry cutting) ⇨ 헤어 커팅을 할때 모발을 적시지 않고 가위나 틴닝으로 커트한다.

디렉션(Direction) ⇨ 하나의 선이나 면이 가는 길

디스커넥션(Disconnection) ⇨ 단점, 분리, 차단의 뜻으로 가이드를 연결하지 않고 두상의 형태에서 영역을 나누어(1개 이상, 2, 3, 4) 영역을 연결하지 않고 스타일을 만드는 것

디스트리뷰션(Distribution) ⇨ 베이스 파팅과 관련되어 머리를 빗는 방향. 분배에는 자연분배 직각분배, 그리고 변이분배의 3가지가 있다.

디자인 디시젼(Design decision) ⇨ 최종 헤어 디자인과 관련하여 고객과의 충분한 상담을 통해 내려진 디자인 결정

디자인 엘러먼트(Design element) ⇨ 예술 형태의 주요 구성 성분. 헤어디자인에서 디자인 요소에는 머리형, 질감, 칼라가 있다.

디자인(Design) ⇨ 하나의 예술적 단위를 만들어내는 모양. 선, 장식효과의 배열

디크리싱 그래쥬에이션(Decreasing graduation) ⇨ 두 개의 비평행선 사이의 그래쥬에이션. 얼굴 뒤쪽으로 가면서 그래쥬에이션양이 감소한다.

딥 테이퍼(Deep taper) ⇨ 머리량이 너무 많을 때와 바깥쪽의 머리를 테이퍼 할 때 행한다. 2/3 밑뿌리에서부터 레져를 넣어서 테이퍼 한다.

『E』

에칭(Etching) ⇨ 레이져로 짧게 긁듯이 하여 윗모발이 짧고 아래가 길게 머리를 커트하는 레이져 커팅 기법

엔드 테이퍼(End taper) ⇨ 머리끝의 1/3부분을 가늘게 숱쳐내는 테이퍼 기법

엘리베이션(Elevation) ⇨ 높이, 올림, 위치

엣지(Edge) ⇨ 끝단, 칼날, 단선, 날선

이어 투 이어 라인(Ear to ear line) ⇨ 양쪽 귓바퀴의 위쪽 끝을 연결하는 선

이어 투 이어 파팅(Ear to ear parting) ⇨ 귀 뒤쪽에서 두부 정상을 가로 질러 다른 한쪽의 귀까지 상하로 갈라 나누는 것.

『F』

폴(Fall) ⇨ 비달사순 커트의 패턴, 후두부에 떨어지게 손질한 머리칼의 부분

폼(Form) ⇨ 어떤 물체의 윤곽 또는 겉모습

폼라인 테이퍼링(Form line tapering) ⇨ 머리 끝에 뭉침과 무게를 덜어주어 생동감을 살려주는 머리질감 만들기 기법

프론탈(Frontal) ⇨ 앞의, 이마의, 전부골

프론트 헤어라인(Front hair line) ⇨ 앞 얼굴 주변머리

프론트(Front) ⇨ 전두부, 앞머리, 정면, 전부

프리핸드 커팅(Free hands cutting) ⇨ 감각커팅, 내츄럴 상태에서 행해지며 느낌만으로 시술하는 테크닉

프린지(Fringe) ⇨ 앞머리부분

핑거/쉬어 포지션(Finger/Shear position) ⇨ 파팅 패턴에 따른 손가락과 커트 라인의 위치

핑거스 앵글(Finger's angle) ⇨ 손가락의 각도

훼더(Feather) ⇨ 깃털과 같은 감각으로 끝마무리한 헤어 스타일

훼이스 라인(Face line) ⇨ 사이드 코너 포인트에서 반대 사이드 코너 포인트까지 연결하는 머리가 나기 시작하는 선

『G』

가이드 섹션(Guide section) ⇨ 헤어 커트시에 제일 처음에 커트하는 섹션으로 다음 섹션부터는 이 섹션이 기준이 된다.

가이드(Guide) ⇨ 커트시 기준이 되는 머릿단

골덴 포인트(Golden point) ⇨ 센터파트와 이어라인의 교차점

골덴 포인트(Golden point) ⇨ 턱을 시발점으로 귀옆 사이드에서 사선으로 그에 맞닿는 지점

그래쥬에이션 보브(Graduation bob) ⇨ 가벼움과 상쾌함을 구해서 어시미트리(asymmetry 비대칭)한 구싱으로 어른스러운 이미지를 디자인 한 것

지오메트릭 쉐이프(Geometric shape) ⇨ 직선 또는 곡선의 닫힌 윤곽

지오메트릭 커트(Geometric cut) ⇨ 기하학적인 직선으로 구성된 스타일로 비달 사순커트의 기본개념이 되어있다.

지오메트릭(Geometric) ⇨ 각도의 관련성에 따른 완성도를 이해하고, 잡아당긴 머리카락에 기하학적인 판단을 넣어서 커트하는 일

『H』

하드 라인(Hard line) ⇨ 딱딱한 선

헤드(Head) ⇨ 머리, 목의 윗부분, 정상, 면도날의 뒤쪽의 선단

헤드라인(Head line) ⇨ 두부의 표면의 외곽선

헤어 모드(Hair mode) ⇨ 헤어 스타일의 유행

헤어 쉐이핑(Hair shaping) ⇨ 정발 기술

내츄럴 쉐이프(natural shape) ⇨ 그 사람의 자연스런 머리흐름에 맞추어서 빗기는 것

다운 쉐이프(down shape) ⇨ 보브 스타일과 같이 머리흐름을 곧바로 아래로 향해 빗기는 것

라운드 쉐이프(round shape) ⇨ 패널에 방향성을 주기 위해서 빗을 둥글게 움직이면서 빗기는 것

아웃사이드 쉐이프(outside shape) ⇨ 머릿단의 바깥쪽에서부터 빗기는 것

인사이드 쉐이프(inside shape) ⇨ 머릿단의 안쪽에서부터 빗기는 것

헤어 웨프트(Hair weft) ⇨ 머리 조각, 헤어피스와 같다

헤어 코밍(Hair combing) ⇨ 모발을 빗기는 기술

헤어 트림(Hair trim) ⇨ 모발을 깎아 가지런히 정돈하는 것

헤어라인(Hair line) ⇨ 머리카락이 나기 시작한 선

헴 라인(Hem line) ⇨ 프론트, 사이드 네이프에서의 머리카락이 나기 시작한 라인

호리죤탈 슬라이스(Horizontal slice) ⇨ 수평 슬라이스

『I』

이미지(Image) ⇨ 사물의 모양을 묘사 한 스타일 등에 사용

인레이어드 커트(Inlayered cut) ⇨ 커트의 단면이 아래로 내려감에 따라 안에 들어있는 것으로 하여 그래쥬에이션 커트를 인레이어드 커트라한다.

인사이드 라인(Inside line) ⇨ 모발을 7 : 3 또는 4 : 6으로 갈라 나누었을 때 그 가르마는 별도로 모발이 많은 쪽에 만드는 가르마를 말한다.

인사이드 코너(Inside coner) ⇨ 2개의 선이 교차되는 가장 짧은 부분

인사이드 테이퍼(Inside taper) ⇨ 머리끝을 안쪽으로 향하게하고 싶을 때에는 레이져를 머릿단의 안쪽에서부터 넣어 테이퍼한다.

인사이드(Inside) ⇨ 내측, 안쪽

인크리싱 그래쥬에이션(Increasing graduation) ⇨ 두 개의 비평행선 사이의 그래쥬에이션, 얼굴 뒤쪽으로 가면서 그래쥬에이션 양이 증가한다.

인티어리어(Interior) ⇨ 두상의 크레스트선 위 또는 두상의 가장 넓은 부분

『L』

라인(Line) ⇨ 선, 외형

레이어 커트(Layer cut) ⇨ 상층부의 모발이 그 아래층이 되는 모발을 뒤덮어 숨겨지지 않는 상태로 단층을 붙여주는 커트방법이다.

레이어(Layer) ⇨ 위가 짧고 밑이 긴 상태로, 각도는 두피에 대해서 90° 이상으로 떠서 커트하는 스타일로 단차가 큼

『M』

머쉬룸 커팅(Mushroom cutting) ⇨ 1962년경부터 유행하여 버섯을 엎어놓은 것 같은 실루엣의 아주 짧은 보브. 머리끝의 안쪽 말이가 특징이다.

멀티풀 디자인 라인(Multiple design line) ⇨ 복수 디자인 라인, 전환 레이어링 테크닉과 함께 사용되는 둘 또는 그 이상의 고정 디자인 라인

모빌 디자인 라인(Mobile design line) ⇨ 커트시 사용되는 길이 가이드로서 특정 부분 전체에 걸쳐 이동하여 머리형을 만들 때 따라야 할 디자인 라인 역할을 한다.

모빌 스테이셔너리 디자인 라인(Mobile stationary design line) ⇨ 이동과 고정의 혼합형 디자인 라인

무브먼트(Movement) ⇨ 움직임, 운동, 행동, 이동

미디엄(Medium) ⇨ 30° 보다 크고 60°보다 작은 각(45°가 표준 시술각이다)

『N』

나칭(Notching) ⇨ 머리 길이를 불규칙하게 만들어 내어 두껍게 떨어지는 질감을 만드는데 사용되는 기법

내츄럴 루트 리프트(Natural root lift) ⇨ 모발의 뿌리가 자연스럽게 들려지게 하는 것

내츄럴 인버젼(Natural inversion) ⇨ 레이어 커트의 기법으로 센터 섹션에 대해서 평행의 슬라이스 섹션을 떠서 그 섹션을 전부 중앙에 끌어 모아 커트한다.

내츄럴 커트(Natural cut) ⇨ 자연 상태로 커트한다.

내츄럴 풀 포지션(Natural fall position) ⇨ 스타일을 예상하여 자연스럽게 머리를 빗질하여 둔 상태

내츄럴(Natural) ⇨ 모발의 자연성장 패턴과 관련한 머리의 방향

네이프 라인(Nape line) ⇨ 머리가 나기 시작하는 곳의 선. 목선

네이프 백 라인(Nape back line) ⇨ 이어 포인트에서 네이프 사이드 포인트까지 연결하는 선

넥 라인(Neck line) ⇨ 목, 옷깃

노멀 프로젝션(Normal projection) ⇨ 두상 위치에 따라 균일하게 90°로 드는 머리. 일반 시술각은 커트의 구조를 분석하기 위해서 사용된다. 이 시술각은 유니폼 레이어형 시술 시에도 사용된다.

노멀테이퍼(Normal taper) ⇨ 머리 끝의 소부분을 가늘게 솎쳐내는 테이퍼 기법

논 섹스 커트(Non sex cut) ⇨ "머리칼이란 소재에 남녀의 차이는 없다." 라고 하는 원점으로 되돌아가 논 섹스 패션을 기점으로 하는 커트로 일종의 유니섹스 모드의 반영이다.

논패러럴 스컬프팅(Nonparallel sculpting) ⇨ 커팅시 기본 파팅에 평행하지 않게 잡는 모든 손가락 각도

뉴 비숍 커트(New bishop cut) ⇨ 전후로 연장되는 실루엣 안에서 원점을 구하고 목덜미의 깃 닿는 부분을 깎아 올리고 사이드의 직선을 강조한 스타일. 중세기의 비숍(승려) 커트를 기능적이고 예쁜 현대의 이미지로 표현한 것

『O』

아우트 라인 코너(Out line corner) ⇨ 2개의 선이 교차되는 가장 긴 부분
아우트사이드 라인(Outside line) ⇨ 머리칼의 바깥쪽의 둘레를 이루는 라인. 실루엣의 형을 만들어주는 라인
오리지널 가이드 라인(Original guide line) ⇨ 최초의 가이드 라인
오발 커트(Oval cut) ⇨ 타원형으로 깎아 올리는 머리형. 각진 둥근 단발머리
오버 다이렉트 섹션(Over direct section) ⇨ 어느 한쪽을 길게하기 위해 당기는 섹션
옥시피탈 본(Occipital bone) ⇨ 후부의 센터에서 툭 튀어나온 뼈
온더 베이스 커팅(On the base cutting) ⇨ 파팅된 모발을 좌우 같은 각도로 잡아 대는 방법. 잡아낸 모발의 양쪽의 길이가 같게 되도록 하기 위해서는 베이스의 중심이 직각이 되도록 잡아내지 않으면 안된다.
원 핑거 프로젝션(One-Finger projection) ⇨ 손가락 굵기 만큼 들어주는 시술각
원랭스 커트(One length cut) ⇨ '하나의 길이'란 뜻으로 모발을 가로로 동일선상에 같은 길이로 가지런히 해놓은 커트 방법

『P』

파트(Part) ⇨ 머리칼을 나누는 것. 사이드 파트(side part, 7 : 3의 비율), 센터 파트(center part, 중앙에서 가름)등이 있다. 가름선이 없는 스타일은 노 파트(no part)라고 한다.
파팅(Parting) ⇨ 나누는 것. 가르는 것. 그 기법. 분할
패널(Panel) ⇨ 장방형의 것. 커트에서는 슬라이스하여 손에 잡은 모발이 판 상태로 되어 있으므로 "패널"이라고 한다.
패러럴 그래쥬에이션(Parallel Graduation) ⇨ 두 개의 평행선 사이의 그래쥬에이션
패러럴(Parallel) ⇨ 다른 선이나 점으로부터 균일한 유지를 유지해 주는 것. 평행 그래쥬에이션. 두 개의 평행의 그래쥬에이션
퍼펜디큘러(Perpendicular) ⇨ 머리를 베이스 파팅에서 90°로 빗었을 때의 머리 방향
포인트 커트(Point cutting) ⇨ 자르는 테크닉은 45°의 각도로 시술한다. 모량을 감소하는 방법은 잡은 모발과 평행한 상태로 시술한다. 깊은 테크닉과 얇은 테크닉을 사용해 소프트함을 표현한다.
포인팅(Pointing) ⇨ 곧은 가위의 끝이 손가락에서 머리끝을 향해서 움직이는 머리질감만들기 기법
프레 커트(pre cut) ⇨ 미리 원하는 스타일로 커트하는 것
프레셔 스컬프팅(Pressure sculpting) ⇨ 머리가 말랐을 때 머리가 좀더 짧아지도록 젖은 머리에 텐션을 주어 시술하는 커팅 기법
프로그레션(Progression) ⇨ 진행
프로젝트(Projection) ⇨ 커트시 머리의 곡선과 베이스 파팅에 따라 머리를 뜨는 각도
프리씨즌 커트(Precision cut) ⇨ 정확한 커트
플래너 스컬프팅(Planar sculpting) ⇨ 평면을 따라서 머리를 커트하는 기법

『R』

라운드 사이드 파트(Round side part) ⇨ 사이드에서 가르는 선이 곡선인 경우

레이저 커팅(Razor cutting) ⇨ 레이져를 사용하여 헤어커트를 하는 테크닉. 이방법으로 머리끝을 가늘게 할 수 있고, 웨이트와 가벼움을 조정할 수 있음

렉탠큐러 파트(Rectangular part) ⇨ 두상을 가르는 방법의 일종. 일반적으로 스퀘어 파트라고 불리어진다.

릿지 라인(Ridge line) ⇨ 그래쥬에이션형에서 두 가지 머리질감을 나누어주는 선

『S』

사이드(Side) ⇨ 측두부, 두부의 옆

섹셔닝(Sectioning) ⇨ 조절을 위하여 두상을 시술하기 편한 구역으로 나누는 것

섹션(Section) ⇨ 구분, 구획, 가름의 구분 등의 의미로 교차점을 가리킨다. 커트 용어에서는 블록킹한 부분을 다시 적은 부분으로 갈라 나누어 잡는 것을 말한다.

쉐이프(Shape) ⇨ 어떤 물체의 윤곽

스컬프티드 텍스춰(Sculpted texture) ⇨ 커트를 통해서 얻어진 머리질감

스퀘어 파트(Square part) ⇨ 사각으로 나누는 것. 모발 나누기의 기본형의 하나. 이마의 양쪽각에서 사이드파트하고 두상의 정상 가까이에서 이마의 헴라인과 수평으로 나눈 것

스템 커트(Stem cut) ⇨ 헤어커트의 경우 잡아낸 모발의 밑뿌리에서 빗기고 또는 손가락으로 지탱할 수 있는 곳까지를 스템이라고 부른다.

슬라이드 커팅(Slide cutting) ⇨ 머리를 수직으로 커트하기 위해 가위를 머리가닥을 따라 미끄러뜨려 사용하는 커팅 기법. 종종 머리 길이 차를 급격히 할 필요가 있을 때 사용된다.

슬리더링(Slithering) ⇨ 가위를 사용해서 모발의 숱을 쳐내는 방법

실루엣(Silhouette) ⇨ 어떤 물체나 디자인의 외부 윤곽

『T』

테이퍼 커트(Taper cut) ⇨ 레이져로 머리끝을 붓끝과 같이 점차적으로 가늘게하는 커팅기법. 모발에 가벼움과 움직임을 표현하기 위해서 모든 모발을 간추려지지 않은 상태로 커트한다. 엔드테이퍼(end taper), 노멀 테이퍼(normal taper), 딥 테이퍼(deep taper)등으로 나뉜다.

톱(Top) ⇨ 두상의 제일 꼭대기. 선단. 정상

찾아보기 index

INDEX 찾아보기

저자소개

김영미(씨쓰리미용아카데미)
김계순(대동대학교)
유금희(BBS미용예술직업전문학교)
이부형(창원문성대학교)
장영혜(동강대학교)
정숙희(경남정보대학교)
강미영(수성대학교)
김순희(동남보건대학교)
유현주(원광보건대학교)
이수경(구미대학교)
전선정(강릉영동대학교)
정원지(광주여자대학교)
고병서(예술인미용학원)
김춘일(제주한라대학교)
윤수용(마산대학교)
장미라(목포과학대학교)
정년구(선린대학교)
허병회(예일미용직업전문학교)

C.C.C. 실전커트

2009년 2월 20일 초판발행
2015년 8월 10일 초판2쇄발행

지은이 : 김영미 · 강미영 · 고병서 · 김계순 · 김순희 · 김춘일
유금희 · 유현주 · 윤수용 · 이부형 · 이수경 · 장미라
장영혜 · 전선정 · 정년구 · 정숙희 · 정원지 · 허병회

펴낸이 : 이상태
펴낸곳 : 청구문화사
주　소 : (03706) 서울특별시 서대문구 성산로 11길 15
전　화 : 02-332-0541(代)　FAX : 02-337-9577
등　록 : 1990년 11월 2일　제9-247호

가격 35,000원

ISBN 978-89-5616-660-5 93590